# Python
# 编程导论
## 计算思维实现

赵雷　朱晓旭　主编
刘安　胡沁涵　编著

清华大学出版社
北京

## 内 容 简 介

本书融合计算思维,精心挑选示例,使用 Python 3.8 讲解 Python 语言的基础知识,通过 Python 语言训练计算思维,基于 Python 语言解决实际问题。

本书内容包括计算思维和 Python 概述,Python 基础知识列表、分支和循环结构程序,元组、字典和集合,函数和程序结构,字符串和正则表达式,文件和数据持久存储,异常和程序健壮性,程序测试与调试,常用计算思维实现,常用第三方库和 Python 图形用户界面。

本书可以作为计算机科学与技术专业的本科生或专科生的必修课教材,也可以作为非计算机专业学生的选修课教材。

**图书在版编目(CIP)数据**

Python 编程导论:计算思维实现/赵雷,朱晓旭主编.—北京:清华大学出版社,2022.4(2024.2重印)
ISBN 978-7-302-60161-6

Ⅰ.①P… Ⅱ.①赵… ②朱… Ⅲ.①软件工具—程序设计 Ⅳ.①TP311.561

中国版本图书馆 CIP 数据核字(2022)第 030440 号

责任编辑:刘向威 张爱华
封面设计:文 静
责任校对:焦丽丽
责任印制:杨 艳

出版发行:清华大学出版社
   网   址:https://www.tup.com.cn,https://www.wqxuetang.com
   地   址:北京清华大学学研大厦 A 座    邮   编:100084
   社 总 机:010-83470000        邮   购:010-62786544
   投稿与读者服务:010-62776969,c-service@tup.tsinghua.edu.cn
   质量反馈:010-62772015,zhiliang@tup.tsinghua.edu.cn
   课件下载:https://www.tup.com.cn,010-83470236
印 装 者:三河市龙大印装有限公司
经   销:全国新华书店
开   本:185mm×260mm    印   张:18.5      字    数:451 千字
版   次:2022 年 4 月第 1 版         印    次:2024 年 2 月第 3 次印刷
印   数:2301~3100
定   价:59.00 元

产品编号:090890-01

# 前　言

在卡内基梅隆大学的周以真教授于 2006 年提出计算思维概念之前,这一思想其实已经广泛存在。周教授进行了总结和凝练,并给出了定义:计算思维是运用计算机科学的基础概念进行问题求解、系统设计以及人类行为理解等涵盖计算机科学之广度的一系列思维活动。

云计算、大数据、人工智能技术发展迅猛,计算思维的内涵也在不断发展和扩充,如何把计算思维真正地融入教学,让学生知识和能力齐头并进,是一个非常有意义的问题。

Python 作为一门高级程序设计语言,近年来发展迅猛。它具有入门知识简单、学习曲线平滑、应用领域广泛等一系列优点,非常适合作为程序设计的入门语言。

在思考将教学内容与计算思维融合穿插的前提下,本书结合多年的教学实践和经验,设计了章节的内容并优化了先后顺序,挑选了典型示例,并辅以分析、讲解和程序。希望在讲解 Python 语法之外,培养读者的分解、抽象、算法、调试和泛化等核心能力。

本书由朱晓旭负责编写第 1、2、4、5、7、8 章,赵雷负责编写第 9~12 章,刘安负责编写第 3、6 章,胡沁涵负责编写第 14 章,第 13 章由刘安、赵雷和朱晓旭协作完成。胡沁涵还负责整理各章的习题。

在本书的编写过程中,李翔、张恒、罗正樑、张子豪、曹树心、宋哲、罗峰、徐伟、徐一、乔丹、汤添文和崔耘旗参与了校对工作,并提出了大量宝贵的意见和建议。

由于编者水平有限,加之时间仓促,书中错误在所难免,欢迎读者批评指正。

编　者

2021 年 9 月

# 目  录

# 第 1 章    计算思维和 Python 概述

在周以真教授提出计算思维的概念之前,这一思想其实已经广泛存在。周教授对其进行了总结和凝练,并给出了定义:计算思维是运用计算机科学的基础概念进行问题求解、系统设计以及人类行为理解等涵盖计算机科学之广度的一系列思维活动。

计算思维也是与时俱进、顺时发展的。随着近年大数据和人工智能的发展和渗透,各行各业都积累了海量的电子数据,因此,计算思维也衍生出了数据思维的内涵。

## 1.1    计算思维

在计算机发明之前,人类主要依靠证明和实验来探知世界,但是随着计算机科学与技术的发展,计算已经成为人类研究世界的一种新的手段。这里的计算不是狭义的数学运算,而是算法的执行。它包含了从算法的初始状态开始、获取输入、逐步执行并达到最终目标状态的全过程。

计算思维就是将待解决的实际问题转换为计算机可处理问题的思维方式,从而能够借助计算机快速、高效地解决问题。随着信息化时代的到来,各行各业都在深度信息化,已经出现了计算化学、计算物理学、计算生物学、计算语言学等学科,良好的计算思维是现代科技人才的核心素养之一。

### 1.1.1    什么是计算思维

思维是高级的心理活动形式,是人脑对客观世界概括而间接的反映,思维的本质非常复杂。计算思维实质上是一种思维方式,也可以看成是一种思维能力——能够用计算的观点去思考和解决问题的能力。计算思维在学术界和产业界得到了共鸣,也存在不少争议。但大多数学者都认可如下三点。

(1)计算思维是一种思维过程,它可以脱离大数据和人工智能等技术独立存在。

(2)计算思维是人类的思维而不是计算机的思维,是人类通过思维来控制计算设备,从而更高效、快速地完成单纯依靠人力无法完成的问题求解和系统设计。

(3)计算思维是未来认知世界、思考问题的常用思维方式之一。

### 1.1.2    计算思维的关键要素

基于计算思维解决实际问题,实质上也包含了工程思维的思想。首先需要对实际问题进行分析,将问题进行分解、进而抽象并转换为计算机的描述方式,然后设计出解决问题的方案、步骤和算法,接着编写、优化和调试代码,最后达到解决实际问题的目的。在问题得到解决的基础上进行总结、概括和泛化,使得可以大大加速下一次解决类似问题的过程。

计算思维本身包含的概念非常多,例如并行计算、大数据、云计算、人工智能等。而且随着科技的日新月异,很多新的概念和技术也陆续发展出来。但是计算思维有五个关键要素一直不变,分别是分解、抽象、算法、调试和泛化。

分解是在对问题足够分析的基础上将一个复杂问题分解成很多子问题,每个子问题还可以再分解成若干个小问题,分而治之。这个属于自上而下的设计,非常有利于多人协作解决一个大问题。

抽象是忽略研究对象的非本质属性,提取本质属性,从而降低其复杂性。这是一种基于关注点的分离方法,使得只需要关注核心问题。抽象是和具体问题相关的,例如新冠疫苗预约系统并不需要关心疫苗接种者左右眼的视力,而在兵役管理系统中显然这是需要关注的一个重要属性。

算法是计算机解决问题的步骤,算法必须具有有穷性、确定性、可行性,算法可以有 0 个或者多个输入,可以有一个或者多个输出。优秀的算法可以降低问题的复杂度,甚至可以使得本来不具有有穷性的问题具有有穷性。

调试是将实现的算法投入实际运行前,对之进行测试、修正错误的过程。这一点非常重要。随着软件的复杂化,可以认为每个软件都存在 bug(缺陷),根据测试结果或者用户反馈准确修改程序是一个重要的能力和素养。

泛化指调整或优化现有算法与方案以解决类似问题。这个能力也相当重要,也就是常说的举一反三。这是一个总结、反馈、自我提高的过程,此后可以提高解决重复或者类似问题的效率。

## 1.1.3  计算思维实例

计算机科学必须依靠数学,计算思维源自数学思维但是不等同于数学思维。那么二者有什么区别呢?下面先看两个例子。

【例 1-1】 表 1-1 中存储了若干 1~30 000 的正整数,其中只有一个数字出现了一次,其余的数字都出现了 2 次,请找出那个只出现一次的正整数。

表 1-1  整数样例

| 35 | 27 | 35 | 46 | 178 | 27 | 55 | 178 | ... | 46 |
|----|----|----|----|-----|----|----|-----|-----|----|

这个问题有点像大家生活中的选举投票结果统计,因为"正"字刚好五个笔画,人们非常喜欢在选举计票时写"正"字进行累加,表 1-2 是抽象之后的选举计票的一个样例。

表 1-2  选举计票结果演示

| 候选人 1 | 候选人 2 | ... | 候选人 $n$ |
|---------|---------|-----|-----------|
| 正 正 丅 | 正 下 | | 正 |

表 1-1 中第一个元素是 35,35 可以看成是一个候选人的名称,就表示给 35 号投了一票。很容易想到的办法是从头到尾扫描这些整数,生成类似表 1-2 这样的表格,记录每个整数出现的次数,最后就可以找出只出现一次的那个数。但是根据生活经验知道,在选票统计

时，计算机科学中发明了二分查找、索引、哈希和计算结构等一系列方法来加速这一检索过程。当候选人很多时，在表 1-2 中检索候选人就是一个非常麻烦且耗时的操作。

就这个例子而言，有更加巧妙的计算方法。众所周知，目前的计算机是基于二进制的。二进制可以执行位运算，也就是对二进制数字的每一个二进制位执行位运算。位运算中有一个异或运算，它的运算规则如表 1-3 所示。很容易看出它的运算规则是：如果两个运算对象不同则结果为 1，否则结果为 0。

为了简单起见，表 1-4 用两个 8 位的二进制数来演示异或运算的结果，两个数的 8 位二进制中只有一个地方不同，因此该位的运算结果是 1，其余位都是 0，这个结果转换为十进制是 8。

表 1-3　异或运算规则

| 二进制位 1 | 二进制位 2 | 结果 |
|:---:|:---:|:---:|
| 0 | 0 | 0 |
| 0 | 1 | 1 |
| 1 | 0 | 1 |
| 1 | 1 | 0 |

表 1-4　两个 8 位二进制整数演示异或运算的结果

| 运算数及结果 | 二进制形式 | 十进制形式 |
|:---:|:---:|:---:|
| 运算数 1 | 00100101 | 37 |
| 运算数 2 | 00101101 | 45 |
| 异或结果 | 00001000 | 8 |

通过表 1-3 和表 1-4 很容易发现，如果一个整数和自己做二进制异或运算，结果一定是 0。因此例 1-1 只需要把表 1-1 中的整数从头到尾依次连续做一遍异或运算，最后的结果就是那个只出现一次的整数。

请读者考虑，如果把这个问题修改成：表 1-1 中存储了若干 1～30 000 的正整数，其中只有一个数字出现了一次，其余的数字都出现了 3 次，找出那个只出现一次的正整数。该怎么求解呢？

【例 1-2】《孙子算经》中"鸡兔同笼"问题：今有雉兔同笼，上有三十五头，下有九十四足，问雉兔各几何？

《孙子算经》中给了两种解法，术曰：上置三十五头，下置九十四足。半其足，得四十七，以少减多，再命之，上三除下四，上五除下七，下有一除上三，下有二除上五，即得。又术曰：上置头，下置足，半其足，以头除足，以足除头，即得。

算经的解法对现代人读起来晦涩，学习过代数的人来解决这一问题时，通常使用方程。可以设鸡数量为 $x$，兔数量为 $y$，然后利用鸡是两只脚，兔是四只脚的条件，列出如下方程组：

$$\begin{cases} x + y = 35 \\ 2x + 4y = 94 \end{cases}$$

最后很容易求解出 $x = 23$，$y = 12$。

基于计算思维的枚举法来求解这一问题时，并不需要高深的数学知识。因为最多只可能有 35 个鸡或者 35 个兔,那么就可以逐一检查鸡和兔的数量,分别从 0 变化到 35 的各个组合,变化过程中如果有一个组合满足加起来 35 个头且 94 只脚,那么就找到了解。表 1-5 显示了这个枚举的过程,但是如果让人去逐个检查,费时费力。此时计算机的高速性和不知疲倦的优点刚好可以发挥作用。

表 1-5　鸡兔同笼的枚举情况列表

| 鸡的数量 | 兔的数量 | 是否刚好 35 个头 | 是否刚好 94 只脚 |
| --- | --- | --- | --- |
| 0 | 1 | 否 | 否 |
| 0 | 2 | 否 | 否 |
| 0 | 3 | 否 | 否 |
| ... | | | |
| 23 | 12 | 是 | 是 |
| ... | | | |
| 34 | 1 | 是 | 否 |
| ... | | | |
| 35 | 35 | 否 | 否 |

### 1.1.4　计算思维与程序设计

分解、抽象、算法、调试和泛化这些能力不是凭空而降的,也不是纸上谈兵得来的。这些能力需要从足够的学习和实践中提高,而学习程序设计是一个极好的学习和实践过程。

例 1-1 和例 1-2 都分析了问题,讨论了解决思路,但是需要通过实践才能加以验证和解决,此时最方便的办法是通过学习程序设计语言编写程序进行验证。

通过学习程序设计中的枚举、贪心、二分、递归、分治和动态规划等算法思想并解决实际问题,可以大大提高分解、抽象和算法能力。程序设计中不可避免遇到错误和异常,学习调试技术并加以使用可以提高调试能力。在编程解决问题后进行总结、反馈有利于泛化能力的上升。

### 1.1.5　计算思维和计算能力

计算思维离不开计算能力,高性能计算突飞猛进使得一些以前不方便计算的情况成为可能。计算能力是大数据和人工智能领域研究和实践的必要基础。

以人工智能的深度学习为例,数据量稍微大一点时,训练模型的计算量极大。如果仅仅使用中央处理器(central processing unit,CPU)进行训练,需要消耗大量的时间,甚至可以认为不满足算法的有穷性。此时通过图形处理器(graphics processing unit,GPU)和张量处理器(tensor processing unit,TPU)来加速计算过程,从而快速得到模型。

## 1.2　Python 语言概述

### 1.2.1　Python 的发展

Python 诞生于 1990 年,发明人是荷兰人吉多·范·罗苏姆(Guido van Rossum)。它是一个支持面向对象的解释型计算机程序设计语言,经过 30 余年的发展,现在已经非常成熟和稳定。

Python 包含 2. x 和 3. x 两个系列发行版本,二者并不兼容。自 2020 年 1 月 1 日起,Python 2. x 停止更新,Python 2.7 被确定为最后一个 Python 2. x 版本。本书是以 Python 3. x 进行讲解,在控制台输入如下命令,可以查看当前计算机安装的 Python 版本。

```
python - V
```

## 1.2.2　Python 的优缺点

Python 的学习曲线平滑。和其他主流程序设计语言相比,Python 的一个巨大优点是对学习者而言上手容易,不容易在学习初期产生挫败感从而放弃。

Python 的代码简单灵活。Python 既允许单句代码交互式执行,也支持大量代码以源程序方式运行。学习任何一种程序设计语言通常从"Hello World!"开始,也就是使用该语言输出字符串"Hello World!"。在 Python 中使用下面的一个非常容易读懂的语句就可以实现输出"Hello World!"。

```
print("Hello World!")
```

Python 的开发效率高。Python 内置的列表、元组、集合、字典和字符串提供了常见的数据结构以及多种多样的函数和方法,在开发时可以直接加以使用,而无须重复"造轮子"。有一句话"人生苦短,我用 Python",虽有夸张,但是也暗示了 Python 程序通常只需要编写少量的代码就可以解决复杂的问题。在 Python 提供的强大的标准库的基础上,还有海量的第三方包供解决各种实际具体问题。例如使用第三方的 WordCloud 包中的函数可以非常容易地生成《骆驼祥子》小说的词云,图 1-1 显示了一张词云的图片。

Python 程序的移植性强。Python 属于解释型语言,与之相对的是编译型语言,编译和解释两种模式的差异如图 1-2 所示。从图 1-2 可以看出,基于解释型语言编写的程序直到运行时才由解释器把程序变成机器语言执行。因此,只要有不同系统和平台上的解释器,Python 程序就可以运行,而且程序几乎不用修改。

Python 的用户群庞大。用户群庞大带来的一个优点是文档丰富、社区多,因此当开发人员遇到问题时更加容易借助网络和外部资源解决问题。

表 1-6 列出了目前常见的几种编程语言的对比情况。"金无足赤,人无完人。"事物都是有两面性的,Python 一定也是有缺点的,下面介绍最主要的几个问题。

图 1-1　利用 WordCloud 包绘制的
　　　　《骆驼祥子》小说的词云

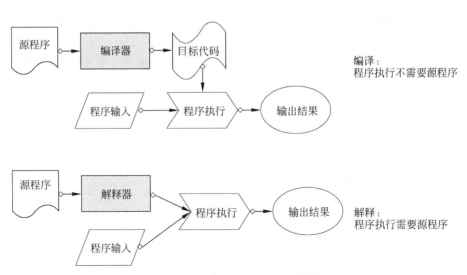

编译：
程序执行不需要源程序

解释：
程序执行需要源程序

图 1-2　编译和解释两种模式的差异

表 1-6　目前常见的几种编程语言的对比

|  | Python | Java | C | C++ | C♯ | JavaScript |
|---|---|---|---|---|---|---|
| 运行效率 | ★☆☆ | ★★☆ | ★★★ | ★★★ | ★★☆ | ★☆☆ |
| 学习曲线 | ★★★ | ★★☆ | ★☆☆ | ★☆☆ | ★★☆ | ★★☆ |
| 代码移植性 | ★★★ | ★★★ | ★☆☆ | ★☆☆ | ★☆☆ | ★★★ |
| 开发效率 | ★★★ | ★★☆ | ★☆☆ | ★★☆ | ★★☆ | ★★☆ |
| 适用领域 | ★★☆ | ★★☆ | ★★★ | ★★★ | ★☆☆ | ★☆☆ |

第一，Python 程序运行效率低。从图 1-2 可以看出，基于解释型语言开发的程序在每次运行时才转换为机器语言然后执行，这样的效率显然比不上编译型语言。但计算机运行速度越来越快，很多程序的运行时间都在用户可接受的范围内，因此在大多数应用场合 Python 的效率已经不是问题。但在一些对实时性要求极高的领域，目前还是 C 语言在发挥主导作用。

第二，Python 程序的商业安全性差。以编译型 C 语言为例，C 语言开发的程序编译成可执行文件，在发布软件时无须提供源程序，用户就可以使用软件的功能。此外，目前逆向工程还没有一种技术可以将 C 语言编译得到的可执行文件还原为 C 语言的源程序，因此难以通过可执行文件窥探软件的核心算法。而 Python 的源程序很难做到对用户保密，即使通过一些技术做成可执行文件，也很容易被还原出源程序。

第三，Python 包的版本兼容差。有些第三方包强依赖 Python 或者指定包的版本，导致基于这些包所开发的程序在其余机器上部署困难。如果两个不同的软件分别依赖同一个包的不同指定版本，甚至会导致两个软件不能部署在同一台机器中。目前，虚拟环境技术被广泛使用来辅助解决版本问题。

## 1.3　Python 解释器的安装

解释器是 Python 编程的必需品，它负责把 Python 代码转换为机器语言，从而可以被

CPU 执行。目前 Python 解释器支持所有的主流操作系统,例如 Windows、Mac OS、Linux 和 UNIX。其中 Mac OS、Linux 和 UNIX 操作系统已经内置了 Python 的解释器,因此这里主要介绍在 Windows 上如何安装 Python 解释器。

Python 的官方网站的下载页面为 https://www.python.org/downloads/,这里提供了多个版本和平台的解释器供下载。主要根据两个条件选择自己需要的解释器:一是 Python 版本;二是操作系统是 32 位还是 64 位。

安装完成后,通过"开始"菜单或者在计算机控制台直接输入 Python,就可以进入 Python 的交互编程模式,图 1-3 是 Python 交互环境的界面。

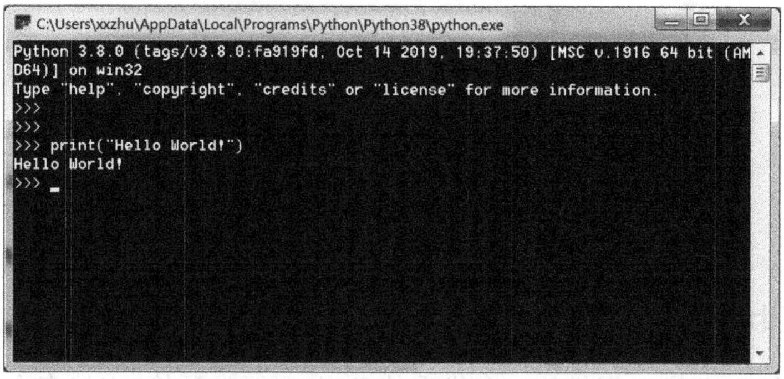

图 1-3　Python 交互环境的界面

# 1.4　集成开发环境

安装了解释器就解决了运行 Python 代码的问题,但是如果仅仅依靠记事本和解释器开发 Python 程序效率低下。实际开发中离不开集成开发环境(integrated development environment,IDE)。集成开发环境是用于提供程序开发环境的应用程序,是集成了代码编写功能、分析功能、编译功能、调试功能等于一体的开发软件服务套件。

下面以代码缩进为例来体会集成开发环境带来的益处。对大多数计算机程序设计语言而言,在编写源程序时规范的缩进是一个良好的习惯,因为这样可以充分展示代码的层次关系,例如 if 的内部语句块、循环的循环体等。Python 语言把源程序的缩进提升到了必须的要求,如果程序不缩进或者缩进不正确可能会导致语法错误,从而不能执行。因此,Python 源程序的可读性通常非常好。Python 官方推荐使用 4 个空格缩进,但是新手在编写程序时会混用 4 个空格和 Tab 键,而且仅仅用肉眼并不能区分二者的差异,此时如果编写代码时统一使用集成开发环境的源程序缩进功能,就可以避免此问题。

"工欲善其事,必先利其器。"挑选并熟练使用一个合适自己的集成开发环境,可以大大提高开发效率。下面简要介绍几个常见的集成开发环境。

## 1.4.1　IDLE

集成开发和学习环境(integrated development and learning environment,IDLE)是 Python 解释器附带的一个简易集成开发环境,无须额外安装。

IDLE 本身是用 Python 开发的,受益于 Python 本身优秀的跨平台性,IDLE 可以运行在多个操作系统。IDLE 不仅支持代码编辑、运行和调试等开发的必需功能,还提供语法高亮、界面个性化定制等增值功能。图 1-4 是 Python 3.8.0 解释器附带的 IDLE 界面,可以直接在其中的交互区运行命令,也可以通过 File 菜单新建源程序文件运行完整程序。

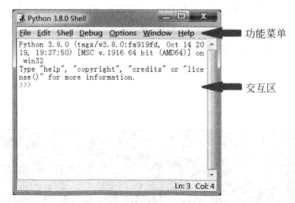

图 1-4  Python 3.8.0 解释器附带的 IDLE 界面

## 1.4.2  PyCharm

PyCharm 是 JetBrains 提供的一个优秀的 Python 开发环境,支持多个操作系统,版本更新很快。PyCharm 有专业版和社区版之分,社区版是可以免费下载使用的。图 1-5 是 PyCharm 的界面,很容易看出 PyCharm 包含的功能远多于 IDLE。

图 1-5  PyCharm 的界面

## 1.4.3  Visual Studio

Visual Studio 是微软公司开发的企业级集成开发环境,功能非常强大,缺点是仅仅能运行在 Windows 平台,而且软件过于庞大,安装耗时。它支持 C++、Visual Basic、C♯等多种语言开发,也可以在其中编写 Python 程序。图 1-6 所示为 Visual Studio 2019 的运行界面。

图 1-6　Visual Studio 2019 的运行界面

## 1.4.4　Visual Studio Code

Visual Studio Code 简称 VS Code,是一个轻量级的免费的专业源程序编辑器,支持 Windows、Mac OS 和 Linux。除了 JavaScript 之外,VS Code 本身不附带解释器或者编译器。在其中设置好解释器或者编译器的路径后,就是一个非常强大的集成开发环境,目前已经支持 30 多种语言开发,其运行界面如图 1-7 所示。

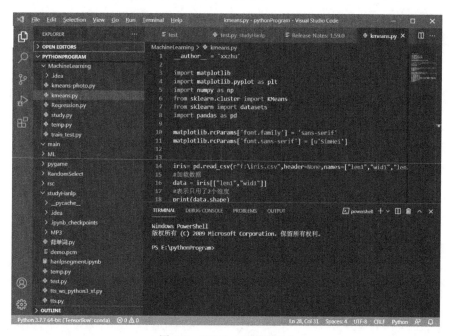

图 1-7　VS Code 运行界面

计算思维和 *Python* 概述

# 习题

1. 根据自己计算机的操作系统情况,下载并安装对应版本的 Python 解释器。
2. 在解释器交互环境中编写和运行"Hello World!"程序。
3. 选择并安装一个集成开发环境。
4. 在集成开发环境中编辑并运行"Hello World!"程序。
5. 查阅资料,学习如何将十进制整数转换为二进制。
6. 查阅资料,学习如何将十进制小数转换为二进制。
7. 查询资料,人类使用十进制,计算机使用二进制,为何程序中要使用八进制和十六进制?

# 第2章  Python 基础知识

人类的自然语言具有歧义性,不适合精确描述和表示算法。因此需要使用程序设计语言来编写程序实现算法,从而控制计算机。

在机器语言、汇编语言之后,出现了上百种高级程序设计语言。很多程序设计语言已经逐渐消亡。随着机器学习、人工智能和大数据技术的发展,Python 语言已经成为目前最主流的程序设计语言之一。

## 2.1  基本数值数据类型

计算机发明之初专门用于辅助进行快速数值计算。现在,数值计算依然是很多程序的主要任务,几乎所有的程序设计语言都有数值数据类型。Python 3 支持四种数值类型:整型(int)、浮点型(float)、复数型(complex)和布尔型(bool)。

### 2.1.1  整型

整型是最简单也是常用的数据类型。Python 的整型非常强大,不用担心"溢出"。所谓"溢出"就是整数的大小超出了整型变量所能存储的最大值,从而会出现变成负数或者一个很小的整数的现象。Python 的内存管理机制不同于传统的程序设计语言,它可以随着整型变量值的大小而动态改变所用内存的大小。

在 Python 中整型的常量除了用十进制表示之外,可以用二进制、八进制和十六进制表示。表 2-1 列出了常见的整型常量。

表 2-1  常见的整型常量

| 常量样例 | 解  释 | 备  注 |
| --- | --- | --- |
| 17 | 十进制表示 | |
| −354 | 负整数的十进制表示 | |
| 0b11000011 | 二进制表示,十进制为 195 | 以 0b 或 0B 开头,后面只能是 0 或 1 |
| 0o345 | 八进制表示,十进制为 229 | 以 0o 或 0O 开头,后面每个数字都小于 8 |
| 0x80 | 十六进制表示,十进制为 128 | 以 0x 或 0X 开头,后面除了 0~9 之外,可以是 a~f 或者 A~F 的字母 |

Python 的整型支持加、减、乘、除、求余和乘方数学运算,其中除法又分为整数除法和浮点数除法,前者的运算符是"//",后者的运算符是"/"。5//2 做的是整数除法,结果为 2。5/2 做的是浮点数除法,结果是 2.5。下面是在 Python 交互环境中使用除法的几个例子。

```
>>> 5/2
2.5
>>> 5//2
2
>>> 2/3
0.6666666666666666
```

求余运算的结果是除法的余数部分。一个正整数对 2 求余的结果只能是 0 或 1,如果结果是 0 则说明这个数是偶数,否则是奇数。一个正整数对 10 求余,可以得到个位上的数字。Python 还内置了一个 divmod 函数,可以一次以元组的形式得到商和余数。下面是在 Python 交互环境中使用求余和 divmod 函数的例子。

```
>>> 5 % 2
1
>>> 123 % 10
3
>>> - 7 % 10
3
>>> - 7 % - 10
- 7
>>> divmod(25,4)
(6,1)
```

乘方的运算符是"**",利用该运算符可以方便地计算幂值,也可以用于求平方根。下面是在 Python 交互环境中使用乘方运算符的几个例子。

```
>>> 2 ** 10
1024
>>> 2 ** 1024
179769313486231590772930519078902473361797697894230657273430081157732675805500963132708477322407536021120113879871393357658789768814416622492847430639474124377767893424865485276302219601246094119453082952085005768838150682342462881473913110540827237163350510684586298239947245938479716304835356329624224137216
>>> 2 ** 0.5
1.4142135623730951
```

## 2.1.2  浮点型

Python 3 只有一种浮点型,并不区分单精度和双精度。它支持常见的加、减、乘、除和乘方等数学运算,甚至可以求余。

浮点型常量在 Python 中有两种表示法:一种是常见的十进制表示法,例如 3.1415926;另一种是指数表示法,相当于数学中的科学记数法。指数表示法的具体形式可以采用下面两种之一。

```
尾数 e 指数
尾数 E 指数
```

可见,指数表示法中 e 可以是大写也可以是小写。其中尾数是一个十进制数,可以是整数也可以带小数,指数部分是一个十进制整数。指数表示法代表的值是尾数乘以 10 的指数的幂。例如 1.23E5 就是 $1.23 \times 10^5$,1.2e−6 就是 $1.2 \times 10^{-6}$。

学习和使用计算机必须清醒认识到的一点:计算机对浮点数的表示并不精确,会由于精度不够出现"舍入误差"。看一个例子,下面两句代码的运行结果不一样。

```
>>> 0.1 + 0.1 + 0.1 + 0.1 + 0.1 + 0.1 + 0.1 + 0.1
0.7999999999999999
>>> 0.1 * 8
0.8
```

在判断两个浮点数是否相等时尽量不要直接判断相等,而是判断二者的差的绝对值是否小于一个很小的数。这个很小的数到底是多少取决于具体问题的精度需求。

### 2.1.3 复数型

Python 语言本身内置了复数型,无须依赖于标准库或者第三方库就可以使用复数。复数由实部和虚部组成,在 Python 中,复数的虚部以 j 或者 J 作为后缀,具体格式为

```
a + bj
```

其中,a 表示实部,b 表示虚部,二者的数值都是浮点数。复数对象的 real 属性可以得到复数的实部,imag 属性可以得到复数的虚部,它的 conjugate 方法可以得到当前对象的共轭复数。下面是在交互环境中使用复数的简单例子。

```
>>> x = 3 + 5j
>>> x
(3 + 5j)
>>> x.real
3.0
>>> x.imag
5.0
>>> x.conjugate()
(3 - 5j)
```

复数直接支持加、减、乘、除和乘方等数学操作,但如果需要对复数执行复杂的数学运算,需要引入 cmath 模块,然后可以调用其中的各个函数。

### 2.1.4 布尔型

在 Python 中,布尔型只有 True 和 False 两个值。但布尔值实质上是作为整数的子类实现的,True 和 False 其实是 1 和 0,因此它们也可以和数字进行数学运算。下面是在交互环境中使用布尔型的例子。

```
>>> flag = True
>>> flag
```

```
True
>>> 1 + flag
2
>>> not flag
False
```

## 2.2  变量

目前的计算机是诺依曼体系的计算机,该体系的计算机是以内存为中心的,任何程序运行之前都必须加载到内存中。变量本质上是一块内存。变量主要有四个属性:名、值、地址和类型。

### 2.2.1  变量概述

一个人某月花费了 8000 元,那么 8000 是一个常量。但是一个人每月花费并不是一成不变的,如果想要存储一个可能变化的值,就需要使用变量。

Python 程序中变量无须定义就可以直接使用,在赋值时计算机会自动推导出变量的类型。Python 属于动态语言,允许跨类型给变量赋值。如下代码可以显示给变量跨类型赋值导致变量类型发生变化。

```
>>> num = 5
>>> type(num) # type 函数可以查看一个变量的类型
< class 'int'>
>>> num = 5.8
>>> type(num)
< class 'float'>
```

### 2.2.2  变量命名规则

变量名属于标识符,标识符在命名时需要注意如下规则。

(1) 标识符可以由字母、数字、下画线(_)组成,但不能以数字开头。

(2) 标识符不能是 Python 的关键字,例如 if、for 等。

(3) 标识符不能包含空格。

例如下面变量名,有些是合法的,有些是不合法的。

- abc_xyz:合法。
- HelloWorld:合法。
- abc:合法。
- xyz#abc:不合法,标识符中不允许出现"#"号。
- abc1:合法。
- 1abc:不合法,标识符不允许以数字开头。

变量命名通常需要做到顾名思义,而不是简单地用一个无意义的字母。

这里简要介绍一下匈牙利命名法和驼峰法则。匈牙利命名法最早用于 C 语言,其本意是通过变量名就知道变量的作用域、类型和含义等。具体实现是通过在变量名前面加上相应的小写字母的符号标识作为前缀,标识出变量的作用域、类型等,这些符号可以多个同时使用。例如 globalIntStudentId 表示全局的整型变量,用于存储学生的学号,上面这个变量在定义时同时用到了驼峰法则。所谓驼峰法则就是除第一个单词之外,其他单词首字母大写,例如 myName、ourStudentCount。

## 2.2.3　变量的赋值

变量赋值最简单的形式如下:

变量名 = 值

后面的值可以是常量、变量或者一个可计算的表达式。如下代码显示了几种常见的赋值。

```
>>> num1 = 5                    ♯用常量赋值
>>> num2 = num1                 ♯用变量赋值
>>> num3 = num1 + num2          ♯用表达式赋值
>>> print(num1,num2,num3)
5 5 10
```

Python 的赋值运算符允许多变量同时赋值,而且可以利用该技术实现用一个语句交换两个变量的值。下面代码是多变量赋值的例子。

```
>>> num1,num2 = 3,7             ♯两个变量同时赋值
>>> print(num1,num2)
3 7
>>> num1,num2 = num2,num1       ♯交换两个变量的值
>>> print(num1,num2)
7 3
```

## 2.2.4　深度理解变量

变量名是供程序员使用的,用户在使用一个软件时无须知道程序中变量的数量和它们的名称。

变量的值是给程序的用户使用的,例如一个游戏软件中的某个变量存储了游戏角色的生命值,用户对此变量的值会非常关注。

计算机中把变量所占用内存的起始地址编号称为变量的地址,Python 属于动态语言,变量的地址在其被赋值后可能会发生变化,Python 的解释器和运行环境会维护这种变化。通常,程序的使用者和大多数 Python 程序员并不用关心变量在内存中的地址。

Python 的变量在使用前不用定义是什么类型,但是 Python 依然属于一个强类型的语言,任何一个变量在任意时刻只能属于一种类型。数据类型不仅规定了取值的范围,还规定了可以对其进行的操作,熟练掌握数据类型才能得心应手地编写程序。

## 2.2.5　变量的删除

根据前面的知识知道变量是占用内存的,因此不需要的变量应该从内存中删除,从而节约内存。Python 有一个垃圾回收器(garbage collection)负责管理和维护内存,它自动地在合适的时机删除不需要的变量,程序员也可以用 del 关键字主动删除变量。如下代码显示了删除变量的过程。

```
>>> num = 14.5                 # 对应变量,分配内存
>>> num
14.5
>>> id(num)                    # 查看变量的编号
47346992
>>> type(num)                  # 查看变量的类型
< class 'float'>
>>> del num                    # 主动删除变量
>>> num                        # 试图访问不存在的变量会出错
Traceback (most recent call last):
    File "< pyshell#5 >", line 1, in < module >
        num
NameError: name 'num' is not defined
```

# 2.3　Python 的运算符

Python 的运算符可以对一个或者多个操作数进行计算并返回结果。例如,表达式 3+5 的操作数是 3 和 5,运算符是+,结果为 8。如果一个运算符只有一个操作数,就被称为一元运算符,也被称为单目运算符,例如负号运算符、逻辑非运算符。如果一个运算符有两个操作数,就被称为二元运算符,也被称为双目运算符,例如乘方运算符、逻辑与运算符。

## 2.3.1　常用运算符

表 2-2 列出了 Python 的常用运算符,同时假设其中用于演示结果的变量 num1 和 num2 的值分别是 3 和 5。

表 2-2　Python 的常用运算符

| 运算符类型 | 运算符 | 说　　明 |
| --- | --- | --- |
| 算术运算符 | + | 加法,num1+num2 的结果为 8 |
| | − | 减法,num1−num2 的结果为−2 |
| | * | 乘法,num1 * num2 的结果为 15 |
| | / | 除法,num1/num2 的结果为 0.6 |
| | % | 求余,num1%num2 的结果为 3 |
| | ** | 乘方,num1 ** num2 的结果为 243 |
| | // | 整数除,num1//num2 的结果为 0 |

| 运算符类型 | 运算符 | 说　　明 |
|---|---|---|
| 关系运算符 | ＞ | 大于,num1＞num2 的结果为 False |
| | ＜ | 小于,num1＜num2 的结果为 True |
| | ＞＝ | 大于或等于,num1＞＝nuum2 的结果为 False |
| | ＜＝ | 小于或等于,num1＜＝num2 的结果为 True |
| | ＝＝ | 等于,num1＝＝num2 的结果为 False |
| | !＝ | 不等于,num1!＝num2 的结果为 True |
| 逻辑运算符 | and | 逻辑与,num1＞1 and num2＜6 的结果为 True |
| | or | 逻辑或,num1＞＝4 or num2＜＝5 的结果为 True |
| | not | 逻辑非,not num1 的结果为 False |
| 简单赋值运算符 | ＝ | 赋值运算符,num1＝num2 的结果为使得 num1 等于 5 |
| 位运算符 | & | 按位与,num1&num2 的结果为 1 |
| | \| | 按位或,num1\|num2 的结果为 7 |
| | ～ | 按位取反,～num1 的结果为－4 |
| | ^ | 按位异或,num1^num2 的结果为 6 |
| | ＜＜ | 左移,num1＜＜1 的结果为 6 |
| | ＞＞ | 右移,num1＞＞1 的结果为 1 |
| 成员资格运算符 | in | 是否存在,num1 in [1，3，5]的结果为 True |
| | not in | 是否不存在,num2 not in [2，4，6]的结果为 True |
| 身份运算符 | is | 是否引用同一对象,num1 is num2 的结果为 False |
| | is not | 是否引用非同一对象,num1 is not num2 的结果为 True |

除了简单赋值运算符外还有复合赋值运算符,它们是用二元运算符和"＝"组合而成的,例如 num1＋＝1,就等价于 num1＝num1＋1。表 2-2 中的算术运算符、位运算符都可以和"＝"组合出复合赋值运算符。

Python 中的很多运算符都被重载,Python 解释器可以根据代码上下文辨别它们的准确含义,例如"＋"在表 2-2 中是算术加法运算符,但是它在对字符串操作时是字符串连接,它在对两个列表进行操作时实现两个列表的连接。下面是该运算符重载的例子。

```
>>> 3 + 5
8
>>> "hello" + " world"
'hello world'
>>> [1,2,3] + [4,5,6]
[1, 2, 3, 4, 5, 6]
```

"＝＝"和"is"有时会引起混淆,前者判断两个对象的值是否相等,后者判断两个对象是否是引用同一个对象。如下代码片段显示了二者的区别,读者可仔细体会。

```
>>> lst1 = [1,2]
>>> lst2 = [1,2]
>>> lst1 == lst2
True
>>> lst1 is lst2
False
```

17

第2章

Python 基础知识

## 2.3.2　运算符的优先级

正如小学生就知道算术运算先乘除后加减,Python 的运算符也是存在优先级的,表 2-3
列出了常见运算符的优先级,从上到下优先级越来越低。

表 2-3　常见运算符的优先级

| 序　号 | 运算符 | 说　　明 |
|---|---|---|
| 1 | ** | 乘方 |
| 2 | ~ | 按位取反 |
| 3 | +、- | 正、负 |
| 4 | *、/、%、// | 乘、除、求余、整除 |
| 5 | +、- | 加、减 |
| 6 | <<、>> | 移位运算符 |
| 7 | & | 按位与 |
| 8 | ^ | 按位异或 |
| 9 | \| | 按位或 |
| 10 | <、<=、>、>=、!=、== | 关系运算符 |
| 11 | is、is not | 身份运算符 |
| 12 | in、not in | 成员测试 |
| 13 | not | 逻辑非 |
| 14 | and | 逻辑与 |
| 15 | or | 逻辑或 |
| 16 | = | 赋值(包括复合赋值) |

和数学表达式一样,Python 中可以通过圆括号来改变运算的优先级顺序,例如,(3+5)*5
就是先加后乘。因此在编写程序遇到优先级不太清晰时可以通过圆括号指明优先顺序,这
样做还可以提高代码的可读性。如下代码中的两个逻辑表达式虽然执行结果一样,但前者
的可读性就弱于后者。

```
>>> num1 = 3
>>> num2 = 5
>>> num1 > 2 and num1 < 5 or num2 > 4 and num2 < 8
True
>>> (num1 > 2 and num1 < 5) or (num2 > 4 and num2 < 8)
True
```

# 2.4　输入与输出

之前讲到算法可以有 0 个或者多个输入,必须有一个或者多个输出。程序是算法的实
现,因此必须使用输入和输出功能。输入最常见的形式是通过键盘获取,最多用于输出的设
备是显示器,下面分别加以简要介绍。

## 2.4.1 input()函数

input()函数接受一个标准输入数据,返回值一定为字符串类型。该函数的原型如下:

```
input([prompt])
```

其中,prompt 是运行时给用户的提示字符串,可以省略,但通常不应该省略。因为省略后用户会比较迷惑,不知道当前该输入什么。该函数的返回值是字符串,因此常常需要强制转换为实际所需要的类型。下面的代码展示了几个常见的获取输入后的转换。

```
>>> str1 = input("请输入一个字符串:")          #获取字符串输入则无须转换
请输入一个字符串:hello
>>> str1
'hello'
>>> num = int(input("请输入一个整数:"))         #获取整数可以用 int 强制转换
请输入一个整数:25
>>> num
25
>>> num1,num2 = eval(input("请输入两个整数,用逗号分开:"))
请输入两个整数,用逗号分开:3,5
>>> num1
3
>>> num2
5
>>>
>>> nums = list(map(int,input("请输入多个整数,用空格分开:").split()))
                                             #获取多个整数到列表
请输入多个整数,用空格分开:1 3 5 7
>>> nums
[1, 3, 5, 7]
```

上面代码前两个输入比较简单,第三个输入使用了 eval()函数,可以一次获取多个输入,但是输入数据之间需要用英文的逗号分开。第四个输入相对复杂,做一下简要介绍。列表 nums 的获取过程如下:首先 input()函数获取到一个包含空格分开的多个数字的字符串,然后用 split()方法把该字符串拆分成一个字符串的列表,再用 map()函数把列表中的每个元素转换为 int 得到 map 对象,最后把该对象转换为列表。

## 2.4.2 print()函数

print()函数用于打印输出。该函数的原型如下:

```
print( * objects, sep = ' ', end = '\n', file = sys.stdout, flush = False)
```

其中,objects 表示可以一次输出多个对象。输出多个对象时,需要用“,”分隔;sep 用于分隔输出的多个对象,默认值是一个空格;end 表示 print 输出完成后的结束符号,默认值是换行符 '\n',也就是换行,如果希望输出后不换行,一定要设置本参数;file 表示要重定向的文件对象,默认值 sys. stdout 为标准输出(显示器);flush 表示输出是否被缓存。

如下代码是使用 print()函数进行输出的例子。

```
>>> print(3)
3
>>> num1 = 3
>>> num2 = 5
>>> print(num1,num2)                        #一次输出两个变量的值
3 5
>>> print(num1,num2,sep = ",",end = "#")    #输出两个变量的值,并设置分隔符和结束符
3,5#
```

### 2.4.3 输出的格式控制

一个好的程序除了数据结构和算法优秀外,还要和用户有良好的交互。在使用 print()
函数输出时经常需要对输出进行格式控制,Python 提供了三种方式进行格式化,分别是利
用字符串格式化运算符%、使用内置函数 format()和利用字符串的 format()方法。三者本
质上都是把需要输出的内容格式化为一个字符串。下面进行简要介绍。

**1. 字符串格式化运算符%**

此方法和 C 语言中的格式化输出类似,使用形式如下:

格式字符串 %(输出项 1,输出项 2,…,输出项 n)

其中,格式字符串由普通字符和格式说明符组成,普通字符原样输出,格式说明符决定所对应
输出项的输出格式。格式说明符以百分号%开头,后接格式标志符,它的具体形式如下:

%[对齐和填充][宽度][精度]类型码

其中,%和最后的类型码是必需的,其余的几个部分应根据情况选择是否使用。精度以西文
的点开头,后面辅以正整数。类型码是一个字母,用于描述输出的类型,它的常见取值与说
明如表 2-4 所示。

表 2-4　类型码的常见取值与说明

| 类型码 | 说　　明 |
|---|---|
| c | 得到一个整数对应的 Unicode 字符 |
| s | 字符串,其余类型通过 str()转换为字符串再输出 |
| u | 十进制整数 |
| d | 十进制整数 |
| o | 八进制整数 |
| x | 十六进制整数,a~f 为小写字母 |
| X | 十六进制整数,A~F 为大写字母 |
| e | 浮点数对应的小写字母 e 的指数形式 |
| E | 浮点数对应的大写字母 E 的指数形式 |
| f | 标准浮点形式 |

在使用该方式输出时占位符之外的内容原样输出,占位符会用%后面的参数值加以替换,但是需要确保占位符和后面的参数值数量一致。下面的代码是将一个变量输出成十进制、八进制、十六进制和二进制的例子,其中有 4 个占位符,因此后面有 4 个值。要特别说明的是,类型码没有提供二进制形式输出的控制,这里是用%s 字符串和 bin()函数结合实现的。

```
>>> num = 27
>>>" % d 的八进制为 00 % o,十六进制为 0X % X,二进制为 % s" % (num,num,num,bin(num))
'27 的八进制为 0O33,十六进制为 0X1B,二进制为 0b11011'
```

默认情况下,输出的内容是右对齐的。Python 允许对齐和填充的取值与说明如表 2-5 所示。

表 2-5　对齐和填充的取值与说明

| 取　　值 | 说　　明 |
| --- | --- |
| — | 左对齐 |
| + | 数值显示正负号 |
| 0 | 用 0 而不是空格去填充空白 |

下面的代码演示了对齐和填充在浮点数中的使用,读者可查看并体会。

```
>>> weight = 65.5
>>> print("您的体重是 % f." % weight)          #直接输出浮点数
您的体重是 65.500000.
>>> print("您的体重是 % .2f." % weight)        #输出时小数点后面保留 2 位
您的体重是 65.50.
>>> print("您的体重是 % 8.2f." % weight)       #最小宽度是 8 位,小数点后面是 2 位
您的体重是 65.50.
>>> print("您的体重是 % - 8.2f." % weight)     #加上了左对齐
您的体重是 65.50 .
>>> print("您的体重是 % 08.2f." % weight)      #右对齐,前面不足 8 位填充 0
您的体重是 00065.50.
```

### 2. 内置 format()函数

内置 format()函数实质上是可以将一个值按照格式化的形式转换为字符串,常用于将一个输出项单独进行格式化,具体形式如下:

```
format(输出项[,格式字符串])
```

其中,格式化字符串是可选的,当省略格式字符串时,就是直接利用 str()函数将输出项转换为字符串。格式化字符串的控制形式依然可以参考表 2-4 和表 2-5,不过比表 2-4 多了一个类型码 b,可以直接把整数格式化为二进制。下面是利用 format()函数进行格式化的几个例子。

```
>>> num = 27
format(num,"d") + "的八进制为00" + format(num,"o") + ",十六进制为0X" + format(num,"X") + ",
二进制为0B" + format(num,"b")
'27 的八进制为0O33,十六进制为0X1B,二进制为0B11011'
>>> ch = 65
>>> format(ch,'c')                    #格式化为字符串
'A'
>>> format(ch,'d')                    #格式化为整数
'65'
>>> format(ch,'08d')                  #格式化占8列,右对齐,前面填充0
'00000065'
```

### 3. 字符串的 format()方法

利用该方法格式化时,会把格式字符串当作一个模板,通过传入的参数对输出项进行格式化,具体形式如下:

格式字符串.format(输出项 1,输出项 2,…,输出项 n)

格式字符串中包含普通字符和格式说明符,普通字符原样输出,格式说明符的模式如下:

{[<输出项序号>][:][<格式控制标记>]}

格式说明符外面是一对花括号,第一个部分是输出项序号,序号从 0 开始编号。如果省略序号,那么格式字符串和输出项目必须严格一一对应。如果使用序号,使得后面输出项的顺序不必和前面格式说明符的顺序严格保持一致,甚至可以把一个输出项多次输出。如下代码演示了一个输出项被多次格式化。

```
>>> num = 27
>>> "{0:d}的八进制为0O{0:o},十六进制为0X{0:X},二进制为0B{0:b}".format(num)
'27 的八进制为0O33,十六进制为0X1B,二进制为0B11011'
```

输出项序号和格式控制标记之间有一个冒号,冒号之后是格式控制标记。格式控制标记形式如下:

[填充][对齐][宽度][,][精度][类型码]

其中,填充默认是空格,也可以自己指定各种字符;对齐的取值是如下三个:<(左对齐)、>(右对齐)和^(居中);宽度后面的英文逗号用于控制显示整数和浮点数的千位分隔符;精度和前面两种方式类似。类型码和表 2-4 相比,除了添加 b 之外,还添加了一个%用于控制把浮点数输出为百分制形式。

上面三种方式各有所长,总体而言在遇到多个输出项需要格式化时第三种方式最强大,偶尔少量的内容需要格式化,使用前面两种很方便。

## 2.5　模块与包

函数可以提高代码的复用性,但是随着软件规模越来越大,一个大的程序往往包括多个源文件。Python 源文件的扩展名是.py,其中通常包含用户自定义的变量、函数和类,这样的一个源文件可以称为模块。若干个功能相关的模块组合在一起称为包,包中必须有一个名称为__init__.py 的文件。包中除了有模块外,还可以有包,若干个功能相关的包在一起称为库。当然,一个包中也可以只有一个模块,因此包和模块两个词汇有时区分得并不明显。

Python 的标准库和第三方库中包含了大量的包和模块,例如标准库中的 random 模块含有用于产生随机数的相关函数,WordCloud 是一个第三方提供的专门用于绘制词云的包。

### 2.5.1　导入模块

可以使用 import 语句导入模块,从而使用模块中定义的类和函数。导入模块的方法主要有如下三种形式。

**1. import 模块名 1 [as 别名],[模块名 2 [as 别名]…]**

如下是导入 random 和 numpy 两个模块的例子,前者没使用别名,后者使用了别名。

```
import random
import numpy as np
```

用此方式导入的模块在使用其中的函数时必须加上模块名限定。如下代码是导入math 模块并利用其中的 sqrt()求平方根以及用 cos()求余弦值的例子。

```
import math
print(math.sqrt(2))
print(math.cos(math.pi))
```

**2. from 模块名 import 函数名　[as 别名],[函数名　[as 别名]…]**

此种方式导入的函数使用时无须模块名限定,但是只能使用指定的函数,无法调用模块中的其余函数。下面例子中的 sqrt()调用时无须添加前置 math 模块限定,但是 cos()的两种调用都是错误的,在注释中已经写明错误原因。

```
from math import sqrt
print(sqrt(2))
print(cos(pi))              #本句代码会出错,因为没有导入 cos()和 pi()
print(math.cos(math.pi))    #本句代码会出错,因为没有导入完整的 math 模块
```

**3. from 模块名 import ***

此种方式导入的函数使用时无须模块名限定,且可以使用模块中的全部函数。下面代码中两句都是正确的。

```
from math import *
print(sqrt(2))
print(cos(pi))
```

从上面三种导入模块的方式可以看出,最后一种方式调用模块中的函数和数据最简单。但是这种方式在导入多个模块时可能会遇到歧义问题。例如:同一个程序中用第三种方式分别导入了模块 A 和 B 中的全部内容,但是如果 A 和 B 中都分别有函数 test(),那么直接调用 test()函数时将会引发二义性。

## 2.5.2  安装第三方包

Python 附带了一个包的管理工具:pip,它提供了对 Python 包的查找、下载、安装、卸载的功能。pip 的主要功能如表 2-6 所示。

表 2-6  **pip** 的主要功能

| 功　　能 | 命　　令 |
| --- | --- |
| 显示版本 | pip --version |
| 查看帮助 | pip --help |
| 安装包 | pip install 包名 |
| 安装指定版本的包 | pip install 包名＝＝版本号 |
| 升级包 | pip install -u 包名 |
| 显示包的信息 | pip show 包名 |
| 列出已经安装的包 | pip list |
| 查看可以升级的包 | pip list -o |
| 搜索包 | pip search 包名 |
| 卸载包 | pip uninstall 包名 |

在 Windows 的控制台输入如下命令就可以安装结巴分词包,结巴分词包是一个用于对中文进行自动分词的第三方包。

```
pip install jieba
```

它默认自动到 Python 的官方源服务器去下载包,但是有时访问该服务器速度较慢,此时可以在 pip 命令中指定安装包的源服务器。下面的命令显示了指定从清华大学的源服务器安装结巴分词包。

```
pip install - i https://pypi.tuna.tsinghua.edu.cn/simple jieba
```

# 习题

1. 编写一个程序,提示用户从键盘输入一个 3 位整数,编写程序计算 3 位整数的各位数字之和,并输出到屏幕上,要求输出占 4 列,右对齐。
2. 编写一个程序,从键盘输入 4 个整数,并输出其中最大的数。

3. 编写一个程序,提示用户从键盘输入两个正整数 $a$ 和 $b$ ,计算并输出 $a/b$ 的商和余数。

4. 编写一个程序,让用户输入自己的姓名,输出该姓名字符串的长度。

5. 编写一个程序,提示用户输入 3 个整数 $x$、$y$ 和 $z$,把这 3 个数由小到大输出。

6. 编写一个程序,产生两个在 $[5,20]$ 的随机正整数 $a$ 和 $b$。$a$ 代表班级的女生人数,$b$ 代表班级的男生人数,计算并输出女生占班级总人数的比例,要求输出比例结果采用百分比形式,占 8 列,右对齐,保留 2 位小数。

7. 编写一个程序,产生一个 $[5,20]$ 的随机实数。假设该随机数是一个球的半径,则计算该球的体积。最后将球的半径和体积输出到屏幕上,要求每个值占 15 列,保留 3 位小数,右对齐。

8. 编写一个程序,产生一个 $[5,20]$ 的随机实数。假设该随机数是一个圆锥的底面半径,已知高为 10,计算该圆锥的体积。将底面半径、高和体积输出到屏幕上,输出时每个值占 10 列,保留 3 位小数,右对齐。

9. 编写一个程序,产生一个随机的 3 位正整数,并将该数的数字首尾互换输出,例如,157 互换后为 751。

10. 公园要修一道长 $x$ m、宽 $y$ m、高 $z$ m 的围墙,每立方米用砖 600 块。编写一个程序,提示用户从键盘输入 $x$、$y$ 和 $z$,输出所需砖块的数量(尺寸为浮点数,砖块为整数)。

11. 一头大象口渴了,要喝 20 l 水才能解渴,但现在只有一个深 $h$ cm,底面半径为 $r$ cm 的小圆桶($h$ 和 $r$ 都是整数)。大象至少要喝多少桶水才会解渴?编写程序输入半径和高度,输出需要的桶数(一定是整数)。

12. 编写一个程序,提示用户输入两个平面上点的坐标 $A(x_1,y_1)$、$B(x_2,y_2)$,然后计算该两点间的距离。$|AB| = \sqrt{(x_1-x_2)^2 + (y_1-y_2)^2}$。

13. 编写一个程序,提示用户输入三角形的 3 个顶点 $(x_1,y_1)$、$(x_2,y_2)$、$(x_3,y_3)$,然后计算三角形面积,这里假定输入的 3 个点能构成三角形。将面积输出到屏幕,要求输出占 7 列,保留 2 位小数,左对齐。三角形面积公式如下:$s = (\text{side}_1 + \text{side}_2 + \text{side}_3)/2$,$\text{area} = \sqrt{s(s-\text{side}_1)(s-\text{side}_2)(s-\text{side}_3)}$,其中 $\text{side}_1$、$\text{side}_2$、$\text{side}_3$ 表示三角形 3 条边的长度。

14. 假设每月存 100 元到一个年利率为 6% 的储蓄账户。因此,月利率为 $0.06/12 = 0.005$。

    第一个月后,账户的存款金额为 $100*(1+0.005) = 100.5$(元)。

    第二个月后,账户的存款金额为 $(100+100.5)*(1+0.005) = 201.5025$(元)。

    第三个月后,账户的存款金额为 $(100+201.5025)*(1+0.005) = 303.3115$(元)。

    编写程序计算 5 个月后,该储蓄账户的存款金额是多少,并显示在屏幕上,要求保留 5 位小数,右对齐。计算总体收益相对总体本金的收益率(此收益率值=总收益/总本金),并显示在屏幕上,要求以百分数形式显示,保留 2 位小数,右对齐。

15. 编写一个程序,显示当前北京时间。要求显示格式如下:

当前时间是:几时:几分:几秒

输出示例：

当前时间是：14:26:32

16. 编写一个程序，从键盘输入两个时间点，格式为 hh：mm：ss（时：分：秒），计算并输出两个时间点相隔的秒数。

17. 编写一个程序，计算当前距离 1970 年 1 月 1 日过去了多少天又多少小时，并输出到屏幕上。

18. 一辆汽车从苏州出发前往上海，每小时行驶 80km，两地距离为 100km。假设出发时间为当前时间，编写一个程序，计算并输出到达上海的时间，格式为 hh：mm：ss（时：分：秒）。

19. 编写一个程序，从键盘输入两个向量，每个向量的维度是 2，向量中每个元素的范围在 0 到 1 之间，计算两个向量的余弦相似度，并输出结果。

20. 编写一个程序，产生两个[10,50]的随机数，用这两个数构造一个复数，计算复数的模、辐角（要求转换为角度），最后将复数、复数的模和辐角显示在屏幕上。要求每个占 7 列，保留 2 位小数，右对齐。

# 第3章　　数据的组织——列表

第 2 章介绍了几种基本的数据类型：整型、浮点型、布尔型等。本章介绍一种非常有用的数据结构：列表。利用列表可以将基本的数据类型有效地组织起来，再借助列表对象提供的方法可以方便地对这些基本数据进行处理。

## 3.1　列表概述

列表是一种序列类型，通常用来存储一组相同类型的对象。

```
>>> primes = [2, 3, 5, 7]
>>> primes
[2, 3, 5, 7]
```

上述代码中，赋值语句将变量 primes 绑定到一个列表，其中包含 4 个整型对象。如图 3-1 所示，每个对象在列表中具有相对固定的位置。该位置可以用整数表示，也称为索引。第 1 个对象的索引是 0，第 2 个对象的索引是 1，第 $n$ 个对象的索引是 $n-1$。可以通过索引来引用列表中的对象，方法是：数组名后跟方括号，然后方括号中放置该对象的索引。例如 primes[0] 引用对象 2，而 primes[3] 引用对象 7。列表中的对象也被称为列表的元素。

图 3-1 中的列表 prime 包含 4 个整型对象，这是一种简化的说法。列表中实际存储了这 4 个整型对象的引用。如图 3-2 所示，prime[0] 存放的是整型对象 2 的引用，prime[1] 存放的是整型对象 3 的引用。虽然对象 2 和对象 3 在列表 prime 中的相对位置是相邻的，但它们在内存中的实际存放位置可能并不相邻。了解列表这种存放引用的工作机制非常重要，

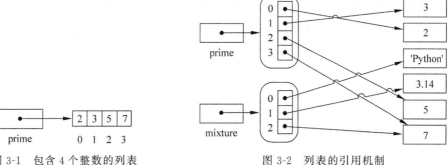

图 3-1　包含 4 个整数的列表

图 3-2　列表的引用机制

后面将看到这种机制会导致极其隐晦的问题。

得益于引用机制,列表也可以用来存储不同类型的对象。图 3-2 中的列表 mixture 就是一个例子。可以看到,变量 mixture 绑定到一个列表上,mixture[0]引用字符串对象 'Python',mixture[1]引用浮点型对象 3.14,而 mixture[2]引用整型对象 7。注意,primes[3]也引用了整型对象 7。务必记住两点:第一,变量绑定到一个对象;第二,列表存储的是对象的引用。

为了提高可读性,本书会简化表达。例如下列两种表述都是指变量 mixture 绑定到列表['Python', 3.14, 7]。表述一:变量 mixture 的值是列表['Python', 3.14, 7]。表述二:将列表['Python', 3.14, 7]赋值给变量 mixture。同样,下列两种表述都是指 mixture[1]引用浮点型对象 3.14。表述一:mixture[1]的值是 3.14。表述二:将 3.14 赋值给 mixture[1]。此外,本书在对列表进行图示时,通常也采用图 3-1 的简化方式。

# 3.2　创建列表的方法

创建列表最直接的方法是在方括号中放置以逗号分隔的字面量。如果方括号中为空,那么创建的就是一个空列表。

```
>>> empty_list = [ ]
>>> primes = [2, 3, 5, 7]
>>> mixture = ['Python', 3.14, 7]
>>> matrix = [[1, 0, 0], [0, 1, 0], [0, 0, 1]]
>>> matrix[0]
[1, 0, 0]
>>> matrix[0][1]
0
```

上述代码创建了 4 个列表,并绑定到相应的变量上。注意,empty_list 是一个空列表,不包含任何对象。列表 matrix 包含 3 个对象,每个对象又分别是列表,例如 matrix[0]是[1, 0, 0]。因为 matrix[0]是一个列表,所以可以使用索引来引用其中的对象,例如 matrix[0][1]就是 matrix[0]中索引为 1 的对象,即整型对象 0。这种包含列表的列表也称为嵌套列表。

创建列表的第二种方法是使用函数 list()。一方面,可以在调用函数时不提供任何参数,这时创建一个空列表。另一方面,也可以提供一个可迭代对象,例如 range 对象、字符串,甚至是一个列表,这时创建的列表中包含可迭代对象中的所有元素,并且这些元素的相对顺序也保持一致。

```
>>> empty_list = list()
>>> empty_list
[]
>>> a = list(range(5))
>>> a
```

```
[0, 1, 2, 3, 4]
>>> b = list('Python')
>>> b
['P', 'y', 't', 'h', 'o', 'n']
>>> c = list(a)
>>> c
[0, 1, 2, 3, 4]
```

上述代码中,变量 empty_list 绑定到空列表[ ]。变量 a 绑定到列表[0,1,2,3,4]。注意,range(5)中的元素依次是 0,1,2,3,4。变量 b 绑定到列表['P', 'y', 't', 'h', 'o', 'n']。特别需要注意的是,变量 c 绑定的列表的值也是[0,1,2,3,4],但和变量 a 绑定的列表并不是同一个列表。验证这一点非常容易,可以执行语句 c[0] = 1,然后查看列表 a 和 c 的值。

```
>>> c[0] = 1
>>> c
[1, 1, 2, 3, 4]
>>> a
[0, 1, 2, 3, 4]
```

创建列表的第三种方法是使用列表推导,形如[expression for x in iterable],其含义是依次将可迭代对象 iterable 中的元素赋值给变量 x,然后基于 x 的值求解表达式 expression,并将表达值 expression 的值放入新建的列表中。例如,[x ** 2 for x in range(5)]会创建列表[0,1,4,9,16]。这是因为变量 x 首先绑定到 range(5)的第一个元素 0,此时表达式 x ** 2 的值(即 0)会加入列表,然后 x 绑定到 range(5)的第二个元素 1,此时表达式 x ** 2 的值(即 1)会加入列表,以此类推,直至遍历完 range(5)中的所有元素。

```
>>> [x ** 2 for x in range(5)]
[0, 1, 4, 9, 16]
```

注意,表达式 expression 可能与变量 x 无关。例如,matrix=[[0,0,0] for x in range(3)]创建了一个嵌套列表[[0,0,0], [0,0,0], [0,0,0]]。这里无论 x 取值如何,表达式 expression 的值始终是[0,0,0]。再次强调,虽然 matrix[0]、matrix [1]、matrix [2]的值都是[0,0,0],但实际上它们绑定到不同的列表,所以修改 matrix[0]的值并不影响 matrix[1]和 matrix[2]的值。

```
>>> matrix = [[0, 0, 0] for x in range(3)]
>>> matrix
[[0, 0, 0], [0, 0, 0], [0, 0, 0]]
>>> matrix[0][0] = 1
>>> matrix
[[1, 0, 0], [0, 0, 0], [0, 0, 0]]
```

列表推导中还可引入条件判断,形如[expression for x in iterable if condition],其含义是依次将可迭代对象 iterable 中的元素赋值给变量 x,并且仅当表达式 condition 为真时才求解表达式 expression,并将其值放入新建的列表中。例如[x for x in range(10) if x % 2 == 1]会创建列表[1,3,5,7,9]。这是因为仅当表达式 x % 2 == 1 为真时(即 x 为奇数),才会将表达式 x 的值加入列表中。

```
>>> [x for x in range(10) if x % 2 == 1]
[1, 3, 5, 7, 9]
```

又如[x for x in 'alice' if x in 'aeiou']会创建列表['a', 'i', 'e']。这是因为仅当表达式 x in 'aeiou'为真时,才会将表达式 x 的值加入列表中。

```
>>> [x for x in 'alice' if x in 'aeiou']
['a', 'i', 'e']
```

## 3.3  列表基本操作

### 3.3.1  索引

创建列表之后,提取列表中的元素是常规需求。在 3.1 节中提到,可以通过索引提取单个元素。如果列表中包含 $n$ 个元素,第一个元素的索引是 0,最后一个元素的索引是 $n-1$。

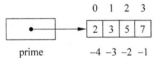

图 3-3  列表的正索引和负索引

此外,Python 还支持负索引,并规定倒数第一个元素的索引是 -1,倒数第二个元素的索引是 -2,其余以此类推。图 3-3 显示了一个列表中所有元素的正索引和负索引。不难看出,某元素的负索引加上该列表的长度恰好等于该元素的正索引。所以,长度为 $n$ 的列表,其索引的有效范围是 $-n \sim n-1$。

注意,如果索引不在有效范围之内,那么代码在运行时会产生越界错误。

```
>>> primes = [2, 3, 5, 7]
>>> primes[4]              #执行该语句会产生运行错误
IndexError: list index out of range
>>> primes[-5]             #执行该语句会产生运行错误
IndexError: list index out of range
```

从图 3-3 可以看出,列表 prime 上索引的有效范围是 $-4 \sim 3$,所以索引 4 和索引 -5 都会越界,因此上述代码会产生运行错误。

### 3.3.2  切片

通过索引可以提取列表的单个元素,而通过切片可以提取列表的多个元素并组成一个新的列表。对于列表 L,切片的一般形式是 L[start:stop],其中整数 start 和 stop 分别表示切片的开始和结束位置。如图 3-4 所示,切片 L[start:stop]从索引 start 开始,向右依次提取元素,直至索引 stop 结束(索引为 stop 的元素并不包含在内)。也就是说,切片 L[start:stop]从 L 中提取 stop-start 个元素,生成列表[L[start]、L[start+1]、…、L[stop-1]]。例如 L[1:4]提取 L[1]、L[2]和 L[3]3 个元素,构成列表[3,5,7]。如果 start 大于或等于

stop,那么切片提取不到任何元素,返回一个空列表。

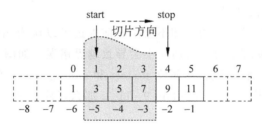

图 3-4　列表上的切片操作

　　为了方便理解切片,可以认为 start 和 stop 定义了一个区域(见图 3-4 的灰色框),而切片结果就来自位于这个区域之内的列表元素。当 start 大于或等于 stop 时,这个区域显然为空,所以列表没有任何元素属于这个区域,从而切片结果是一个空列表。

　　在切片时可以省略 start 或者 stop。如果省略 start,那么就认为 start 的值是 0,即从头提取元素。如果省略 stop,那么就认为 stop 的值是列表 L 的长度,即提取到列表结尾。例如 L[:3] 的值是 [1,3,5],而 L[3:] 的值是 [7,9,11]。如果两者都省略,那么切片构成的列表和列表 L 具有相同的值,例如 L[:] 的值是 [1,3,5,7,9,11]。

　　切片可以指定步长,形式为 L[start:stop:step],表示从 L[start:stop] 中每隔 step−1 个元素进行提取。考虑切片 L[1:5:2],因为 L[1:5] 是 [3,5,7,9],从元素 3 开始,每隔 1 个元素进行提取,所以最后结果是 [3,7]。再考虑切片 L[::3],注意到 L[:] 是 [1,3,5,7,9,11],从元素 1 开始,每隔 2 个元素进行提取,所以结果是 [1,7]。如果不指定步长,那么使用默认值 1。

　　注意,步长 step 不能等于 0,但可以小于 0,此时从索引 start 开始,向左提取元素。具体来说,当 step 为负时,L[start:stop:step] 表示从 L[start:stop:−1] 中每隔 |step|−1 个元素进行提取。例如要分析切片 L[5:1:−2] 的值,可以先考虑 L[5:1:−1]。步长为负意味着提取方向是从右向左,从图 3-5 中不难看出 L[5:1:−1] 的结果是 [11,9,7,5]。因此 L[5:1:−2] 从元素 11 开始,每隔 |−2|−1=1 个元素进行提取,所以 L[5:1:−2] 的值是 [11,7]。注意,当 step 为负时,如果 start 小于或等于 stop,那么切片提取不到任何元素,返回一个空列表。

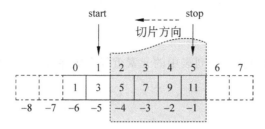

图 3-5　步长为负时的切片

　　记住,在切片时可以省略 start 或者 stop,这种省略在切片步长为负时表现更加智能。例如切片 [:4:3] 和切片 [:4:−3] 中都省略了 start。由于步长为正意味着从左向右提取元素,因此切片 [:4:3] 认为 start 的值是 0,即从头开始提取元素。而步长为负意味着从右向

数据的组织——列表

左提取元素,因此切片[:4:−3]认为 start 的值是 5,即从列表结尾开始提取元素。因此,两个切片值分别是[1,7]和[11]。

索引可能导致越界错误,而切片却不会。之前提过可以认为 start 和 stop 定义了一个区域,从这个角度就容易理解为什么切片不会导致越界错误。如图 3-6 所示,stop=7 相对于列表 L 来说不是一个有效索引,然而位于 start 和 stop 定义的灰色区域之内的列表元素仍然有 9 和 11,所以切片 L[4:7]的值是[9,11]。那么切片 L[4:100]呢?显然还是同样的结果。

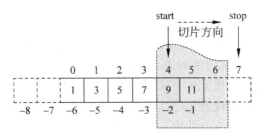

图 3-6　切片的容错性

上述讨论中考虑的都是正索引,不要忘记 Python 还支持负索引,所以切片中的 start 和 stop 也可以是负整数,此时上面介绍的规则同样适用。先考虑简单的情况,例如切片 L[−5:−2]。因为步长为正,所以从索引−5 开始向右提取元素直至索引−2(不包含该元素),这正是图 3-4 所示的情况。切片 L[−1:−5]的结果如何?注意,这里步长为正,还是向右提取,显然此时 start 和 stop 定义的区域为空,因此切片结果是一个空列表。那么切片 L[−1:−5:−1]呢?不难看出,该切片正好对应图 3-5,结果是[11,9,7,5]。最后考虑切片 L[:−100:−2]。因为步长为负,所以 start 的值是 5,这样位于 start 和 stop 定义区域内的列表元素是 11,9,7,5,3,1。而步长为−2 意味着每隔一个元素提取,所以切片结果是[11,7,3]。

### 3.3.3　连接和重复

通过"+"运算符可以将两个列表连接起来形成一个新列表。

```
>>> [1, 2]+[3, 4]
[1, 2, 3, 4]
```

通过"*"运算符可以将一个列表中的元素重复多次并形成一个新列表。

```
>>> a = [1, 2]
>>> b = a * 3
>>> b
[1, 2, 1, 2, 1, 2]
>>> c = 3 * a
>>> c
[1, 2, 1, 2, 1, 2]
```

如果列表中的元素是可变类型,那么重复操作只是复制了对该元素的引用。

```
>>> matrix = [[0, 0]] * 2                #语句1
>>> matrix
[[0, 0], [0, 0]]
>>> matrix[0][0] = 1                      #语句2
>>> matrix
[[1, 0], [1, 0]]
```

考虑上述代码,为什么修改 matrix[0][0]后,matrix[1][0]的值也发生变化? 从图 3-7 不难看出原因。图 3-7(a)展示了语句 1 执行后的情况,matrix[0]和 matrix[1]引用了同一个列表[0,0]。图 3-7(b)展示了语句 2 执行后的情况,matrix[1]引用的列表已经通过 matrix[0]发生了变化。如果要避免复制引用带来的影响,可以使用下面的方法。

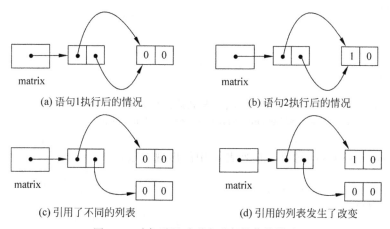

(a) 语句1执行后的情况    (b) 语句2执行后的情况

(c) 引用了不同的列表    (d) 引用的列表发生了改变

图 3-7　对象引用对列表重复操作的影响

```
>>> matrix = [[0, 0] for i in range(2)]          #语句1
>>> matrix
[[0, 0], [0, 0]]
>>> matrix[0][0] = 1                              #语句2
>>> matrix
[[1, 0], [0, 0]]
```

上述代码中,语句 1 使用列表推导创建了一个列表。如图 3-7(c)所示,现在 matrix[0]和 matrix[1]引用了不同的列表,虽然它们的值都是[0, 0]。执行语句 2 之后,只有 matrix[0]引用的列表发生了改变,结果如图 3-7(d)所示。

## 3.3.4　查询操作

本节介绍几种和查询相关的操作。因为这些操作没有对列表进行修改,所以它们也适用于其他的不可变序列,例如字符串和元组。

运算符 in 用来判断一个对象是否在一个列表中。如果对象 x 在列表 L 中,那么表达式 x in L 的值是 True,否则是 False。

```
>>> 3 in [1, 2, 3]
True
>>> 4 in [1, 2, 3]
False
```

函数 len(L)返回列表 L 的长度。函数 min(L)和函数 max(L)分别返回列表 L 中的最小值和最大值。注意,这两个函数能够正确工作的前提是列表 L 中的元素可以比较大小。例如语句 min([0, '1'])会导致一个名为 TypeError 的运行时错误,因为整型对象 0 和字符串对象'1'无法比较大小。

```
>>> L = [2, 3, 5, 7]
>>> len(L)
4
>>> min(L)
2
>>> max(L)
7
>>> min([0, '1'])               #该操作会导致运行时错误
TypeError: '<' not supported between instances of 'str' and 'int'
```

操作 L.count(x)返回对象 x 在列表 L 中的出现次数。

```
>>> L = [3, 1, 4, 1, 5, 9, 2, 6, 5]
>>> L.count(1)
2
>>> L.count(7)
0
```

操作 L.index(x)返回对象 x 在列表 L 中第一次出现的位置,而操作 L.index(x, start, stop)返回对象 x 在列表 L 特定范围内第一次出现的位置,该范围开始于 start,结束于 stop (不包括在内)。如果该范围内对象 x 没有出现,则该操作会导致一个名为 ValueError 的运行错误。

```
>>> L = [3, 1, 4, 1, 5, 9, 2, 6, 5]
>>> L.index(5)
4
>>> L.index(5, 5, len(L))
8
>>> L.index(7)#该操作会导致运行时错误
ValueError: 7 is not in list
```

## 3.3.5 修改操作

本节介绍两类常见的修改列表的操作:插入元素和删除元素。

向列表中插入元素有三种常见的方法。第一,操作 L.append(x)将对象 x 添加至列表 L 的末端。第二,操作 L.extend(iterable)将可迭代对象 iterable 中的元素依次添加至列表

L 的末端。值得注意的是,运算符"+="也可以实现同样的功能。第三,操作 L.insert(i,x) 将对象 x 添加至列表 L 中索引为 i 的位置。insert()方法不检查索引 i 是否越界,同时也支持负索引。

```
>>> L = [1, 2]
>>> L.append(3)
>>> L
[1, 2, 3]
>>> L.extend([4, 5])          #将列表[4, 5]中的元素依次添加至列表 L 的末端
>>> L
[1, 2, 3, 4, 5]
>>> L.append([4, 5])          #将列表[4, 5]作为一个对象添加至列表 L 的末端
>>> L
[1, 2, 3, 4, 5, [4, 5]]
>>> L.insert(3, 0)            #将整数 0 添加至列表 L 中索引为 3 的位置
>>> L
[1, 2, 3, 0, 4, 5, [4, 5]]
>>> L.insert(-1, 0)          #insert()方法支持负索引
>>> L                        #注意:插入到索引为 -1 的位置会导致最后一个元素后移
[1, 2, 3, 0, 4, 5, 0, [4, 5]]
>>> L.insert(100, 0)         #insert()方法不检查索引 i 是否越界,并且能智能处理
>>> L
[1, 2, 3, 0, 4, 5, 0, [4, 5], 0]
```

删除列表中的元素也有多种方法。操作 L.clear()删除列表 L 中的所有元素,最终 L 成为一个空列表。操作 L.pop(i)返回列表 L 中索引为 i 的元素并将其从列表中删除。如果没有指定 i,那么 i 取默认值 -1,即列表 L 中最后一个元素。操作 L.remove(x)删除列表 L 中第一次出现的对象 x。

```
>>> L = [1, 2, 1, 3, 1, 4]
>>> L.pop(4)           #返回索引为 4 的元素并将其从列表 L 中删除
1
>>> L
[1, 2, 1, 3, 4]
>>> L.pop()            #返回列表 L 中最后一个元素并将其从列表 L 中删除
4
>>> L
[1, 2, 1, 3]
>>> L.remove(1)        #删除列表 L 中第一次出现的 1
>>> L
[2, 1, 3]
>>> L.clear()          #删除列表 L 中的所有元素
>>> L
[]
```

除了上面介绍的方法,语句 del 也可以删除列表中的元素,但用法更加复杂。语句 del L[i]删除列表 L 中索引为 i 的元素。注意,索引 i 可以为负,但不能超过有效范围,否则会导致名为 IndexError 的运行错误。语句 del L[i:j:k]从列表 L 中删除切片 L[i:j:k]包含的

元素。

```
>>> L = [1, 2, 3, 4, 5, 6, 7, 8]
>>> del L[::3]
>>> L
[2, 3, 5, 6, 8]
>>> del L[1:4]
>>> L
[2, 8]
>>> del L[1]
>>> L
[2]
>>> del L                  #注意,该语句删除了变量 L,而不是 L 中的元素
>>> L                      #变量必须先赋值再使用,所以该语句会导致运行时错误
NameError: name 'L' is not defined
```

## 3.3.6　反转

Python 提供了操作 L. reverse() 来反转列表 L 中的元素,即第一个元素变成倒数第一个元素,第二个元素变成倒数第二个元素,其余以此类推。

```
>>> L = [1, 2, 3, 4, 5]
>>> L.reverse()
>>> L
[5, 4, 3, 2, 1]
```

可以看出 L. reverse() 修改了列表 L。还有一些方法可以在不修改 L 的情况下反转 L 中的元素。步长为 −1 的切片是一种选择。此外,Python 还提供了函数 reversed(L)。该函数将 L 中的所有元素反转,并以迭代器的形式返回。

```
>>> L = [1, 2, 3, 4, 5]
>>> L[::-1]              #使用切片进行列表元素的反转,可以自行验证列表 L 有没有发生变化
[5, 4, 3, 2, 1]
>>> list(reversed(L)) #将函数 reversed() 返回的迭代器作为参数调用函数 list() 构造列表
[5, 4, 3, 2, 1]
```

## 3.3.7　复制

复制列表也是常见操作之一。除了使用 list() 函数和切片操作,列表对象的 copy() 方法也可以实现复制。

```
>>> L = [1, 2, 3]
>>> A = list(L)
>>> A
[1, 2, 3]
>>> B = L[:]
>>> B
```

```
[1, 2, 3]
>>> C = L.copy()
>>> C
[1, 2, 3]
```

上述方法创建的列表 A、B 和 C 与 L 具有相同的值,但它们分别绑定到不同的列表对象。为了验证这一点,可以使用运算符"=="和运算符"is"做一些测试。

```
>>> L = [1, 2, 3]
>>> C = L.copy()
>>> L == C
True
>>> L is C
False
```

回忆一下,直接使用赋值语句会使得两个变量绑定到同一个列表。有时候这种复制引用并不是期望的行为。

```
>>> L = [1, 2, 3]
>>> A = L
>>> L == A
True
>>> L is A
True
```

对于嵌套列表,复制会更加复杂。考虑下面的例子。

```
>>> L = [[1, 2], [3, 4]]
>>> A = L.copy()
>>> L is A
False
>>> A
[[1, 2], [3, 4]]
>>> L[0][0] = 10
>>> A
[[10, 2], [3, 4]]
```

列表对象的 copy() 方法将 L 的值复制到 A。然而,赋值语句修改了 L[0][0] 之后,A[0][0] 的值也发生了变化。造成这种情况的原因是 copy() 方法仅支持浅拷贝,即仅仅复制顶层对象,但对于顶层对象的内部对象,复制的还是它们的引用。在上面的例子中,L[0] 和 A[0] 实际上引用了同一个列表[1, 2]。

为了解决这一问题,Python 提供了 deepcopy() 方法来实现对象的深拷贝,即完整地复制整个对象。为了使用该方法,首先需要导入 copy 模块。

```
>>> import copy
>>> L = [[1, 2], [3, 4]]
>>> A = copy.deepcopy(L)
```

37

```
>>> L[0][0] = 10
>>> A
[[1, 2], [3, 4]]
```

# 3.4　列表与排序

对列表中的元素进行排序也是常见需求之一。这在 Python 中非常简单,直接使用列表对象的 sort()方法即可。

```
>>> numbers = [3, 1, 4, 1, 5, 9, 2]
>>> numbers.sort()
>>> numbers
[1, 1, 2, 3, 4, 5, 9]
```

可以看出,使用 sort()方法之后,列表 numbers 的内容发生了变化。注意,该方法的返回值是 None。如果误认为该方法的返回值是排序后的列表,并将该方法放在赋值语句的右边,那么赋值语句左边的变量会绑定到 None 对象上,这显然不是期望发生的情况。

```
>>> numbers = [3, 1, 4, 1, 5, 9, 2]
>>> numbers = numbers.sort()          #该语句会让 numbers 绑定到 None 对象
>>> print(numbers)
None
```

sort()方法对列表正确排序的前提是列表中任意两个对象之间定义了小于(<)关系。对于整数或者浮点数,这种关系是显然的。对于字符串,会按照字典序进行排列。

```
>>> numbers = ['one', 'two', 'three', 'four']
>>> numbers.sort()
>>> numbers
['four', 'one', 'three', 'two']
```

如果列表中的元素又是列表,该如何排序呢?这就涉及如何判断两个列表的大小关系。给定两个列表,从左向右逐个元素进行比较,直至遇到不相等的元素,此时元素小的列表就小(例如列表[1, 2]小于列表[1, 3])。如果有一方没有元素可以用于比较,那么这一方就小(例如列表[1, 2]小于列表[1, 2, 3])。下面的 Python 代码对一个嵌套列表进行了排序。

```
>>> nested_list = [[1], [2], [3], [1, 2], [1, 3], [2, 3], [1, 2, 3]]
>>> nested_list.sort()
>>> nested_list
[[1], [1, 2], [1, 2, 3], [1, 3], [2], [2, 3], [3]]
```

sort()方法默认将列表中的元素从小到大排序。如果需要从大到小排序,那么可以在调用 sort()方法时指定参数 reverse=True。

```
>>> numbers = [3, 1, 4, 1, 5, 9, 2]
>>> numbers.sort(reverse = True)          # 按照降序排列
>>> numbers
[9, 5, 4, 3, 2, 1, 1]
```

可以为 sort()方法的参数 key 指定一个函数,重新定义列表中任意两个对象之间的大小关系。该函数只有一个参数,通常是列表中的对象,而返回值可以看成是该对象的"值",用来确定对象之间的大小关系。考虑包含多个字符串的列表 names,现在要将其中的元素按照它们的长度进行排序,那么可以定义一个函数 helper(s),其返回值是参数 s 的长度。将该函数传递给 sort()方法的参数 key,那么就能根据字符串的长度而不是按字典顺序进行排序了。

```
>>> def helper(s):
…   return len(s)
>>> ?names = ['David', 'Alice', 'Charlotte', 'Bob']
>>> names.sort(key = helper)
>>> names
['Bob', 'David', 'Alice', 'Charlotte']
```

注意,sort()方法是稳定的排序。比如,在上面的例子中,字符串'David'和字符串'Alice'的长度相等,而它们在排序前后的相对顺序维持不变。

目前介绍的排序都是按照单一条件进行排序,有时候还需要根据多个条件进行排序。考虑上面的姓名列表 names,现在首先需要根据姓名长度进行排序,对具有相同长度的姓名,再按照字典顺序进行排序。如何实现这类复杂的排序呢? 还是需要借助传递给参数 key 的函数,只不过该函数的返回值是一个列表(其实返回一个元组更自然,元组的概念要在第 6 章介绍),其中第一个元素对应排序的第一个条件,即姓名的长度;第二个元素对应排序的第二个条件,即姓名本身:

```
>>> def helper(s):
…   return [len(s), s]
>>> names = ['David', 'Alice', 'Charlotte', 'Bob']
>>> names.sort(key = helper)
>>> names
['Bob', 'Alice', 'David', 'Charlotte']
```

为什么会有这样的排序结果? 关键在于上述函数 helper()返回的是一个列表,而 sort()方法要根据该列表来判断两个姓名(即字符串)的大小关系。之前已经讨论过如何判断两个列表的大小关系,这里再简单解释一下: 首先比较两个列表的第一个元素,即姓名的长度,如果不相等,则大小关系已经给出;否则继续比较第二个元素,即姓名本身,也就是字符串的字典顺序。

根据多个条件排序时,还可以为每个条件指定是升序排列还是降序排列。继续考虑上面的排序例子,现在要求按姓名长度降序排列。对于这类数值型的排序条件,可以简单地使用相反数,即将原数值乘以 $-1$:

数据的组织——列表

```
>>> def helper(s):
...   return [-1 * len(s), s]
>>> names = ['David', 'Alice', 'Charlotte', 'Bob']
>>> names.sort(key = helper)
>>> names
['Charlotte', 'Alice', 'David', 'Bob']
```

如果现在要求先按姓名长度降序排列,然后再按姓名字顺序降序排列,该如何处理呢?因为第二个条件是字符串类型,所以不能通过乘以$-1$来实现降序排列。这里介绍一个更通用的做法。首先根据第二个条件(也就是排序次要条件)来对列表排序,然后再根据第一个条件(也就是排序首要条件)来对列表排序:

```
>>> def helper(s):
...   return len(s)
>>> names = ['David', 'Alice', 'Charlotte', 'Bob']
>>> names.sort(reverse = True)              # 首先根据次要条件(即字典序)降序排列
>>> names                                   # 此时字符串'David'在字符串'Alice'之前
['David', 'Charlotte', 'Bob', 'Alice']
>>> names.sort(key = helper, reverse = True)   # 然后根据首要条件(即姓名长度)降序排列
>>> names        # 由于sort()方法的稳定性,此时字符串'David'仍然在字符串'Alice'之前
['Charlotte', 'David', 'Alice', 'Bob']
```

上述代码能够正确排序的关键在于 Python 提供的 sort()方法是一个稳定的排序方法。根据首要条件对相关对象进行排序时,不会改变次要条件决定的这些对象之间的顺序。

上面介绍的方法容易扩展到三个甚至更多条件的排序,这里不再赘述。此外,传递给 sort()方法的函数 helper()通常被定义为匿名函数,更多关于函数定义的细节将在后续章节中介绍。

除了列表对象的 sort()方法外,Python 还提供了通用的排序函数 sorted()。该函数返回已经排好序的列表副本,并且不会改变待排序列表的内容:

```
>>> numbers = [3, 1, 4, 1, 5, 9, 2]
>>> sorted(numbers)
[1, 1, 2, 3, 4, 5, 9]
>>> numbers   # 列表的内容没有改变
[3, 1, 4, 1, 5, 9, 2]
>>> sorted(numbers, reverse = True)
>>> numbers
[3, 1, 4, 1, 5, 9, 2]
```

# 习题

1. 自行定义两个列表,列表元素个数大于 10。将两个列表合并,然后截取第 8~15 个元素,输出最后得到的结果。

2. 求无序整数列表的中位数。如列表元素为偶数个,则取列表升序排列时中间两数中

数值较小的元素为中位数。

3. 已知一个整数列表,判断列表内容是否为回文,即无论正序还是倒序,列表的内容是否相同。

4. 随机生成一个 10 以内整数平方的列表,要求从大到小排序。

5. 随机生成一个 20 以内的奇数列表再随机生成一个 [0,20] 的整数 unm,判断 unm 是否在列表中存在。

6. 现有一个列表 [1,3,4,6,6,7,8,8,10,21,22,22],编写程序,直接操作列表,使得列表不存在重复元素,且元素均小于 10。

7. 现有一组列表存放了若干姓名,例如 ["张三","李四","王五"]。编写程序,将这些姓名的姓氏单独组成一个列表并输出,假定不存在复姓。

8. 已知一个整数列表,筛选出该列表中不同的素数(又称质数),并求出该列表中有多少个素数可以表达为该列表中另外两个素数的和。

9. 筛法是一种用来求所有小于 $N$ 的素数的方法。编写程序,基于筛法求 500 之内的所有素数,并打印输出这些素数,每行输出 5 个素数。

10. 现有列表 [35,46,57,13,24,35,99,68,13,79,88,46],编写程序将其中重复的元素去除,并按从小到大的顺序排列后输出。

11. 编写程序,对一个 4×4 的矩阵进行随机赋值,然后对该矩阵进行转置,并输出转置后的结果。

12. 现有 5 名同学期中考试高等数学和线性代数成绩如表 3-1 所示。

表 3-1　5 名同学期中考试高等数学和线性代数成绩

| 姓　　名 | 高等数学/分 | 线性代数/分 |
| --- | --- | --- |
| 张飞 | 78 | 75 |
| 李大刀 | 92 | 67 |
| 李墨白 | 84 | 88 |
| 王老虎 | 50 | 50 |
| 雷小米 | 99 | 98 |

编写程序,按照总分从高到低进行排序后输出姓名和成绩。

13. 现有 5 名同学期末考试高等数学和线性代数成绩如表 3-2 所示。

表 3-2　5 名同学期末考试高等数学和线性代数成绩

| 姓　　名 | 高等数学/分 | 线性代数/分 |
| --- | --- | --- |
| 张飞 | 78 | 75 |
| 李大刀 | 92 | 67 |
| 李墨白 | 84 | 88 |
| 王老虎 | 84 | 50 |
| 雷小米 | 92 | 98 |

编写程序,按照高数成绩从高到低进行排序,如果高等数学分数一样,则按照线性代数分数从高到低排序,最后输出姓名和相关成绩。

14. 从键盘输入 $n$,打印 $n$ 阶魔方阵($n$ 为奇数)。魔方阵的每一行、每一列和两个对角线的和都相等。

# 第4章 分支结构程序

程序执行的流程可以分为顺序、分支和循环三种基本结构。顺序结构的程序只会把所有的语句依次执行一遍,而分支结构程序中的部分语句在满足条件时才会执行,也就是说部分语句可能不会被执行。

## 4.1 条件判断

分支的必要前提是判断,在判断的基础上才能进行分支。Python 中判断主要依靠比较运算符和测试运算符,下面分别加以简单介绍。

### 4.1.1 比较运算符

比较运算符也称为关系运算符,主要用于比较两个对象的大小,如果关系成立则结果为True,否则为 False。比较运算符共有 6 个,分别是>、<、>=、<=、==和!=。表 4-1 中列出了比较运算符,其中用于演示的两个整型变量分别为 num1=3,num2=5。

表 4-1 比较运算符

| 运算符 | 说　明 | 样　例 | 结　果 |
|---|---|---|---|
| > | 大于 | num1>num2 | False |
| < | 小于 | num1<num2 | True |
| >= | 大于或等于 | num1>=nuum2 | False |
| <= | 小于或等于 | num1<=num2 | True |
| == | 等于 | num1==num2 | False |
| != | 不等于 | num1!=num2 | True |

比较运算符通常用于比较同类型的对象,遇到两种不同类型对象比较时 Python 解释器首先试图将二者的值转换为统一可比较的值后比较,如果无法成功转换,那么解释器将会抛出运行错误。如下代码是两个比较运算符的简单样例。

```
print(3.5>3)          #将会输出 True
print("Tom">13)       #将会引发运行错误
```

上面第一行代码中 3.5 和 3 比较时,因为第一个运算对象是浮点数,解释器将后者也转换为浮点数,然后比较大小,显然可以比较,因此输出 True。第二行代码中的字符串和数字无法比较大小,此时抛出运行错误,提示字符串和整型无法比较大小,原始错误提示如下:

```
TypeError: '>' not supported between instances of 'str'and 'int'
```

因为计算机在存储浮点数时可能会发生舍入误差,所以在处理浮点数比较时,需要慎重。

比较运算符的优先级低于算术运算符,例如表达式 3+5>7 中先做加法运算后做大于运算。

## 4.1.2　测试运算符

测试运算符共有 4 个,可以分成两类:一类是成员资格运算符;另一类是身份运算符。

成员资格运算符包含 in 和 not in,它们用于检测一个对象是否存在于指定的数据结构中,这里的数据结构主要包括列表、元组、字符串、字典和集合。如下代码显示了它们使用的例子。

```
print(3 in [1,2,3])                    #判断 3 是否在列表中,结果为 True
print(3 not in [1,2,3])                #判断 3 是否不在列表中,结果为 False
print(3 in (1,2,3))                    #判断 3 是否在元组中,结果为 True
print(3 not in (1,2,3))                #判断 3 是否不在元组中,结果为 False
print(3 in {1,2,3})                    #判断 3 是否在集合中,结果为 True
print(3 not in {1,2,3})                #判断 3 是否不在集合中,结果为 False
print("Tom" in {"Tom":1,"Jerry":2})    #判断"Tom"是否是字典的键,结果为 True
print("Tom" not in {"Tom":1,"Jerry":2}) #判断"Tom"是否不是字典的键,结果为 False
```

身份运算符包括 is 和 is not,它们用于比较两个对象是否是引用了同一个对象。如下代码演示了 is 和 is not 的简单使用。

```
lst1 = [1,2,3]              #定义了一个列表
lst2 = lst1                 #直接赋值,两个列表会引用同一个对象
print(lst1 is lst2)         #会输出 True
print(lst1 is not lst2)     #会输出 False
```

判断相等"=="和身份运算 is 有时容易混淆,前者用于判断两个对象的值是否相等,后者用于判断两个对象是否引用了同一个对象。如下代码片段显示了二者的区别,读者可根据结果仔细体会。

```
lst1 = [1, 2]
lst2 = [1, 2]
print(lst1 == lst2)        #会输出 True
print(lst1 is lst2)        #会输出 False
```

成员资格运算符的优先级低于关系运算符,身份运算符的优先级低于成员资格运算符。

## 4.2　逻辑运算符

Python 提供了三种逻辑运算符,分别是与(and)、或(or)、非(not),下面分别简要介绍。

43

第 4 章

分支结构程序

## 4.2.1 逻辑与

逻辑与运算符的关键字是 and,这里强调逻辑二字,是因为 Python 的位运算中也有一个与运算符,称为位与运算符。

逻辑与是二元运算符,传统意义上的逻辑运算符是对布尔型对象进行运算,它的运算规则如表 4-2 所示。

表 4-2　逻辑与对布尔型对象的运算规则

| 运算对象 1 | 运算对象 2 | 结　　果 |
| --- | --- | --- |
| True | True | True |
| True | False | False |
| False | True | False |
| False | False | False |

从表 4-2 很容易看出,只有两个运算对象都是 True,结果才是 True;否则一定是 False。

因为 Python 的数据对象都可以转换为布尔型,所以 Python 中的逻辑运算符不仅仅可以针对布尔型的数据。字符串、整型、浮点型、列表、元组、集合和字典的数据都可以进行布尔运算。那么非布尔型的数据转换为布尔型后,哪些是 True,哪些是 False 呢? 可以借助 bool()函数进行测试,常见数据的判断参见如下代码:

```
print(bool(0))               ♯整型 0 是 False
print(bool(1))               ♯整型 0 之外是 True
print(bool(0.0))             ♯浮点型 0.0 是 False
print(bool(1.5))             ♯浮点型 0.0 之外是 True
print(bool(0+0j))            ♯复数型 0+0j 是 False
print(bool(1+5j))            ♯复数型 0+0j 之外是 True
print(bool(""))              ♯空字符串是 False
print(bool("hello"))         ♯非空字符串是 True
print(bool([]))              ♯空列表是 False
print(bool([1,2,3]))         ♯非空列表是 True
print(bool(()))              ♯空元组是 False
print(bool((1,2,3)))         ♯非空元组是 True
print(bool({}))              ♯空字典是 False
print(bool({"Tom":15}))      ♯非空字典是 True
print(bool(set()))           ♯空集合是 False
print(bool({1,2,3}))         ♯非空集合是 True
print(bool(None))            ♯None 是 False
```

因此,可以总结如下:布尔型之外的对象在逻辑运算时看作 False 的有 0、0.0、0+0j、空字符串、空列表、空元组、空集合、空字典和 None,其余视作 True。

既然逻辑与运算的运算对象不一定是布尔型,那么逻辑与运算的结果也未必是布尔型。

如下代码的运行结果是[1,2,3],在做逻辑与运算时,[1]和[1,2,3]都视为 True,此时将后者作为运算的结果。

```
print([1] and [1,2,3])          #结果是[1,2,3]
```

如下代码的运行结果是空列表[]，在做逻辑与运算时，[]被视为 False，此时后者无论是 True 还是 False，都不会影响运算结果，因此直接以前者作为运算结果。

```
print([ ] and [1,2,3])          #结果是[ ]
```

## 4.2.2　逻辑或

逻辑或也是二元运算符，对布尔型数据进行运算时，逻辑或的运算规则如表 4-3 所示。

表 4-3　逻辑或对布尔型对象的运算规则

| 运算对象 1 | 运算对象 2 | 结　　果 |
|---|---|---|
| True | True | True |
| True | False | True |
| False | True | True |
| False | False | False |

从表 4-3 很容易看出，两个运算对象中只要有一个是 True，结果就是 True；当两个运算对象都是 False 时，结果才是 False。

如下代码的运行结果是[1]，在做逻辑或运算时，[1]视为 True，无论第二个运算对象是 True 还是 False，运算结果都是 True，此时直接将前者作为运算结果。

```
print([1] or [1,2,3])          #结果是[1]
```

如下代码的运行结果是[1,2,3]，在做逻辑或运算时，[]被视为 False，[1,2,3]被视为 True，那么以后者作为运算结果。

```
print([ ] or [1,2,3])          #结果是[1,2,3]
```

## 4.2.3　逻辑非

逻辑非是一元运算符，关键字是 not。它只有一个运算对象，对布尔型数据进行运算时，逻辑非的运算规则如表 4-4 所示。

表 4-4　逻辑非对布尔型对象的运算规则

| 运算对象 | 结　　果 |
|---|---|
| True | False |
| False | True |

值得说明的是，可以用不同的逻辑表达式实现同样的逻辑，也就是说一个逻辑有多种实现形式。例如，下面两个表达式等价，都是判断 mark 这个整型变量是否不为 0～100。

```
mark > 100 or mark < 0          ＃大于 100 或者小于 0
not (mark >= 0 and mark <= 100)  ＃不为 0～100
```

### 4.2.4 逻辑运算符的优先级

逻辑运算符的优先级低于数学、关系、身份和成员资格运算符。它们三者之间的优先级从高到低依次是 not、and、or。

## 4.3 if 语句

Python 中分支主要是用 if 语句实现的,共有三种 if 结构,分别用于实现单分支、双分支和多分支,下面分别加以介绍。

### 4.3.1 单分支 if

单分支 if 对应于生活中的"如果……,那么……",单分支 if 结构的形式如下:

```
if 条件:
    语句块
```

其中,条件非常灵活,常量、变量或者表达式都可以作为条件;条件之后的冒号不可以省略;语句块需要缩进,如果这部分只有一个语句,那么可以变形成如下形式:

```
if 条件: 语句
```

【例 4-1】 编写程序让用户输入一个百分制的考试成绩(整数),如果该成绩大于或等于 90 分,输出"优秀"。

该程序非常简单,将用户的输入转换为整数,然后加以判断和输出。因为是采用的单分支 if,输出"优秀"的代码只有在条件满足时才执行,而在用户输入的成绩小于 90 分时不执行任何语句,所以没有任何输出,具体代码如下:

**程序 4-1** 判断一个成绩是否优秀

```
1    ＃处理百分制成绩
2
3    mark = int(input("请输入一个考试分数(0～100 的整数):"))
4    if mark >= 90:
5        print("优秀")
```

运行结果:

```
请输入一个考试分数(0～100 的整数):95
优秀
```

### 4.3.2 双分支 if

双分支 if 对应于生活中的"如果……,那么……,否则……",双分支 if 结构的形式如下：

```
if 条件：
    语句块 1
else：
    语句块 2
```

该结构因为多了 else 部分，所以可以处理两种情况，也就是实现了双分支。

【例 4-2】 编写程序让用户输入一个百分制的考试成绩（整数），如果该成绩大于或等于 90 分，输出"优秀"，否则输出"加油"。

该程序逻辑非常简单，只是比例 4-1 多了一路分支，因此多了一个 else 的处理，代码如下：

**程序 4-2** 判断一个成绩是否优秀

| | |
|---|---|
| 1 | ♯处理百分制成绩 |
| 2 | |
| 3 | mark = int(input("请输入一个考试分数(0~100 的整数):")) |
| 4 | if mark > = 90: |
| 5 |     print("优秀") |
| 6 | else: |
| 7 |     print("加油") |

运行结果：

```
请输入一个考试分数(0~100 的整数):85
加油
```

### 4.3.3  多分支 if

在实际问题处理时，在 else 之后可能还需要区分多种情况，也就是还需要加以判断。Python 提供了多分支 if，多分支 if 的结构如下：

```
if 条件 1 :
    语句块 1
elif 条件 2 :
    语句块 2
…
else:
    语句块 n
```

其中，elif 的数量根据具体情况可多可少，else 部分也可以省略。如果 elif 和 else 都省略，就退化成了单分支结构。

【例 4-3】 编写程序判断用户输入的一个公历年份（正整数），如果是闰年则输出"闰年"，否则输出"平年"。

公历闰年判定规则为：每四年一闰,但整百年不闰,遇四百年再闰。因此公历闰年的简单判断方法是满足如下两条规则之一:

(1) 年份可以被 4 整除但不能被 100 整除;

(2) 年份可以被 400 整除。

本题可以用多路分支加以实现,具体实现程序如下。

**程序 4-3-1**　判断是否是闰年

```
1    # 判断是否是闰年
2
3    year = int(input("请输入一个公历年份:"))
4    if year % 4 == 0 and year % 100 != 0:
5        print("闰年")
6    elif year % 400 == 0:
7        print("闰年")
8    else:
9        print("平年")
```

运行结果:

```
请输入一个公历年份:1997
平年
```

上面的程序中前面两路分支对应了两条规则,else 这个分支对应了规则之外的情况,非常容易理解。但是如果合理地使用逻辑运算符,可以将上面的程序修改成如下的两路分支程序。

**程序 4-3-2**　判断是否是闰年

```
1    # 判断是否是闰年
2
3    year = int(input("请输入一个公历年份:"))
4    if (year % 4 == 0 and year % 100 != 0) or year % 400 == 0:
5        print("闰年")
6    else:
7        print("平年")
```

运行结果:

```
请输入一个公历年份:2000
闰年
```

其中,if 后面的条件通过逻辑或运算符合并处理了两条闰年规则,使得程序更加精简。因为 and 运算符的优先级高于 or,所以 if 后面条件中的圆括号并不是用于改变优先级,而是用于增加程序的可读性。

## 4.4　if 嵌套

如果三种 if 的内部语句块中包含 if,那么可以称为 if 嵌套。三种 if 互相都可以嵌套,而且层数没有限制,但是通常而言一般不超过 3 层。

**【例 4-4】** 编写程序让用户输入公历的年和月,显示该月有多少天。

一年中每个月的天数除了 2 月之外都是确定的,可能是 30 和 31 两种情况,而 2 月的天数需要取决于是否是闰年。可见,本例的主要结构是一个多路分支,但在遇到 2 月时可以用一个嵌套的 if 判断是否是闰年。

具体实现时首先通过 eval() 函数将用户输入的年份和月份转换为整数,然后对年份和月份做合法性检查,接着判断逻辑。此外,为了便于判断,将 30 天的月份放在一个列表中,通过成员资格运算符判断月份是否在其中。

程序 4-4 判断指定年月有多少天

```
1   #判断指定年月有多少天
2
3   year,month = eval(input("请输入年和月(用逗号分开):"))
4   if year <= 0:                                      #检查年份合法性
5       print("年份不合法")
6   elif month < 1 or month > 12:                      #检查月份合法性
7       print("月份不合法")
8   elif month == 2:
9       if (year % 4 == 0 and year % 100 != 0) or year % 400 == 0:    #闰年
10          print(29)
11      else:
12          print(28)
13  elif month in [4,6,9,11]:                          #30 天的月份清单
14      print(30)
15  else:
16      print(31)
```

运行结果:

```
请输入年和月(用逗号分开):1998,5
31
```

# 4.5  条件表达式

除了上面的 if 之外,Python 也支持条件表达式,它的语法如下:

> 表达式 1 if 条件 else 表达式 2

条件表达式的执行过程是首先判断条件是否成立,如果成立则结果为表达式 1,否则结果为表达式 2。可见,条件表达式也是处理了一个"如果……,那么……,否则……"逻辑,和双分支 if 相比,它可以直接作为另外一个语句或者表达式的一部分。

**【例 4-5】** 现有一个销售系统包含普通和 VIP 两种会员,普通会员为 97 折,VIP 会员为 88 折。编写程序让用户首先输入会员类别(0 表示普通会员,1 表示 VIP 会员),然后输入一个商品的价格,输出该类别会员此商品打折后的价格。

本例中两种会员具有不同折扣率,显然属于双分支问题,可以用以下程序实现。

**程序 4-5-1　计算会员购买商品的价格**

```
1   #计算会员购买商品的价格
2
3   customType = int(input("请输入会员类别(0 为普通会员,1 为 VIP 会员)"))
4   price = float(input("请输入商品价格"))
5   if customType == 0:
6       print("打折后价格为{:.2f}".format(price * (0.97)))
7   else:
8       print("打折后价格为{:.2f}".format(price * (0.88)))
```

运行结果:

```
请输入会员类别(0 为普通会员,1 为 VIP 会员)1
请输入商品价格 98
打折后价格为 86.24
```

很容易看出上面两路分支的代码重复度很高,因此可以用条件表达式编写程序如下。

**程序 4-5-2　计算会员购买商品的价格**

```
1   #计算会员购买商品的价格
2
3   customType = int(input("请输入会员类别(0 为普通会员,1 为 VIP 会员)"))
4   price = float(input("请输入商品价格"))
5   print("打折后价格为{:.2f}".format(price * (0.97 if customType == 0 else 0.88)))
```

运行结果:

```
请输入会员类别(0 为普通会员,1 为 VIP 会员)0
请输入商品价格 75
打折后价格为 72.75
```

程序 4-5-2 的第 5 行中条件表达式被作为了格式化输出的参数,这样的程序比用双分支 if 更加简洁。

# 4.6　典型例题分析

【例 4-6】　骑车和步行问题。骑车比走路快,但是寻车、开锁、锁车都需要消耗时间。假设寻车和开锁合计耗时 27s,锁车需要 23s,步行速度是 1.2m/s,骑车速度是 3m/s。编写程序输入一个以 m 为单位的整数距离,判断骑车速度快还是步行速度快。

这个题目首先想到的解法是模拟法,也就是让用户输入一个距离,分别计算这个距离骑车和步行消耗的时间,然后比较两个时间的大小,从而得出结论。基于上述思想很容易写出如下代码。

**程序 4-6-1** 计算骑车和步行哪个更快

```
1      #计算骑车和步行哪个更快
2
3      length = int(input("请输入距离(m)"))
4      time1 = length/3.0 + 27 + 23
5      time2 = length/1.2
6      if time1 > time2:
7          print("步行快")
8      elif time1 == time2:
9          print("一样快")
10     else:
11         print("骑车快")
```

运行结果:

```
请输入距离(m)75
步行快
```

该题目中,虽然骑车比步行的速度快,但是骑车需要额外消耗 50s 的寻车、开锁和锁车时间,因此在短距离之内还是步行快。随着距离的增加,50s 的额外时间在整个消耗时间中所占的比例越来越小,当达到一个临界值时会出现骑车和步行所消耗的时间一样多,此时如果距离进一步增加,步行消耗的时间就一定超过骑车了。那么这个临界值到底是多少呢?基于上述思想,可以列出如下方程:

$$length/3.0+27+23= length/1.2$$

很容易得到 lengh 的解为 100,也就是说当距离小于 100m 时步行的速度快,等于 100m 时二者一样快,大于 100m 时骑车的速度快。这样可以得到如下程序。

**程序 4-6-2** 计算骑车和步行哪个更快

```
1      #计算骑车和步行哪个更快
2
3      length = int(input("请输入距离(m)"))
4      if length < 100:
5          print("步行快")
6      elif length == 100:
7          print("一样快")
8      else:
9          print("骑车快")
```

运行结果:

```
请输入距离(m)800
骑车快
```

此时的代码比之前模拟法的代码少用了两个存储时间的变量,而且不需要做除法运算,代码更加简洁。

【例 4-7】 某个停车场计费规则如图 4-1 所示,设停车和取车时间一定是在同一天。编写程序,让用户首先输入停车和取车的时间(无须精确到秒),计算出应该收取的费用。为了简化问题,本题目保证用户的输入时间一定合法,并且结束时间一定大于或等于开始时间。

图 4-1 某停车场计费规则

对图 4-1 中的描述进行分析,可以整理出如表 4-5 所示的三种情况。

表 4-5 三种收费

| 序 号 | 停车时长 | 收 费 | 备 注 |
|---|---|---|---|
| 1 | 小于或等于 20 分钟 | 0 | |
| 2 | 大于 20 分钟但小于 12 小时 | 小时数 * 2 | 小时数需要向上取整 |
| 3 | 大于或等于 12 小时 | 27 元 | 不考虑超过 24 小时的情况 |

基于表 4-5 可以写出如下代码。

**程序 4-7** 计算停车费

```
1   #计算停车费
2
3   import math
4   startHour = int(input("请输入停车的小时(0~23)"))
5   startMinute = int(input("请输入停车的分钟(0~59)"))
6   endHour = int(input("请输入取车的小时(0~23)"))
7   endMinute = int(input("请输入取车的分钟(0~59)"))
8
9   duration = (endHour * 60) + endMinute - (startHour * 60 + startMinute)
10
11  hours = duration//60
12  minutes = duration % 60
13
14  if duration <= 20:
15      print("停车时长{0}分,免费".format(duration))
16  elif duration < 12 * 60:
17      money = math.ceil(duration/60) * 2  #按小时向上取整
18      print("停车时长{0}小时{1}分,收费{2}元".format(hours,minutes,money))
19  else:
20      print("停车时长{0}小时{1}分,收费 27 元".format(hours,minutes))
```

运行结果：

| |
|---|
| 请输入停车的小时(0~23)1 |
| 请输入停车的分钟(0~59)45 |
| 请输入取车的小时(0~23)8 |
| 请输入取车的分钟(0~59)27 |
| 停车时长 6 小时 42 分,收费 14 元 |

【例 4-8】　身体质量指数(Body Mass Index,BMI)是国际上常用的衡量人体胖瘦程度以及是否健康的一个量化指数,又称为体质指数和体重指数。具体计算是用体重千克数除以身高米数的平方而得出的数值。也就是如下公式：

$$BMI = weight \div height^2$$

上式中的 weight 的单位是 kg,height 的单位是 m。BMI 值和人种以及年龄都有关系,表 4-6 中列出了相关的标准。

表 4-6　BMI 指数的相关标准

| BMI 分类 | 国际标准 | 亚洲标准 | 中国标准 | 相关疾病发病的危险性 |
|---|---|---|---|---|
| 体重过低 | <18.5 | | | 低(但其他疾病危险性增加) |
| 正常 | 18.5~25 | 18.5~23 | 18.5~24 | 平均水平 |
| 超重 | 25~30 | 23~25 | 24~28 | 增加 |
| Ⅰ度肥胖 | 30~35 | 25~30 | 28~30 | 中度增加 |
| Ⅱ度肥胖 | 35~40 | 30~40 | 30~40 | 严重增加 |
| Ⅲ度肥胖 | ≥40.0 | | | 非常严重增加 |

编写程序,让用户输入一个中国人身高和体重,计算出 BMI 值并给出分类结论。

本题目在获取用户输入时因为身高和体重都可能带小数,所以需要将其转换为浮点数。在基于 BMI 公式进行计算时需要求身高的平方,可以通过变量和自己相乘得到,也可以通过乘方运算符实现,还可以做两次除法实现计算结果。而输出最后的结论显然是一个多分支问题,很适合用多分支 if 实现。具体代码如下：

程序 4-8　计算 BMI 指数

```
1   #计算 BMI 指数
2
3   weight = float(input("体重(kg) = "))
4   height = float(input("身高(m) = "))
5
6   bmi = weight/height ** 2          #乘方实现
7   #bmi = weight/(height * height)   #乘法实现
8   #bmi = weight/height/height       #除两次实现
9
10  print("BMI = %.1f" % bmi)
11  if bmi < 18.5:
12      print("体重过低")
13  elif bmi < 24.0:
14      print("正常")
15  elif bmi < 28.0:
```

第 4 章

分支结构程序

```
16          print("超重")
17    elif bmi < 30.0:
18          print("I 度肥胖")
19    elif bmi < 40.0:
20          print("Ⅱ 度肥胖")
21    else:
22          print("Ⅲ 度肥胖")
```

运行结果：

```
体重(kg) = 65
身高(m) = 1.71
BMI = 22.2
正常
```

# 习题

1. 随机生成一个 0~100 的整数，判断这个数是奇数还是偶数。

2. 输入一个 0~100 的整数，判断这个数是否能被 3 整除，如果输入的数不在范围内则提示错误信息。

3. 从键盘上输入一个不多于 5 位的正整数，编写程序实现如下要求：

   (1) 求出它是几位数；

   (2) 分别输出每一位数字；

   (3) 按逆序输出每位数字，例如原数为 321，应输出 123。

4. 从键盘输入 2 个正整数，比较两者大小，输出较大值。

5. 从键盘输入任意 3 个整数，按从小到大的顺序输出。

6. 模拟系统登录。建立一个用户信息列表，内部存有一组用户名和密码。随机生成一个 4 位数验证码，用户从键盘依次输入用户名、密码和验证码，将用户输入的结果和用户信息列表以及校验码进行比较，如果用户名或密码不正确则输出提示"用户名或密码不正确"，如果验证码不正确则提示"验证码有误"，如果全部正确则提示"登录成功"。

7. 猜数字游戏。随机生成一个 0~100 的数字。要求用户从键盘输入一个数字，如果输入的数字大于这个范围则输出"大了"，等于 50 则输出"恭喜，猜正确了"，否则输出"小了"，如果输入的数字不在 0~100，则输出"输入错误"。

8. 算术练习题。编写一个程序，实现 100 以内的随机四则运算出题，将题目输出在屏幕上，例如 1+1=。然后接收用户输入，判断回答是否正确，将结果输出到屏幕上。如果回答正确，则提示回答正确；如果回答错误，在提示回答错误的同时将正确答案输出。

9. 制作一个确认对话框，如下：

```
Confirm?(Y[es] or N[o])
```

从键盘输入内容,如果输入为 Y、Yes、YES 或 yes,则输出 Confirmed;如果输入为 N、No、NO 或 no,则输出 Not Confirmed;如果输入其他内容,则输出"输入错误"。

10. 制作一个选择菜单,用户从键盘输入选择。如果输入内容为 1、2、3 中的一个,则输出选择的语言名称+"是一款非常优秀的编程语言";如果输入 4,则输出"退出";如果输入其他选项,则提示"选择有误"。菜单内容如下:

```
请选择你最喜欢的编程语言
[1]Python
[2]C++
[3]Java
[4]退出
```

11. 小明带着 N 元钱去买酱油。酱油 15 元一瓶,商家进行促销,每买 3 瓶送 1 瓶,或者每买 5 瓶送 2 瓶。小明最多可以得到多少瓶酱油? N 的数值由用户输入,并且一定是整数。

12. 假设银行对 1 年期的存款利息计算法方法如下:如果存款金额 $I$ 小于 10 万元,则按照 1.5% 的年利率计算利息;如果存款金额 $I$ 大于或等于 10 万元,但小于 50 万元,则按照 2% 的年利率计算利息;如果存款金额 $I$ 大于或等于 50 万元,但小于 100 万元,则按照 3% 的年利率计算利息;如果存款金额大于或等于 100 万元,则按照 3.5% 的年利率计算利息。现在从键盘输入一个整数表示存款金额,计算一年后的本金和利息总共有多少,将计算结果输出到屏幕上。

13. 从键盘分别输入 3 个 $XOY$ 二维平面内某三角形的顶点坐标(6 个浮点数),在此基础上计算三角形的面积和周长。如果不能构成三角形则需要提示错误信息。

14. 从键盘输入两个浮点数 x1 和 y1 作为圆心坐标,从键盘输入一个浮点数 r 作为半径,这样就在 $XOY$ 二维平面上唯一地确定了一个圆。再从键盘输入两个浮点数 x2 和 y2,编写程序以判断坐标点(x2,y2)是在圆内还是在圆外(注:在圆周上也是在圆内),并显示相应的判断结果。

分支结构程序

# 第 5 章 | 循环结构程序

如果说分支给了程序选择的能力,那么可以说循环赋予了程序计算的力量。计算机之所以对人类产生了巨大的帮助,一个极其重要的原因是计算机可以高速地做循环,而且是不知疲倦地做循环。

本章介绍循环的基本语法,以及利用循环解决实际问题。

## 5.1 循环与重复计算

"绳锯木断,水滴石穿"实质上是一个量变到质变的过程,也表明了重复蕴含着巨大的力量,只是往往重复的时间很长很长。类似这样的过程对人类而言枯燥且无趣,但通过计算机的高速性可以大大加速整个过程。

Python 提供了 while 和 for 两种循环控制语句,二者各有所长,都有自己擅长处理的情况。虽然有时二者可以通用,但是遇到具体问题选择合适的循环不仅便于代码实现而且可以降低出错概率。

## 5.2 while 循环

while 循环非常适合处理未知循环次数的情况。它的语法规则如下:

```
while 条件:
    语句块 1
else:
    语句块 2
```

其中,条件通常称为循环条件,语句块 1 称为循环体。执行 while 循环时,首先判断循环条件是否成立,如果成立就执行循环体,否则结束循环。每次循环体完成后会再次判断循环条件是否成立,然后重复上面的过程。

如果循环是正常结束的,会执行语句块 2,也就是说,如果循环是非正常结束的,不会执行语句块 2。可见语句块 2 最多被执行一次,至少被执行零次。但是要强调一下,while 循环的 else 部分不是必需的,可以省略。

【例 5-1】 利用 while 循环编写程序计算 1~100(含 1 和 100)的所有整数的和。

考虑用一个变量 res 存储整数和,该变量一开始赋值为 0,然后循环 100 次,依次把 1~100 累加到变量 res 中,最后变量 res 就是所要的结果。具体程序如下:

**程序 5-1** 求 1～100 的整数的和

```
1    # 计算 1～100 的整数的和
2
3    res = 0              # 存放累加和
4    i = 1               # 循环控制变量
5    while i <= 100:     # 循环 100 次
6        res += i        # 累加
7        i = i + 1       # 循环控制变量加 1
8    print("1 + 2 + 3 + … + 100 = ",res).
```

运行结果：

```
1 + 2 + 3 + … + 100 = 5050
```

实际上利用循环求 1～100 的整数的和是比较低效的,因为 1～100 的整数构成了一个公差为 1 的等差数列,所以利用等差数列的求和公式可以无须循环而直接得到结果。此外,基于 Python 自身附带的函数和数据结构,使用如下这样的一句代码也可以解决该问题。

```
print("1 + 2 + 3 + … + 100 = ",sum(range(1,101)))    # 利用 sum()函数求累加和
```

在用 while 循环时候,要避免写成死循环。所谓死循环,就是无法结束的循环,主要原因是 while 后面的条件一直成立。例如例 5-1 的程序中如果循环体内忘记把循环控制变量加 1,就会变成死循环。当然死循环也不是一无所用的,工业控制领域的很多程序会故意写成死循环,直到设备被关机为止。

【例 5-2】 编写程序,让计算机产生多道随机数构成的加法口算题,每个运算数为 0～100,让用户输入结果,如果用户做对了,就继续循环,直到用户做错了题目才停止,最后显示用户做对了多少题。

本题需要使用 Python 内置的 random 模块来产生随机数,random 模块提供了多个产生不同随机数的函数,表 5-1 列出了部分常用函数以及说明,这里选用其中的 randint()函数产生 1～10 000 的随机整数。

表 5-1　random 模块中部分常用函数以及说明

| 函　　数 | 说　　明 |
| --- | --- |
| seed(a＝None) | 初始化随机发生器的种子数,如果 a 省略则使用当前时间 |
| random() | 生成一个 0～1 的随机浮点数 |
| randint(a,b) | 生成一个 a～b 的随机整数 |
| uniform(a,b) | 生成一个 a～b 的随机浮点数 |
| choice(seq) | 从序列 seq 中随机抽取一个元素 |
| shuffle(lst) | 对列表 lst 中元素随机排序,返回值是 None |

为了统计用户做对的题数,可以设置一个初始值为 0 的计数器变量,做对一题后立刻让该变量的值加 1。

此外,本题并不知道用户到底做多少题结束,只要用户输入的数字与两个随机数的和不相等就继续循环,可见是一个未知循环次数的问题。具体程序如下：

**程序 5-2　加法口算题**

```
1    # 加法口算题
2
3    import random
4    opt1 = random.randint(1,100)
5    opt2 = random.randint(1,100)
6    print("{:2d} + {:2d} = ".format(opt1,opt2),end = "")
7    answer = int(input())
8    count = 0
9    while answer == opt1 + opt2:
10       opt1 = random.randint(1,100)
11       opt2 = random.randint(1,100)
12       print("{:2d} + {:2d} = ".format(opt1,opt2),end = "")
13       answer = int(input())
14       count += 1
15
16   print("合计做对了{0}题".format(count))
```

运行结果：

```
41 + 52 = 93
76 + 19 = 95
26 + 61 = 87
64 + 12 = 76
36 + 67 = 103
44 + 47 = 91
75 + 62 = 137
82 + 62 = 144
28 + 38 = 66
77 + 100 = 177
34 + 23 = 57
18 + 17 = 35
1 + 97 = 98
84 + 55 = 133
合计做对了 13 题
```

　　在实际应用中，经常使用 while 循环确保用户的输入一定在一个合法的范围内，从而保证后续处理数据的可靠性。如下代码片段就可以确保用户的输入范围一定为 1~60。

```
num = int(input("请输入一个 1~60 的整数"))
while num < 1 or num > 60:
  num = int(input("请输入一个 1~60 的整数"))
print(num)
# 执行到这里,一定是 1~60 的整数了
```

## 5.3 for 循环

利用 for 循环可以把序列中所有的元素按照原始的顺序遍历一遍,因为序列的大小是可知的,所以 for 循环可以看成是已知循环次数的循环。它的语法规则如下:

```
for 迭代变量 in 序列:
    语句块 1
else:
    语句块 2
```

其中,用到的序列通常是列表、元组、集合和 range 对象。语句块 1 是循环体,被执行的次数等同于序列的长度。和 while 循环类似,只有当 for 循环正常结束时才会执行语句块 2,else 部分同样可以省略。

Python 有一个内置的 range 迭代器类,它用于产生指定范围内的可迭代 range 对象。它经常被用于控制 for 循环的次数。迭代器类带来的一个优点是如果产生的元素数量巨大,它无须预先占用大量内存,而是每次迭代时才得到下一个元素。

它有两个调用形式,分别如下:

```
range(起始值, 终止值, 步长)
#产生起始值到终止值(不含)之间指定步长的迭代器对象
range(终止值)
#产生 0 到终止值(不含)之间的步长为 1 的迭代器对象
```

第一个调用形式的步长可以省略,如果省略就以 1 作为步长。

【例 5-3】 利用 for 循环和 range 对象编写程序计算 1~100(含 1 和 100)的所有整数的和。

利用 for 循环和 range 对象编写该程序,因为变量 i 的值是通过迭代器返回,所以几乎没有机会把它写成死循环。修改后的程序如下:

**程序 5-3** 求 1~100 的整数的和

```
1    #计算 1~100 的整数的和
2
3    res = 0
4    for i in range(1,101):
5        res += i
6    print("1 + 2 + 3 + … + 100 = ",res)
```

运行结果:

```
1 + 2 + 3 + … + 100 =  5050
```

【例 5-4】 小明是一个渔夫,坚持"三天打鱼,两天晒网",已知每年的 1 月 1 日,小明是第一天打鱼,编写程序让用户输入一个年月日,输出当天小明是打鱼还是晒网。

根据题意知道小明的工作是 5 天一个周期,因此只要算出指定的日期是该年的第多少天,然后用这个天数对 5 求余,如果余数是 1、2 或 3 就是在打鱼,否则就是晒网。

那么如何得到一个日期是该年的第多少天? 显然,只要把该日期之前全部月份的天数累加,再加上这个日期的日就可以得到。众所周知,每月的天数除了 2 月之外的天数都是确定的,可以用一个包含 12 个整型元素的列表存储每月的天数。其中 2 月初始化为 28,然后根据用户的输入进行处理,如果是闰年则修改 2 月的天数为 29。有了每月天数的列表,那么后续的工作就是顺理成章的事情了。具体程序如下:

程序 5-4    三天打鱼两天晒网

```
1     # 三天打鱼两天晒网
2
3     year,month,day = eval(input("请输入年月日(用逗号分开):"))
4     monthDays = [31,28,31,30,31,30,31,31,30,31,30,31]
5     # 存储每月的天数
6     if year <= 0:
7         print("年不合法")
8     else:
9         if (year % 4 == 0 and year % 100!= 0) or year % 400 == 0:
10            monthDays[1] = 29  # 闰年 2 月为 29 天
11        if month > 12 or month < 1:
12            print("月不合法")
13        elif day < 1 or day > monthDays[month - 1]:
14            print("日不合法")
15        else:
16            if (year % 4 == 0 and year % 100!= 0) or year % 400 == 0:
17                monthDays[1] = 29
18            count = 0
19            for i in range(month - 1):
20                count += monthDays[i]
21            count += day
22
23            if count % 5 in [1,2]:
24                print("小明在打鱼")
25            else:
26                print("小明在晒网")
```

运行结果:

```
请输入年月日(用逗号分开):2000,8,7
小明在晒网
```

# 5.4    break、continue 和 pass

## 5.4.1    break

前面讲到 while 和 for 循环在正常循环结束时,会执行 else 中的语句,言下之意就是循环可能非正常结束。循环的非正常结束主要包括程序出现异常退出和主动跳出两种情况。出现异常退出,这里先不讨论。所谓主动跳出,就是程序中有代码提前结束循环。

Python 提供了关键字 break 用于从循环中主动跳出,循环体中执行到 break 语句时立刻结束循环,程序执行流程转向循环之后的第一条语句。在 while 和 for 循环中都可以使用 break 语句。

【例 5-5】 传说爱因斯坦出了一个爬楼梯的数学题,有一个长长的楼梯,如果每次爬 2 阶,最后余 1 阶;如果每次爬 3 阶,最后余 2 阶;如果每次爬 5 阶,最后余 4 阶;如果每次爬 6 阶,最后余 5 阶;如果每次爬 7 阶,最后刚好爬完。请问这个楼梯至少多少阶?

基于计算思维来解决本题比较容易想到的方法是枚举测试,也就是从 1 开始逐步向上试验每个整数,测试每一个整数对 2、3、5、6 和 7 分别求余数的结果是否合乎题意。因为是从小到大逐步增加,所以找到的答案一定是最小的解。不做深入数学分析很难确定本题到底循环多少次,因此这可以看成未知循环次数的问题,那么适合用 while 循环解决。一个简单的实现程序如下。

**程序 5-5-1** 爱因斯坦楼梯

```
1    # 爱因斯坦楼梯
2
3    steps = 0
4    while True:
5        steps += 1
6        if steps % 2 == 1 and steps % 3 == 2 and steps % 5 == 4
7    and steps % 6 == 5 and steps % 7 == 0:
8            print("此楼梯至少长度为",steps)
9            break
```

运行结果:

```
此楼梯至少长度为 119
```

上面的程序中有两个地方需要注意:第一,while 后面的条件写的是常量 True,也就是表示循环条件永远成立;第二,在找到并输出正确的解之后,就无须再循环,因此使用了 break 从循环中跳出,可见该循环并不是死循环。

现在的程序中每执行一次循环就把变量 steps 的值加 1,而根据题意可知正确的解一定是 7 的倍数,因此 steps 可以每次加 7 从而减少循环的次数。另外,根据题目的第一个条件可知正确的解一定是奇数,读者可自行考虑如何进一步减少循环的次数。

## 5.4.2　continue

关键字 continue 也是用于改变程序流程,它用于结束本轮循环。在 while 循环中遇到 continue 时直接跳转到循环条件判断;在 for 循环中遇到 continue 时直接取得循环下一个迭代的值。

例 5-5 的程序假设使用 continue,修改后的程序如下。

**程序 5-5-2** 爱因斯坦楼梯

```
1    # 爱因斯坦楼梯
2
3    steps = 0
4    while True:
5        steps += 1
6        if steps % 2 != 1: continue        # 不满足条件 1
```

| 7 | if steps % 3!= 2: continue | #不满足条件 2 |
| 8 | if steps % 5!= 4: continue | #不满足条件 3 |
| 9 | if steps % 6!= 5: continue | #不满足条件 4 |
| 10 | if steps % 7!= 0: continue | #不满足条件 5 |
| 11 | print("此楼梯至少长度为",steps) | |
| 12 | break | |

运行结果：

此楼梯至少长度为 119

这种写法相当于用的是排除法，一个整数只要不满足其中一个条件，就直接开始下一轮循环，换下一个整数来试验。

通常可以通过反写前面 if 的条件来避免使用 continue，两种写法的程序在效率上并无大的区别。但是实际应用中，把一些特殊情况列出来用 continue 处理，代码会具有良好的可读性。

### 5.4.3  pass

Python 中的 pass 是空语句，它不做任何事情，一般用作占位语句，主要是为了保持程序结构的完整性。

什么是保持程序结构的完整性呢？例如，有一个 for 循环，目前还不需要写任何循环体，此时就可以在内部写一个 pass 语句。这样这个循环就符合语法了，它也确实需要循环指定的次数，只是它的循环体不做任何事情，这样的循环属于空循环。

空循环有时被用于延时，如下代码片段可以输出 26 个大写字母，且每个字母输出之后会有个短暂的停顿。这个停顿是因为 j 需要在 range 返回的迭代器中遍历 30 万次，显然这个 30 万次所消耗的时间是与计算机硬件相关的，因此空循环延时难以精确控制消耗的时间。

```
>>> for i in range(26):
    print(chr(65 + i),end = "")
    for j in range(300000):
        pass
```

## 5.5  循环嵌套

如果在一个循环体内包含另外一个循环，那么就称为循环嵌套。其中 while 和 for 循环不仅可以自己嵌套，也允许互相嵌套。理论上循环嵌套的层次可以是任意层，但通常嵌套不要超过三层，否则代码可读性和可修改性都较差。

【例 5-6】  编写程序找出 10～1000 的所有完全数。所谓的完全数又称完美数或完备数。完全数是一种特殊的自然数，它的真因子的和等于它自己。

这个题目的基本解决办法是用循环把 10～1000 的整数全部遍历一遍，遍历时测试每一个整数是否是完全数。

**程序 5-6    找 10～1000 的完全数**

```
1      # 找 10～1000 的完全数
2
3      for i in range(10,1001):            # 遍历求解空间
4          temp = 0                        # 存储因子的和,初始化为 0
5          for j in range(1,i):            # 从 1 循环到 i-1
6              if i % j == 0:              # 判断是否为 i 的因子
7                  temp += j
8          if temp == i:                   # 判断 i 与真因子的和是否相等
9              print(i)
```

运行结果：

```
28
496
```

【例 5-7】  编写程序解决《孙子算经》中的百钱百鸡问题。该问题描述如下：鸡翁一值钱五,鸡母一值钱三,鸡雏三值钱一。百钱买百鸡,问鸡翁、鸡母、鸡雏各几何？

如果用数学方程组来解决该问题。设公鸡是 $x$ 只,母鸡是 $y$ 只,小鸡是 $z$ 只,那么可以得到方程组如下：

$$\begin{cases} x + y + z = 100 \\ 5x + 3y + z/3 = 100 \end{cases}$$

但是该方程组只有两个方程却包含三个未知数,因此不是特别好解。此时可以采用枚举的计算思维进行验证,它的基本思想是根据题目的条件确定答案的范围,并在此范围内对所有可能的情况逐一验证,直到全部情况验证完毕。如果某个情况验证后符合题目的全部条件,则为本问题的一个解；若全部情况验证后都不符合题目的全部条件,则本题无解。

针对本例而言每种鸡的数量不可能小于 0,不可能大于 100,这就是大致的范围,具体的条件是百钱和百鸡。

因此可以得到表 5-2,其中第一列是公鸡数量,第二列是母鸡数量,第三列是小鸡数量,第四列表示百钱条件是否成立,第五列表示百鸡条件是否成立。

从表 5-2 可以看到,第一行数据三者都是 0,百钱和百鸡两个条件都不成立；当公鸡数量为 4、母鸡为 18、小鸡为 78 时,两个条件都成立,因此这就是一组满足条件的解。

表 5-2    百钱百鸡的枚举情况列表

| 公鸡数量/只 | 母鸡数量/只 | 小鸡数量/只 | 是否刚好百钱 | 是否刚好百鸡 |
|---|---|---|---|---|
| 0 | 0 | 0 | False | False |
| 0 | 0 | 1 | False | False |
| 0 | 0 | 2 | False | False |
| ... | | | | |
| 4 | 18 | 78 | True | True |
| ... | | | | |
| 4 | 19 | 77 | True | False |
| ... | | | | |
| 100 | 100 | 100 | False | False |

基于以上思想,可以用一个三层循环嵌套来实现验证过程。百钱百鸡问题枚举时有两个验证条件:一个是否刚好百钱;另一个是否刚好百鸡。但是实质上还有一个隐藏条件,小鸡数量一定是 3 的倍数。因此程序中需要一个保证小鸡数量对 3 求余是否等于 0 的判断。可以得到如下程序。

**程序 5-7-1    百钱百鸡问题**

```
1    #百钱百鸡问题
2
3    for cock in range(0,101):
4        for hen in range(0,101):
5            for chick in range(0,101):
6                if cock * 5 + hen * 3 + chick//3 == 100 and
     cock + hen + chick == 100 and chick % 3 == 0:
8                    print("公鸡{0:2d} 母鸡{1:2d} 小鸡
9    {2:2d}".format(cock,hen,chick))
```

运行结果:

```
公鸡 0 母鸡 25 小鸡 75
公鸡 4 母鸡 18 小鸡 78
公鸡 8 母鸡 11 小鸡 81
公鸡 12 母鸡 4 小鸡 84
```

# 5.6    循环优化

例 5-7 的程序在执行时,使用了三层循环,其中的 if 语句会被执行的次数为 101 * 101 * 101＝1 030 301,大约 100 万次,那么这个程序是否可以优化呢?

现在再来仔细考虑一下该问题,因为每个公鸡是 5 钱,所以百钱最多只能买 20 只公鸡;同样每个母鸡是 3 钱,百钱最多只能买 33 只母鸡;另外,既然小鸡的数量一定是 3 的倍数。那么可以直接让小鸡的数量每次加 3。因此前面表格 5-2 就可以优化成表 5-3,其中的行数显著减少。

**表 5-3    百钱百鸡优化后的枚举情况列表**

| 公鸡数量/只 | 母鸡数量/只 | 小鸡数量/只 | 是否刚好百钱 | 是否刚好百鸡 |
|---|---|---|---|---|
| 0 | 0 | 0 | False | False |
| 0 | 0 | 3 | False | False |
| 0 | 0 | 6 | False | False |
| ... | | | | |
| 4 | 18 | 78 | True | True |
| ... | | | | |
| 20 | 33 | 99 | False | False |

根据表 5-3 很容易写出如下实现程序。

**程序 5-7-2　百钱百鸡问题**

```
1   #百钱百鸡问题优化1
2
3   for cock in range(0,21):
4       for hen in range(0,34):
5           for chick in range(0,101,3):
6               if cock * 5 + hen * 3 + chick//3 == 100 and cock + hen + chick == 100:
7                   print("公鸡{0:2d} 母鸡{1:2d} 小鸡
8   {2:2d}".format(cock,hen,chick))
```

　　和之前的代码相比,首先缩小了外面两层循环控制 range 函数的区间。其次在枚举小鸡数量时使用了 range 函数的第三个参数。因为 chick 一定是 3 的倍数,那么 if 条件中的判断 chick 是否是 3 的倍数的条件被删除了。

　　在这样优化后,在保证正确性的前提下程序比刚才简洁,此外该程序循环的次数已经变成了 21 * 34 * 34＝24 276。从 100 万次变成 2 万多次,降低了两个数量级,显然是一个巨大的进步。那么该问题是否可以进一步优化呢?答案是肯定的。

　　如果在枚举公鸡和母鸡的数量时,小鸡的数量通过 100 减去公鸡和母鸡的数量得到,就可以避免验证很多数量不是百鸡的情况。那么验证的过程就从前面的一个 5 列表格转换成了如表 5-4 所示的 4 列表格,其中小鸡的数量是利用 100 减去公鸡和母鸡的数量计算而来,因此只需要判断是否刚好是百钱。

**表 5-4　百钱百鸡只枚举公鸡和母鸡的情况列表**

| 公鸡数量/只 | 母鸡数量/只 | 小鸡数量/只 | 是否刚好百钱 |
| --- | --- | --- | --- |
| 0 | 0 | 100 | False |
| 0 | 1 | 99 | False |
| 0 | 2 | 98 | False |
| ... | | | |
| 4 | 18 | 78 | True |
| ... | | | |
| 20 | 33 | 47 | False |

　　根据表 5-4 的枚举方法实现的程序如下。

**程序 5-7-3　百钱百鸡问题**

```
1   #百钱百鸡问题优化2
2
3   for cock in range(0,21):
4       for hen in range(0,34):
5           chick = 100 - cock - hen
6           if cock * 5 + hen * 3 + chick//3 == 100 and chick % 3 == 0:
7               print("公鸡{0:2d} 母鸡{1:2d} 小鸡
8   {2:2d}".format(cock,hen,chick))
```

　　此时该程序已经减少了一层循环,中间的循环体判断是否满足百钱的条件,以及小鸡的数量是否是 3 的倍数,也就是说程序已经从一个三层循环嵌套优化成了两层循环嵌套,此时总循环的次数是 $21 \times 34 = 714$。

现在已经从最初的循环大约 100 万次优化到了大约 700 次,降低了 4 个数量级。那么该问题是否可以进一步优化呢? 答案是肯定的,再仔细看一下刚才的方程组:

$$\begin{cases} x + y + z = 100 & ① \\ 5x + 3y + z/3 = 100 & ② \end{cases}$$

将②乘以 3 再减去①,可以得到

$$14x + 8y = 200$$

一个方程两个未知数,计算思维的枚举法可以再次发挥作用。可以得到如下程序。

**程序 5-7-4　百钱百鸡问题**

```
1    #百钱百鸡问题优化 3
2
3    for cock in range(0,21):
4        hen = (200 - cock * 14)//8
5        if hen < 0: continue
6        chick = 100 - cock - hen
7        if cock * 5 + hen * 3 + chick//3 == 100 and chick % 3 == 0 :
8            print("公鸡{0:2d} 母鸡{1:2d} 小鸡{2:2d}".format(cock,hen,chick))
```

从上面的程序可以看到,现在该问题已经变成了一层循环,合计循环 21 次,母鸡的数量通过表达式直接计算出来,然后再利用总数 100 的约束条件得到小鸡的数量,最后用百钱的条件判断是否是满足条件的解。

## 5.7　典型例题

**【例 5-8】** 编写程序让用户输入 $x$ 和 $n$ 的值,计算多项式的值,多项式的形式如下:

$$x^n + x^{n-1} + \cdots + x^2 + x + 1$$

输出结果时保留小数点后 2 位。

这样的题目实现时主要是找到合适的通项,然后就可以用循环解决。将上述多项式逆序并稍做整理后可以得到如下形式:

$$1 + x^1 + x^2 + \cdots + x^{n-1} + x^n$$

基于上述形式可以写出如下程序。

**程序 5-8　计算多项式的值**

```
1    #计算多项式的值
2
3    x = float(input("请输入浮点数 x:"))
4    n = int(input("请输入整数 n:"))
5
6    result = 1
7    item = 1
```

```
8      for i in range(n):
9          item *= x
10         result += item
11     print("{:.2f}".format(result))
```

运行结果：

```
请输入浮点数 x:3.2
请输入整数 n:7
49 97.33
```

【例 5-9】 有一个列表 lst 存储了 $n$ 个 $1\sim100$ 的正整数,编写程序统计出其中给的好数对的个数。好数对的描述如下:如果一组整数 $(i,j)$ 满足 nums[i]==nums[j] 并且 $i<j$, $(i,j)$ 就可以被称为是一组好数对。例如 lst=[1,4,5,1,1,5],就有四组好数对,分别是 $(0,3)$、$(0,4)$、$(3,4)$ 和 $(2,5)$。

这个题目最容易想到的办法是枚举法,首先准备一个值为 0 的计数器变量,然后用两层循环实现列表的每个元素都和后面的元素逐个比较,遇到相等就可以认为找到一个好数对,因为和后面的元素比较的时候已经隐含了 $i<j$ 这个条件。根据上述思想写出的代码如下。

**程序 5-9-1** 统计好数对的值

```
1    #统计好数对的值
2
3    lst = list(map(int,input("请输入多个用空格分开的 1~100 的整数").split()))
4    count = 0
5    for i in range(len(lst)):
6        for j in range(i+1,len(lst)):#j 从 i+1 开始
7            if lst[i] == lst[j]:
8                count += 1
9    print("好数对的数量为:",count)
```

运行结果：

```
请输入多个用空格分开的 1~100 的整数 1 2 3 9 7 2 3 1
好数对的数量为: 3
```

下面换一个角度来考虑本问题。如果一个数字在列表中只出现了 1 次,那么该数字显然不会产生好数对;如果一个数字重复出现了 $n(n>1)$ 次,那么该数字出现好数对的数量其实是一个组合问题,就是从 $n$ 个数字中每取出 2 个就可以产生一个好数对,根据组合数计算公式,该数字产生好数对 $n*(n-1)/2$ 个。这样的话,只需要统计出列表中每个数字产生的次数,然后对次数大于 1 的情况利用排列数进行计算并累加就可以得到最终结果。因为列表中的数字都为 $1\sim100$,所以可以另外用一个列表来存储每个数字出现的次数。基于上述思想可以写出如下代码,现在的代码多用了一个包含 100 个元素的列表,但是已经把代码变成了一层循环。

**程序 5-9-2　统计好数对的值**

```
1    #统计好数对的值
2
3    lst = list(map(int,input("请输入多个用空格分开的 1~100 的整数").split()))
4    temp = [0] * 100
5
6    for val in lst:#统计每个数字出现的次数
7        temp[val-1] += 1
8
9    count = 0
10   for val in [item for item in temp if item > 1]:
11       #只需要处理出现次数大于 1 的情况
12       count +=  val * (val-1)//2
13
14   print("好数对的数量为:",count)
```

【例 5-10】　现有 A、B、C、D 四个犯罪嫌疑人被警察捉住,已经肯定其中有且只有一个人是罪犯。四人现在分别说了一句话,A 说他不是罪犯,B 说 C 是罪犯,C 说是 D 是罪犯,D 说 C 骗人。也已经知道其中有三个人说了真话,一个人说了假话,现在编写程序帮助警察找出罪犯。

本例如果依靠逻辑推理来解决,通常有排除法、推理法、列表法等。例如基于假设和列表可以给出表 5-5。

**表 5-5　真值表**

|  | 如果是 A | 如果是 B | 如果是 C | 如果是 D |
|---|---|---|---|---|
| A:不是我 | False | True | True | True |
| B:是 C | False | False | True | False |
| C:是 D | False | False | False | True |
| D:C 骗人(不是 D) | True | True | True | False |

表 5-5 的第一列是 A、B、C、D 的四句结论,第一行是假设 A、B、C、D 分别是罪犯的情况,然后对每一个单元格根据假设进行判断是否成立。例如:如果是 A,那么和 A 的结论"不是我"互相矛盾,可以在对应单元格写 False,同样 B 的结论"是 C"在此假设下也是不成立的,C 的结论"是 D"也不成立,只有 D 的结论"C 骗人"成立,因此这一列前三个单元格是 Fasle,最后一个单元格是 True。用此办法可以为每个单元格做出标记。

因为知道合计三个人说了真话,所以找到标记了三个 True 一个 Fasle 的那一列就是本例的解,就表 5.4 中数据可以看出 C 是罪犯。

就本例而言,可以把 A、B、C、D 放在列表中,然后用 for 循环对其进行枚举,进入循环后首先设置一个计数器变量 count=0,然后用四条 if 语句对应四条结论,从而决定是否要给 count 加 1,每轮循环结束后检查 count 的值,如果为 3,说明成立了三条结论(也就是说三个人说了真话),那么就找到了题目的解。基于上述思想可以编写出如下代码。

**程序 5-10　谁是罪犯**

```
1    # 谁是罪犯
2
3    candidates = ['A','B','C','D']
4    for ch in candidates:
5        count = 0
6        if ch!= 'A': count += 1
7        if ch == 'C': count += 1
8        if ch == 'D': count += 1
9        if ch!= 'D': count += 1
10       if count == 3:
11           print("罪犯是:",ch)
12           break
```

运行结果:

罪犯是: C

【**例 5-11**】　约瑟夫环报数。$N(3 \leqslant N \leqslant 1000)$个人围成一圈,每人顺序编号,然后从 1 开始依次加 1 报数,当报数为 $k(1 \leqslant k \leqslant 9)$ 的倍数或者末尾是 $k$ 时,删除此人(后面不再参加报数)。最后留下的是几号?

本例实质是一个稍作变化的约瑟夫环问题,可以编写程序模拟该过程,从而得到最终结果。借助于列表可以方便地解决本问题,首先将 $1 \sim N$ 的每个整数存储到列表中,然后对列表从左向右遍历,当遍历到最后一个元素时再回到第 0 个元素,遍历过程中遇到满足删除条件的元素时,将该元素删除,直到列表剩余一个元素为止。基于该思路可以得到如下代码。

**程序 5-11-1　约瑟夫环报数**

```
1    # 约瑟夫环报数
2
3    n,k = list(map(int,input("请输入 n 和 k:").split()))
4    num = [0] * 1000
5    count = 1
6    step = 0
7    for i in range(n):                    # 初始化数据
8        num[i] = i + 1
9    while n > 1:
10       if step == n:
11           step = 0
12           continue
13       if count % k == 0 or count % 10 == k:
14           for i in range(step,n - 1):    # 删除
15               num[i] = num[i + 1]
16           n -= 1
17       else:
18           step += 1
19       count += 1
20   print("最后留下{0}号".format(num[0]))
```

运行结果:

请输入 n 和 k:100 5
最后留下 47 号

当列表较大时列表删除是一个耗时操作,而刚才的解法中需要多次删除元素,为了提高效率,可以实现"假删除",就本题而言可以把删除元素的值赋为 −1,在计数时忽略值为 −1 的元素。此时可以得到如下程序。

**程序 5-11-2　约瑟夫环报数**

```
1   # 约瑟夫环报数
2
3   n,k = list(map(int,input("请输入 n 和 k").split()))
4   num = [0] * 1000
5   count = 1
6   step = 0
7   length = n
8   while length > 1:
9       if step == n:
10          step = 0
11          continue
12      if num[step] == 1:
13          step += 1
14          continue
15      elif count % k == 0 or count % 10 == k:
16          num[step] = 1
17          length -= 1
18      count += 1
19      step += 1
20  for i in range(n):
21      if num[i] == 0:
22          print("最后留下{0}号".format(i + 1))
```

运行结果:

请输入 n 和 k:32 3
最后留下 19 号

# 习题

1. 从键盘输入一个十进制正整数,利用列表和除二取余法,计算出该数字的二进制值。

2. 从键盘输入一个十六进制正整数,计算出该数字的二进制值。

3. 随机生成一个 0~100 的整数,判断这个数是否等于 50,如果不等于则重新随机生成。最后输出一共随机生成了多少次。

4. 从键盘输入一个字母,如果输入的是小写英文字母,则将其转换为大写字母后显示输出;如果输入的是大写英文字母,则将其转换为小写字母后显示输出;如果既不是小写英文字母也不是大写英文字母,则原样显示。

5. 给定一个二进制字符串,例如"10100101",计算并输出字符串中 0 的个数以及所有数字之和。

6. 一副球拍售价 15 元,球 3 元,水 2 元。现在有 200 元,要求每种商品至少购买一个,有多少种可能正好把这 200 元花完?

7. 从键盘输入一批学生的成绩(成绩为整数),输入 0 或负数则输入结束,然后统计并输出优秀(大于或等于 90 分)、通过(60～59 分)和不及格(小于 60 分)的人数。

8. 用 * 输出一个等腰三角形。提示用户输入一个整数 $n$,代表输出的等边三角形由 $n$ 行 * 组成。例如,输入 $n=3$。输出:

```
  *
 ***
*****
```

9. 用 * 输出一个正六边形,输入一个整数 $n$ 代表输出的正六边形的边的长度(* 的数目)。

例如输入 $n=3$。输出:

```
    *   *   *
  *   *   *   *
*   *   *   *   *
  *   *   *   *
    *   *   *
```

10. 二维列表中有一组人员的姓名和年龄数据,编写程序找到这组数据中年龄最大的人,输出相关人员信息。

11. 计算 $s=a+aa+aaa+aaaa+\cdots+aa\cdots a$ 的结果,其中 $a$ 是 0～9 的数字,有 $n$ 个数相加(最大的数有 $n$ 位)。例如 $2+22+222+2222+22222$(此时共有 5 个数相加)。编写程序,随机生成 $a$,从键盘输入 $n$,将公式进行输出,并输出计算结果。

12. 有一列表,存放有若干同学的姓名,编写程序将这些信息分成两组,元素顺序为偶数的放在一组,奇数的放在另一组,然后将分组的信息进行输出,输出格式如下:

| 分组 | 1 | 2 | 3 | 4 |
|---|---|---|---|---|
| 奇数组 | 张三 | 王五 | 孙七 | 吴九 |
| 偶数组 | 李四 | 赵六 | 周八 | |

13. 假设某人每月计划给公交卡充一些钱用于坐公交,已知当地公交票费用按照表 5-6 进行计算。编写一个程序,从键盘输入充值金额,计算并输出充值的金额最多能坐多少次公交。

表 5-6　公交费用表

| 当月累计次数 | 票　　价 |
|---|---|
| 1～10 | 2 元(原价) |
| 11～20 | 原价 9.5 折 |
| 21～50 | 原价 8 折 |
| 51 次以上 | 原价 5 折 |

14. 一条地铁线一共有 30 个站点,这些站点编号为 0～29,已知所有相邻站点间的距离

列表 distance,distance[i]表示编号为 i 的车站到编号为 i+1 车站间的距离,单位为 km,站距均为 1.5～3.0km。假设地铁的车票和距离有关,基础票价为 2 元(5km 内),超过 5km 后每 5km 增加 1 元(不满 5km 的部分按 1 元计算)。编写一个程序,计算花 $n$ 元最多能乘坐多少站。

15. 输出一个乘法表。要求输入一个整数 $n$,输出 $n*n$ 的乘法表,乘法表打印出来为下三角样式,格式工整。例如,输入 $n=4$。输出:

```
    1   2   3    4
1   1
2   2   4
3   3   6   9
4   4   8   12   16
```

15. 提示用户输入一个整型数 $n$($n$ 代表后续需要输入整型数的数量),将 $n$ 个整型数加起来并输出,如果输入的是非整型数则提示当前的输入非法,需要重新输入数值,如果输入 $n=0$ 则代表退出程序,否则继续提示用户输入新的 $n$。

例如:

```
Please input the number of numbers:(假设输入 n = 3)
Please input number 1: (假设输入 3)
Please input number 2: (假设输入 4)
Please input number 3: (假设输入 5)
```

输出:

```
sum = 12
Please input the number of numbers:
…
Please input the number of numbers:(假设输入 n = 0,则退出程序)
```

17. 提示用户输入一个整数 $n$,然后输出 $[1,n)$ 的所有的素数。例如,输入 $n = 10$。输出:2,3,5,7。

18. 矩阵相加:提示用户输入一个数字 $n$,为矩阵的行数,再提示用户输入一个数字 $m$,为矩阵的列数,接下来,提示用户输入 $2*n*m$ 个数字(每次输入一个数字)。输出 C=A+B。

例如,输入:

```
Please input the number of rows:(假设输入 n = 2)
Please input the number of columns:(假设输入 m = 3)
Please input A[0,0]: 1
Please input A[0,1]: 1
Please input A[0,2]: 1
Please input A[1,0]: 1
Please input A[1,1]: 1
Please input A[1,2]: 1
```

```
Please input B[0,0]: 2
Please input B[0,1]: 2
Please input B[0,2]: 2
Please input B[1,0]: 2
Please input B[1,1]: 2
Please input B[1,2]: 2
```

输出：

```
C = [[3, 3, 3], [3, 3, 3]]
```

19. 有一个弹性小球从 $H(H \geqslant 100)$m 的高度做自由落体运动，每次落地后会反弹，反弹高度为上次下落高度的一半，然后继续下落，如此反复（假设反弹和下落不会停止）；编写程序，计算并输出小球第 $N$ 次落地时，共经过了多少米，第 $N$ 次反弹的高度为多少。

# 第6章 数据的组织——元组、字典和集合

本章继续讨论数据类型。首先介绍元组,它和第 3 章介绍的列表都属于序列类型,区别在于元组是不可变的,而列表是可变的。接下来会介绍两种无序类型:字典和集合。与列表通过索引快速访问元素不一样,字典通过键可以快速地访问其对应的值。集合可以看作是省略了值的字典,其中仅仅包含键。通过这些数据类型,可以快速构建功能复杂的程序。

## 6.1 元组

和列表相似,元组也是一种序列类型,可以用来存储一组任意类型的对象。因为这些对象在元组中也具有相对固定的位置,所以元组支持索引、切片、连接、重复等操作。值得注意的是,元组属于不可变类型。元组一旦创建之后,其值不可以修改,所以元组对象没有修改自己的方法,例如用来插入元素的 append()方法或者是删除元素的 pop()方法等。

元组常见的表现形式是在圆括号中放置以逗号分隔的字面量。如果只有一个字面量,其后必须要有一个逗号,最后一个字面量后面可以没有逗号。一般情况下,圆括号可以省略。

```
>>> t = 1, 2, 3          #省略圆括号,但 t 仍然是一个元组
>>> t
(1, 2, 3)
>>> t = 1,               #包含一个元素的元组,逗号不可少
>>> t
(1, )
>>> t = (1)              #虽然有圆括号,但是没有逗号,所以 t 是一个整数
>>> t
1
```

有些情况下,元组的圆括号是不能省略的,例如空元组( )。此外,在调用函数时,如果参数是一个元组,也必须使用圆括号。

```
>>> def f( * args):      #该函数打印函数的参数数量
… print(len(args))
>>> f(1, 2, 3)           #3 个参数
3
>>> f((1, 2, 3))         #1 个参数
1
```

创建元组最直接的方法是在圆括号中放置以逗号分隔的字面量。如果圆括号中为空，那么创建的就是一个空元组。此外，还可以使用函数 tuple()。如果调用该函数时没有提供任何参数，那么创建空元组。如果提供了一个可迭代对象，那么创建的元组中包含可迭代对象中的所有元素，并且这些元素的相对顺序也保持一致。

```
>>> tuple([1, 2, 3])
(1, 2, 3)
>>> tuple('abc')
('a', 'b', 'c')
```

前面提到元组属于不可变类型，但这种不变性是针对顶层元素而言的。如果顶层元素本身是可变类型，那么该元素的内容还是可以变化的。

```
>>> t = (1, [2, 3])
>>> t[1] = 1          #注意，该语句会导致运行时错误，因为元组顶层元素不可修改
TypeError: 'tuple' object does not support item assignment
>>> t[1][0] = 1       #该赋值操作修改的不是元组的顶层元素，所以可以正常执行
>>> t
(1, [1, 3])
```

# 6.2  字典

字典用来存储一组称为键值对的特殊对象。每个键值对由两部分组成：键和值。与工具书《新华字典》类似，可以通过键来访问其对应的值。例如通过《新华字典》可以知道"安"（相当于键）的意思是"安全，没有危险"（相当于值）。

通过键访问对应值的语法形式和列表的索引操作类似：在字典名后跟方括号，然后在方括号中放置该对象的键。

```
>>> d = {'pi': 3.142, 'e': 2.718, 'phi': 1.618}
>>> d['pi']
3.142
>>> d['phi']
1.618
```

键必须是不可变类型，包括数值型、字符串和元组。因为列表属于可变类型，所以不能直接作为键。一种方法是先使用 6.1 节介绍的 tuple() 函数将其转换为元组，然后再使用元组作为键。和键不一样，值可以是任意类型。

```
>>> d = {'张三':{'高等数学':90, '数据结构':85}, '李四':{'高等数学':95, '算法':88}}
>>> d['张三']
{'高等数学':90, '数据结构':85}
>>> d['李四']['算法']
88
```

如上,字典 d 的键是字符串,表示一个学生的姓名(例如李四)。其值仍然是一个字典,其中的键是字符串,表示一门课程的名称(例如算法),而值则是一个整数,表示某个学生选修某门课程获得的分数(例如李四在算法课程中获得了 88 分)。

## 6.2.1 创建字典

创建字典的常见方法有三种。第一种是在花括号中放置一组以逗号分隔的键值对,其中键和值之间用冒号分开。如果花括号中为空,那么创建一个空字典。

```
>>> d = {1: 'one', 2: 'two', 3: 'three'}
>>> d[1]
one
>>> d = {}
>>> d
{}
```

第二种方法是使用字典推导,形如{k: v for x in iterable if cond},其含义是依次将可迭代对象 iterable 中的元素赋值给变量 x,并且仅当表达式 cond 为真时才求解表达式 k 和 v(它们可能与 x 无关),并将 k 和 v 作为键值对放入新建的字典中。

```
>>> d = {x: x ** 2 for x in range(5)}
>>> d
{0: 0, 1: 1, 2: 4, 3: 9, 4: 16}
>>> d = {c: 0 for c in 'aeiou'}
>>> d
{'a': 0, 'e': 0, 'i': 0, 'o': 0, 'u': 0}
>>> d = {k: v for k, v in zip('abc', [1, 2, 3])}
>>> d
{'a': 1, 'b': 2, 'c': 3}
>>> d = {k: v for k, v in d.items() if v % 2 == 0}
>>> d
{'b': 2}
```

第三种方法是使用函数 dict()和字典对象的 fromkeys()方法。因为字典推导提供了类似的功能且使用更加方便,所以这里不再对这类方法做详细介绍。

## 6.2.2 查询字典

运算符 in 可以判断一个键是否存在于字典中。函数 len()返回字典的长度,即其中的键值对个数。

```
>>> d = {'pi': 3.142, 'e': 2.718, 'phi': 1.618}
>>> 'pi' in d
True
>>> 'p' in d
False
>>> len(d)
3
```

类似于列表的索引操作,可以通过 d[k]来获取字典 d 中键 k 对应的值。如果字典中不包含该键,那么会产生一个运行错误。

```
>>> d = {'pi': 3.142, 'e': 2.718, 'phi': 1.618}
>>> d['pi']
3.142
>>> d['p']  # 因为键'p'不在字典 d 中,所以会产生一个运行错误
KeyError: 'p'
```

字典对象的 get()方法也可以用来获取键对应的值。除了键之外,还可以指定一个可选值。如果字典中不包含指定的键,那么返回这个可选值。如果没有指定可选值,那么返回 None,而不是产生运行错误。

```
>>> d = {'pi': 3.142, 'e': 2.718, 'phi': 1.618}
>>> print(d.get('p'))  # 键'p'不在字典 d 中,返回 None
None
>>> d.get('p', '键不存在')  # 指定了可选值,那么键不在字典中时返回该值
'键不存在'
>>> d.get('pi', '键不存在')
3.142
```

字典对象的 keys()、values()、items()方法分别返回该字典对象所有的键、值和键值对(以元组的形式)。需要注意的是,为了节省时间和空间,结果都以可迭代对象形式返回。可以通过 for 循环来访问其中的元素,也可以通过 list()函数将其转换为列表。

```
>>> d = {'pi': 3.142, 'e': 2.718, 'phi': 1.618}
>>> for k in d.keys():
... print(k, end = ', ')
...
pi, e, phi
>>> for v in d.values():
... print(v, end = ', ')
...
3.142, 2.718, 1.618
>>> list(d.items())  # 每个键值对构成一个元组,键是第一个元素,值是第二个元素
[('pi', 3.142), ('e', 2.718), ('phi', 1.618)]
```

## 6.2.3 修改字典

修改字典的常见方法是通过赋值操作。如果键存在,那么将该键对应的值做相应的修改,否则增加一个新的键值对。

```
>>> d = {'a': 1, 'b': 2, 'c': 3}
>>> d['a'] = 4
>>> d
{'a': 4, 'b': 2, 'c':3}
```

数据的组织——元组、字典和集合

```
>>> d['e'] = 1
>>> d
{'a': 4, 'b': 2, 'c':3, 'e': 1}
```

除了增加键值对外,还可以通过 del 语句删除指定的键。如果字典中不包含指定的键,那么会产生一个运行错误:

```
>>> d = {'a': 1, 'b': 2, 'c': 3}
>>> del d['a']
>>> d
{'b': 2, 'c':3}
>>> del d['e']          #因为键'e'不在字典 d 中,所以会产生一个运行错误
KeyError: 'e'
```

如果想删除字典中的所有键值对,可以使用字典对象的 clear()方法。

```
>>> d = {'a': 1, 'b': 2, 'c': 3}
>>> d.clear()
>>> d
{}
```

字典对象的 update()方法使用给定的键值对来更新当前字典。如果给定的键在当前字典中已经存在,那么覆盖其原有的值。

```
>>> d = {'a': 1, 'b': 2, 'c': 3}
>>> D = {'a': 4, 'e': 1}        #另一个字典
>>> d.update(D)                 #键值对通过字典给出
>>> d
{'a': 4, 'b': 2, 'c': 3, 'e': 1}
>>> d.update(a = 1, e = 4)      #键值对通过关键字参数给出
>>> d
{'a': 1, 'b': 2, 'c': 3, 'e': 4}
```

## 6.2.4　与字典相关的排序

字典中的对象没有顺序。下面两个字典中的键值对虽然显示出来的顺序不同,但两个字典是相等的。

```
>>> d = {'a': 1, 'b': 2, 'c': 3}
>>> D = {'c': 3, 'b': 2, 'a': 1}
>>> d
{'a': 1, 'b': 2, 'c': 3}
>>> D
{'c': 3, 'b': 2, 'a': 1}
>>> d == D
True
```

正因为如此,字典对象没有 sort()方法,但是可以把一个字典对象传递给 sorted()函数。该函数会将这一字典对象的所有键进行排序,并以列表的形式返回。

```
>>> d = {'c': 3, 'b': 2, 'a': 1}
>>> sorted(d)              #将 d 的键进行排序并以列表返回
['a', 'b', 'c']
```

然而,一些实际应用往往需要将键值对按照值的大小进行排序。假设一个字典存储了若干学生的学号及其身高,其中键是学号,值是身高。现在需要将这些学生按照身高升序排列,该如何实现呢?一种通用的方法是将字典中的键值对(k,v)转换为值键对(v,k)构成的列表,然后再对列表排序即可。

```
>>> d = {'CS01': 175, 'CS02': 180, 'CS03': 178, 'CS04': 173}
>>> L = [(v, k) for k, v in d.items()]
>>> L.sort()
>>> L
[(173, 'CS04'), (175, 'CS01'), (178, 'CS03'), (180, 'CS02')]
```

注意,上述代码中 d.items()返回的键值对是元组形式,在列表推导中使用序列赋值来设置变量 k 和 v 的值。列表排序基于元组对象的比较(参见第 3 章中列表大小关系的判断),最终列表的第一个元素正好对应身高最低的学生,其学号是 L[0][1]的值,即 'CS04'。

# 6.3　集合

集合存储一组具有唯一性、无序性和不变性的对象。唯一性要求集合中的对象不能重复。不变性要求集合中的对象必须是不可变类型,所以列表和字典不能存储在集合中。无序性意味着集合中的对象没有相对固定的位置,所以集合不支持索引、切片等与位置相关的操作。

Python 中的集合分成两种。第一种是 set,它是可变类型,能够加入或者删除元素。第二种是 frozenset,属于不可变类型,创建以后内容无法改变,所以可以作为其他集合的元素。

## 6.3.1　创建集合

创建集合的常见方法有三种。第一种是在花括号中放置一组以逗号分隔的对象。注意,本方法只能创建非空集合。如果花括号中没有放置任何对象,那么创建一个空字典。

```
>>> s = {'a', 'b', 'c'} #s 是一个集合
>>> type(s)
set
>>> s = {} #s 是一个字典
>>> type(s)
dict
```

第二种方法是使用函数 set()和 frozenset()。在调用函数时可以不提供任何参数,此时创建一个空集合。也可以提供一个可迭代对象,此时创建的集合中包含可迭代对象中的所有元素。由于集合的唯一性,因此重复的元素会只保留一份。

```
>>> set() #创建一个空集合,显示为 set()
set()
>>> set('python')
{'h', 'n', 'o', 'p', 't', 'y'}
>>> set('java')
{'a', 'j', 'v'}
```

第三种方法是集合推导,形如{exp for x in iterable if cond}。其含义是依次将可迭代对象 iterable 中的元素赋值给变量 x,并且仅当表达式 cond 为真时才求解表达式 exp,并将其值放入新建的集合中。

```
>>> {c for c in 'python' if c in 'aeiou'}
{'o'}
```

## 6.3.2　查询集合

对集合的查询操作不修改集合的内容,所以本节介绍的操作同时适用于 set 和 frozenset。运算符 in 可以判断一个对象是否存在于集合中。函数 len()返回集合中元素的个数。

```
>>> s = set('abcba')
>>> 'a' in s
True
>>> len(s)
3
```

可以使用集合对象的 isdisjoint()方法来判断两个集合的交集是否为空。

```
>>> s = {1, 2, 3}
>>> t = {2, 3, 4}
>>> s.isdisjoint(t)
False
```

集合类型的一个重要用途是实现数学集合的操作,包括求并集、交集、差集等。

Python 提供了相应的运算符。运算符"|"计算两个集合的并集,运算符"&"计算两个集合的交集,运算符"-"计算两个集合的差集,运算符"^"计算两个集合的对称差,即所有仅在一个集合中出现的元素。运算符"<="判断一个集合是否是另一个集合的子集,运算符"<"判断一个集合是否是另一个集合的真子集。运算符">="判断一个集合是否是另一个集合的超集,运算符">"判断一个集合是否是另一个集合的真超集。

```
>>> s = {1, 2, 3}
>>> t = {3, 4}
>>> s | t
{1, 2, 3, 4}
>>> s & t
{3}
>>> s - t
{1, 2}
>>> s ^ t
{1, 2, 4}
>>> s > t
False
>>> s < (s | t)
True
```

上述集合运算是通过运算符实现的,其中运算符两侧的运算对象必须是集合。Python还提供了函数形式的集合运算,对应关系如表 6-1 所示。在使用集合对象的方法时,参数不仅可以是集合对象,还可以是可迭代对象。Python 会自动将可迭代对象转换为集合对象参与计算。

```
>>> s = {1, 2, 3}
>>> s.union([3, 4])
{1, 2, 3, 4}
>>> s.intersection(range(3))
{1, 2}
```

最后值得一提的是,虽然两个集合之间定义了相等(==)、不等(!=)、小于(<,真子集)、小于或等于(<=,子集)、大于(>,真超集)和大于或等于(>=,超集)的关系,但多个集合之间并不是全序的。也就是说,如果一个列表中的元素是集合,虽然可以调用该列表的sort()方法,但是结果是没有意义的。

表 6-1　常见集合操作对应的运算符和方法

| 功　　能 | 运算符 | 字典对象的方法 |
| --- | --- | --- |
| 集合 s 和集合 t 的并 | s \| t | s. union(t) |
| 集合 s 和集合 t 的交 | s & t | s. intersection(t) |
| 集合 s 和集合 t 的差 | s — t | s. difference(t) |
| 集合 s 和集合 t 的对称差 | s ^ t | s. symmetric_difference(t) |
| 集合 s 是否是集合 t 的子集 | s <= t | s. issubset(t) |
| 集合 s 是否是集合 t 的超集 | s >= t | s. issuperset(t) |

## 6.3.3　修改集合

因为 frozenset 是不可变类型,所以本节介绍的修改集合的操作只适用于 set。集合对象的 add()方法将一个对象加入集合。集合对象的 remove()方法从集合中删除一个指定的对象。如果该对象不在集合中,会导致运行错误。集合对象的 discard()方法也是从集合中删除一个指定的对象。区别在于,如果指定的对象不在集合中,该方法并不会导致运行错误。集合对象的 pop() 方法随机选择一个集合中的元素进行删除。如果集合为空,那么会导致运行错误。集合对象的 clear() 方法删除集合中的所有对象。

```
>>> s = {1, 2, 3}
>>> s.add(4)
>>> s
{1, 2, 3, 4}
>>> s.remove(1)
>>> s
{2, 3, 4}
>>> s.pop()
2
>>> s
{3, 4}
>>> s.clear()
>>> s
set()
```

# 6.4 典型例题

【例 6-1】 变位词。如果将单词 w 的字母重新排列可以形成一个新单词 v,那么 w 和 v 就称为一组变位词。例如单词 ate、eat、tea 就是一组变位词。假设列表 L 中存放了若干单词,将它们分成若干组,每组是一组变位词。

思路:如何判断两个单词是变位词呢?重新排列意味着它们包含的字母是完全一样的。将一个单词(即字符串)传递给 sorted() 函数,这样可以得到按照字母序排列的列表。显然对任一单词来说,该列表是唯一的。如果两个单词如此操作后得到的列表相等,那么它们就是变位词。由于该列表的唯一性,可以将其作为一组变位词的键(因为字典的键必须是不可变类型,因此需要将列表转换为元组),其对应的值就是具有相同键的变位词。这样就可以通过字典来存储若干组变位词。完整的代码如程序 6-1 所示。

程序 6-1 变位词

```
1   L = ['ate', 'but', 'dealer', 'eat', 'ladder',
2        'leader', 'peat', 'tape', 'tea', 'tub']
3   D = {}
4   for w in L:
5       ks = tuple(sorted(w))
6       if ks not in D:
7           D[ks] = []
8       D[ks].append(w)
9   res = [v for v in D.values()]
10  print(res)
```

运行结果:

```
[['ate', 'eat', 'tea'], ['but', 'tub'], ['dealer', 'leader'],
['ladder'], ['peat', 'tape']]
```

程序 6-1 的第 4～8 行使用一个循环来检查每个单词属于哪组变位词。第 5 行得到该单词的唯一表示。第 6 行查找该表示是否已经在字典 D 中。如果不在的话,第 7 行将其加入字典,并将其对应的变位词列表初始化为空。这样,第 8 行可以安全地将该单词加入其对应的变位词列表中。第 9 行使用列表推导构造了一个嵌套列表,其中每个元组是一个列表,代表一组变位词。

程序 6-1 的第 6～8 行代表了一种常见的字典应用:如果字典中存在某个键,返回其对应的值,否则向字典中加入这个键(当然还包括初始的值),然后返回其对应的值。实际上,字典对象还有一个方法:d. setdefault(k, v)。如果键 k 存在,那么返回其对应的值。否则,将 k 和 v 作为一个键值对插入字典,并返回 v。借助该函数,第 6～8 行可以简写成一行代码:D. setdefault(ks, []). append(w)。

**【例 6-2】** 热销套餐。某个快餐店有 $n$ 种食品和若干种套餐,每个套餐包含若干种食品。例如套餐{1, 2}表示其中含有食品 1 和食品 2,套餐{3, 2}表示其中含有食品 3 和食品 2。现在有如下形式的消费记录:$[\{1, 2\}, \{3, 2\}, \{1, 2\}, \{3, 1\}, \{2, 1\}, \{4, 1, 5\}, \{1, 2\}]$。找出其中的**热销套餐**,即列表中出现次数大于$[n/2]$的套餐,其中 $n$ 是列表的长度。

**思路:**如何判断热销套餐?列表中的元素是集合,所以对列表排序没有意义。另外,注意到集合是无序的,所以{1, 2}和{2, 1}表示的是同一个套餐。基于这些观察,考虑使用字典来记录每个套餐的出现次数,并使用不可变类型 frozenset 作为字典的键。完整的代码如程序 6-2 所示。

**程序 6-2** 热销套餐

```
1    L = [{1, 2}, {3, 2}, {1, 2}, {3, 1}, {2, 1}, {4, 1, 5}, {1, 2}]
2    D = {}
3    for x in L:
4        k = frozenset(x)
5        if k in D:
6            D[k] += 1
7        else:
8            D[k] = 1
9    res = [k for k, v in D.items() if v > (len(L) // 2)]
10   print(set(res[0]) if res else None)
```

运行结果:

```
{1, 2}
```

程序 6-2 的第 3～8 行遍历消费记录并更新每个套餐的出现次数。第 9 行使用了带条件的列表推导来将热销套餐加入列表中。因为最多只有一个热销套餐,所以如果列表不为空,直接返回列表的第一个元素,否则返回 None,表示没有热销套餐。

**【例 6-3】** 发送短信。在某些老款手机上可以使用数字键盘发送短信。因为每个键都有多个与之关联的字母(见表 6-2),所以大多数字母都需要多次按键。按下键一次将产生该键对应的第一个字符。按下键 2、3、4 或 5 次则会生成该键对应的第二、第三、第四或第五个字符。

表 6-2　数字键盘上键与符号的对应关系

| 键 | 符　　号 | 键 | 符　　号 |
|---|---|---|---|
| 1 | . , ? ! : | 6 | M N O |
| 2 | A B C | 7 | P Q R S |
| 3 | D E F | 8 | T U V |
| 4 | G H I | 9 | W X Y Z |
| 5 | J K L | 0 | 空格 |

现在用一个字典 d 存储表 6-2 中的对应关系,键是 0～9 的一个整数,其值是一个该键对应符号组成的字符串。给定上述字典 d 和一个字符串 s,返回该字符串对应的按键序列。例如字符串"Hello,world!"对应的按键序列是 44335555556666110966677755531111。

**思路**:给定一个键,其对应的符号构成一个字符串,而某一符号在该字符串中的位置恰好是该符号对应的按键次数。如果能构造另一个字典,键是表 6-2 中的符号,而值是对应的按键序列,那么该问题就容易解决了。完整的代码如程序 6-3 所示。

**程序 6-3**　发送短信

```
1  d = {1:'.,?!:', 2:'ABC', 3:'DEF', 4:'GHI', 5:'JKL', 6:'MNO', 7:'PQRS', 8:'TUV', 9:'WXYZ',
2  0:' '}
3  D = {}
4  for k in d:
5      for i, c in enumerate(d[k], 1):
6          D[c] = str(k) * i
7  s = 'Hello, world!'
8  print(''.join([D[x.upper()] for x in s]))
```

运行结果:

```
44335555556666110966677755531111
```

程序 6-3 的第 1 行创建了字典 d。对于某个字符 c,使用变量 i 记录它在字符串 d[k](即键 k 对应的按键序列)中的位置,然后构造它对应的按键序列并存入字典 D 中(第 6 行)。对于给定的字符串 s,将其中每个字符 x 对应的按键序列连接起来即可得到最终结果。如第 8 行所示,这里利用了字符串对象的 join() 方法来连接列表中的多个字符串。

# 习题

1. 现在 8 名体检人员的体重信息如下(65.5,70.2,100.5,45.5,88.8,55.5,73.5,67.8),编写程序计算出方差。

2. 编写一个程序,有一个元组,内部有重复的若干元素,将重复元素去除后存入新的列表中。

3. 有一个列表,存有若干英文单词。遍历整个列表,将这些单词按照首字母进行分类,存储在字典中，最后输出这个字典。例如列表为["alpha","all","dig","date","egg"]，字典为{"a":["alpha","all"],"d":["dig","date"],"e":["egg"]}

4. 学校举办了"十佳歌手大赛"，有若干名选手参赛，7 名评委分别对这些选手进行了评分，评分范围为 0～10。评分去掉最高分和最低分后取平均值，这个平均值将作为选手的最终得分。编写程序，计算并输出这些选手的姓名和最终得分，得分保留一位小数。

5. 从键盘上随机输入若干大写英文字母，编写程序使用字典统计所输入的每个字母出现的次数。

6. 在程序中创建两个字典，找出并显示两个字典中相同的键。

7. 在程序中创建两个字典，找出并显示两个字典中具有相同值（要求数据类型也相同）的键。

8. 已知两个列表，一个列表存放姓，另一个列表存放名。编写程序生成一个字典，字典的键由姓和名构成，姓按列表顺序选取，名从列表中随机选择，字典的值使用 0～100 的随机整数。然后将字典内值为 0～18 的元素全部去除。

9. 制作一个密码加密工具，从键盘输入一个字符串，然后输出加密结果。设计一个字典，英文字母使用一个两位数表示，数字使用一个小写英文字母表示。加密过程根据字典将字符串的字符逐一替换。

10. 有一个元组，元组内存放若干整数。编写程序，统计元组中的元素个数，输出最大值、最小值、平均值。

11. 有两个长度相同的元组，一组存放了姓名，一组存放了年龄。将两组数据进行一一合并形成一个字典并输出，输出时一行一个数据。

12. 设计一个购物小程序。有一组商品，名称和单价存放在一个字典中。编写程序，按照商品名称排序输出商品选择菜单，内容包括序号、商品名称和单价。通过键盘输入序号，输入商品序号则对应商品加入购物车，然后继续输入序号，直到输入 0 代表结算。结算时显示购物车的所有商品信息，包括商品名称、单价、购买数量和小计金额，以及所有购物车内商品的总价。

13. 创建一个有关员工姓名和编号处理的程序。从键盘输入一组员工姓名和编号。在此基础上实现：

(1) 按照员工姓名的顺序输出数据，员工姓名显示在前面，后面是对应的员工编号。

(2) 按照员工编号的顺序输出数据，员工编号显示在前面，后面是对应的员工姓名。

14. 小明想在学校中请一些同学一起做一项问卷调查，编写程序，帮助小明解决如下问题：

(1) 用户输入 $N$。

(2) 为了实验的客观性先用计算机生成 $N(N \leqslant 1000)$ 个 1～1000 的随机整数。

(3) 对于其中重复的数字，只保留一个，将其余相同的数字去掉，不同的数对应着不同学生的学号。

(4) 将这些数从小到大排序，按照排好的顺序去找同学做调查。输出排序的结果。

15. 通过产生 0~500 范围内随机数的方法分别创建两个整数数据的集合,要求每个集合中数据的个数分别超过 200 个。在此基础上实现:

(1) 求出两个集合中不相同的数据,并进行显示。要求每行显示 10 条,每个数占 5 列,右对齐。

(2) 求出两个集合中相同的数据,并进行显示。要求每行显示 10 条,每个数占 5 列,右对齐。

16. 使用 random 模块生成一个整数类型的随机数集合:生成 100 个 0~1000 范围内的随机数。这些数字组成集合 A。同理,按此方法生成集合 B。在此基础上实现以下功能:

(1) 显示集合 A 和 B 的结果。要求每行最多显示 10 个数,每个数占 5 列,右对齐。

(2) 要求用户输入 A|B 和 A&B 的结果,并告诉用户他(或她)的答案是否正确。如果用户回答错误,允许他(或她)修改解决方案,然后重新验证用户输入的答案。如果用户三次提交的答案均不正确,程序将显示正确结果。

# 第7章 函数和程序结构

Python 中单个语句就可以执行,与 C、C++以及 Java 这样程序设计语言相比,学习者的起步容易许多。但是如果不能使用有层次的逻辑结构组织程序,在程序规模逐步加大之后,代码的编写和维护都将是一场噩梦。

函数是一种最基本的代码组织形式,是可重用的并且功能单一的程序代码块,通过函数可以将大的程序分成一个个独立的逻辑单元。

## 7.1 函数概述

函数是一个可重复使用的、能完成特定功能的代码块,可以由一个或多个语句组成。函数具有诸多优点,例如,提高开发效率、便于程序架构、使得问题被分而治之、便于协作代码编写、改善代码复用、降低代码冗余等。

随着程序规模的扩大,函数的编写者和调用者经常不是同一个人。对于函数调用者而言,函数可以看成是一个黑盒,只需要知道函数名、输入(参数)和输出(返回值),而无须知道函数内部到底是怎么做的。

设有一个列表 lst=[1,3,2,7,12,34],如果要计算其中所有元素的和,可以准备一个累加器变量并初始化为 0,然后利用循环遍历列表实现累加。但如果知道 Python 有个内置的函数 sum() 可以直接求整个数值型列表的和,此时可以直接用 sum(lst) 实现求和,显然这样可以大大提高开发效率。当调用 sum() 时必须知道 sum() 函数的名称、参数和返回值,并不需要了解 sum() 函数内部的实现代码。

## 7.2 函数分类

函数分类有很多种方法,例如,根据函数是否有参数,可以把函数分为有参函数和无参函数;根据是否有返回值,可以把函数分为有返回值的函数和无返回值的函数;根据函数是否使用了缺省参数,可以把函数分为使用缺省参数的函数和未使用缺省参数的函数。但是主流的方法是根据函数的来源,把函数分为内置函数、标准库函数、第三方库函数和用户自定义函数,下面分别加以介绍。

### 7.2.1 内置函数

内置函数是 Python 系统预先定义好的函数,可以随时使用,之前已经使用的 input()、print()、range()都属于内置函数。表 7-1 中列出了部分常用内置函数。

表 7-1　部分常用内置函数

| 函数名 | 说　　明 |
|---|---|
| abs() | 返回数值的绝对值 |
| bin() | 返回数字转二进制的结果字符串 |
| chr() | 返回内码所对应的字符 |
| eval() | 计算表达式的值 |
| help() | 返回指定模块或者函数的说明文档 |
| hex() | 返回数字转十六进制的结果字符串 |
| id() | 返回对象的内存地址 |
| input() | 从标准输入设备获取用户的输入 |
| isinstance() | 判断一个对象是否指定类的实例 |
| map() | 返回对指定序列映射后的迭代器 |
| max() | 返回指定序列中的最大值 |
| min() | 返回指定序列中的最小值 |
| ord() | 返回字符的内码,对于西文而言就是 ASCII 码 |
| print() | 输出到标准输出设备 |
| range() | 返回一个可迭代对象 |
| sum() | 返回指定序列进行求和 |
| type() | 返回对象的类型 |

　　因为内置函数彼此之间的功能、参数和返回值都不尽不同,而函数的调用者在调用这些内置函数时是必须清晰函数的信息。可以使用表 7-1 中的 help() 函数查看其余函数的功能、参数和返回值信息。如下代码显示了如何在 Python 交互环境中使用 help() 函数查看 abs() 函数的使用说明。

```
>> help(abs)
Help on built-in function abs in module builtins:
abs(x, /)
    Return the absolute value of the argument.
```

## 7.2.2　标准库函数

　　除了内置模块外,Python 还带了一个庞大的标准库,标准库是随着 Python 解释器自动安装和部署的,无须另外安装。标准库中提供了大量的函数,与内置函数相比,标准库函数使用前首先需要用 import 关键字导入函数所在的模块,然后才可以调用。表 7-2 列出了标准库中部分常用模块。

表 7-2　标准库中部分常用模块

| 模块名 | 说　　明 |
|---|---|
| array | 数组模块,因为列表的效率低,实现类似 C 语言中的简单数组 |
| collections | 提供了常见的数据结构容器,例如双端队列、排序字典 |
| math | 数学计算模块 |
| os | 提供与操作系统交互的部分接口 |

| 模块名 | 说　　明 |
|--------|----------|
| random | 随机数相关模块 |
| re | 正则表达式模块 |
| time | 提供了各种与时间相关的函数 |

【例 7-1】　编写程序，让用户输入 $n$ 和 $r$ 的值，计算出组合数的结果。组合数的公式如下。

$$C_n^m = \frac{n!}{m!\,(n-m)!}$$

从组合数公式中可以看出该题目需要多次计算阶乘，利用中学所学的循环知识，很容易写出如下程序。

**程序 7-1-1　计算组合数**

```
1    #计算组合数
2
3    n,r = list(map(int,input("请输入 n 和 r:").split()))
4    temp1 = 1
5    for i in range(2,n + 1):
6        temp1 * = i
7    temp2 = 1
8    for i in range(2,r + 1):
9        temp2 * = i
10   temp3 = 1
11   for i in range(2,n - r + 1):
12       temp3 * = i
13   print(temp1//(temp2 * temp3))
```

运行结果：

```
请输入 n 和 r:25 12
5200300
```

从上面的程序可以看出，因为需要求三次阶乘，所以使用了三个循环，而且这三个循环的代码非常相似，使得上述程序冗余且难看。在 Python 内置的 math 模块中包含了一个计算阶乘的函数 factorial()，该函数的输入是一个整数，返回计算出的阶乘。借助于 factorial() 函数，上述程序可以修改如下。

**程序 7-1-2　计算组合数**

```
1    #计算组合数
2
3    from math import  *
4    n,m = list(map(int,input("请输入 n 和 m,用空格分开:").split()))
5    print(factorial(n)//(factorial(m) * factorial(n - m)))
```

运行结果：

89

第 7 章

函数和程序结构

请输入 n 和 r,用空格分开:25 12
5200300

此时可以把 factorial()函数看作程序设计中一个可以直接拿来使用的"零件",因为有了现有的"零件",所以修改后的代码不仅简洁,而且加快了开发速度。

## 7.2.3 第三方库函数

Python 的应用领域极广,有一个重要原因是有海量的第三方包,这些包被统称为第三方库。目前,Python 语言有十多万个第三方包,覆盖了信息技术几乎所有领域。

在 2.5.2 节介绍了第三方包的安装方法。第三方包在安装完成之后,可以通过 import 关键字导入函数,然后调用其中的函数来解决具体问题。

【例 7-2】 使用 NumPy 和 Matplotlib 包,仅仅用如下几句代码构成的程序就可以输出图 7-1 中的正弦和余弦函数的图形。

程序 7-2 输出正弦和余弦函数的曲线

```
1   # 输出正弦和余弦函数的曲线
2
3   import numpy as np
4   import matplotlib.pyplot as plt
5   x = np.linspace( - np.pi,np.pi,100)
6   plt.plot(x,np.sin(x),color = "blue",linewidth = 2.0,label = "sin")
7   plt.plot(x,np.cos(x),color = "red",linewidth = 2.0,label = "cos")
8   plt.legend(loc = "upper left")
9   plt.show()
```

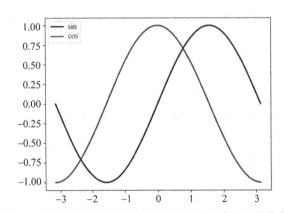

图 7-1 使用第三方库函数绘制出的正弦和余弦函数曲线

## 7.2.4 用户自定义函数

开发人员在程序设计过程中自己设计的函数称为用户自定义函数,经常简称为自定义函数。自定义函数的规模可大可小,但是不建议一个程序仅仅包含少量的大函数,而是应该由多个小函数组成。

编写用户自定义函数的工作主要包括指定函数名、设计函数的参数、给出函数的功能实现代码。

# 7.3 函数的定义

定义函数的语法形式为：

```
def 函数名([形式参数表]):
    函数体
```

其中,函数名和变量名一样,需要尽量做到顾名思义。函数的形式参数可以有多个,也可以没有参数,但是没有参数时一对圆括号不可以省略。函数体部分属于函数定义的内部语句块,必须缩进。

【例 7-3】 编写程序找出 2～100 的所有孪生素数,所谓孪生素数就是差为 2 的一对素数。

对于一个素数 $n$,只有 1 和自身能作为因子。在程序设计里面判断一个自然数是否是素数的常用方法是通过循环把 2～$n-1$ 的所有自然数都与 $n$ 做求余运算,如果出现任何一次求余结果为 0,则可以断定 $n$ 一定不是素数,如果整个循环过程都未出现求余为 0 的情况,那么 $n$ 就是素数。另外,数学上已经证明了上述循环只需要从 2 循环到 $n$ 的平方根,这样可以大大减少循环的次数。

程序 7-3 寻找孪生素数

```
1    # 寻找孪生素数
2
3    def isPrime(num):
4        '''
5        本函数用于判断一个正整数是否是素数
6        :param num:        待判断的正整数
7        :return:           True - 是素数
8                           False - 不是素数
9                           None - 参数不合法
10       '''
11       if isinstance(num, int) == False:
12           return None
13       if num <= 0:
14           return None
15       if num == 1:
16           return False
17       import math
18       maxNumber = int(math.sqrt(num))
19       for i in range(2, maxNumber + 1):
20           if num % i == 0 :
21               return False
22       return True
23
24   for i in range(2,99):
25       if isPrime(i) == True and isPrime(i + 2) == True:
26           print(i, i + 2)
```

运行结果：

```
3 5
5 7
11 13
17 19
29 31
41 43
59 61
```

程序 7-3 中首先在第 3 行开始定义了一个函数 isPrime()用于判断一个自然数是不是素数。这里对该函数进行简要的介绍，函数的定义以 def 开头，后面是函数名 isPrime，形式参数表中是一个参数，用于存储待判断的整数，然后是一个冒号。在第 4～10 行，用三引号包含的内容称为函数说明，主要为函数调用者解释函数的功能、参数要求和返回值。函数说明不是函数的必需内容，可以不写。在调用 isPrime()函数时，调用者应该传入正整数，但是函数的调用者可能并不熟悉本函数，因此 isPrime()函数体的开头用三个 if 语句判断的用户的参数数据是否合法，这可以看成是一条对函数调用者的"不信任"原则，这样有利于增强程序的健壮性。然后下面的循环进行了素数的判断，如果求余为 0，则直接返回 False；如果从来没有发生求余为 0，则函数会正常结束，那么直接返回 True。

在编写出 isPrime()的函数的基础上，第 24～26 行三行代码就解决了问题。只需要让变量 i 从 2 循环到 98，循环中判断如果 i 和 i+2 都是素数，那么它们就是一对孪生素数。

通过例 7-3 可以看出，isPrime()函数和调用 isPrime()函数的代码逻辑分开，各司其职，相当于把一个问题分解成了两个小问题进行分别解决。

特别需要说明的是，Python 允许函数嵌套定义，也就是在函数中定义另外一个函数。

# 7.4 函数的返回值

从例 7-3 的 isPrime()函数可以看到，在判断出是否是素数之后，用 return 语句向调用者传递了 True 或 False，这一过程称为返回，返回的内容称为返回值。如果一个函数没有 return 语句，那么该函数在执行完毕之后最终会返回 None。None 是一个特殊对象，表示空值。因此可以说，Python 的函数一定有返回值。

Python 中函数的返回值非常灵活，可以是数值常量、变量、表达式等，还可以是函数。Python 函数用 return 关键字显式传递返回值，函数在执行时一旦遇到 return 语句，该函数后续代码将不再执行，因此函数中只有最后一个语句可以是独立的 return 语句，前面的 return 语句通常需要放在条件语句中。

【例 7-4】 编写程序，让用户输入 3 个以上的百分制整数成绩，输出最高分、最低分和去掉最高分与最低分之后的平均分。

本例的输入和计算的逻辑并不复杂，和 isPrime()函数类似，可以把计算的功能单独写成一个函数 calc()，但是 calc()函数需要一次返回 3 个值。编写出的程序如下。

**程序 7-4** 计算最高分、最低分和平均分

```
1    # 计算最高分、最低分和平均分
2
3    def calc(marks):
4        maxVal = max(marks)
5        minVal = min(marks)
6        return maxVal, minVal, (sum(marks) – maxVal – minVal) / (len(marks) – 2)
7
8    marks = list(map(int, input("请输入 3 个以上的百分制整数成绩
9    ").split()))
10   maxMark, minMark, averMark = calc(marks)
11   print('最高分：', maxMark)
12   print('最低分：', minMark)
13   print('平均分：', averMark)
```

运行结果：

```
请输入 3 个以上的百分制整数成绩 75 82 89 99 46
最高分：99
最低分：46
平均分：82.0
```

上面 calc() 函数的 return 语句一次返回了 3 个值，其实质是将 3 个值放到了一个元组中，然后返回了该元组，调用出的代码又通过序列解包把元组的内容分别赋给了 3 个变量。

# 7.5  函数的调用

定义好了函数之后，如果不调用，其中的代码并不会被执行。调用函数的过程实质上是给函数传递参数使得函数满足运行条件从而运行最终得到返回结果的过程。

定义函数时的参数表中的参数称为形式参数（简称形参），调用函数时的所传递的参数称为实际参数（简称实参）。形式参数和实际参数的名称不必相同，但调用函数时传递参数通常需要满足两个条件：

（1）实际参数和形式参数的数量相同；

（2）实际参数的顺序和形式参数一一对应。

## 7.5.1  普通对象和可变对象的传递

按照参数对象的不同，可以将实际参数分为普通对象和可变对象。二者的主要差异如下：

（1）如果在函数中通过形式参数修改了普通对象的值，并不会影响调用的实际参数，也就是说传递是单向的；

（2）如果在函数中通过形式参数修改了可变对象的值，则会改变调用的实际参数的值，也就是说传递是双向的。

【例 7-5】 使用函数交换两个整型变量的值。

程序 7-5  使用函数交换两个整型变量的值

```
1    #使用函数交换两个整型变量的值
2
3    def exchange(num1, num2):
4        num1, num2 = num2, num1          #交换两个变量
5        print(num1, num2)                #输出交换后的值
6
7    num1 = 5
8    num2 = 7
9    print(num1, num2)                    #输出调用前的值
10   exchange(num1, num2)                 #试图交换
11   print(num1, num2)                    #输出调用后的值
```

运行结果:

```
5 7
7 5
5 7
```

程序 7-5 的运行结果有三行,第一行的 5 7 非常容易理解。第二行的输出是 exchange() 函数中 print 语句的输出结果,从结果上似乎可以看出 num1 和 num2 交换成功了。但是第三行又变成了 5 7。由此可见,对于普通对象的参数传递是单向的,也就是只能从实际参数传递给形式参数,无法把形式参数的修改值带回来。

最常见的可变对象是列表和字典,请看如下代码。

【例 7-6】 使用函数修改字典和列表的内容。

**程序 7-6** 使用函数修改字典的项和列表的内容

```
1    #使用函数修改字典的项和列表的元素
2
3    def change(lst, dict1):
4        lst[0] = 5
5        dict1['one'] = '壹'
6
7    lst = [1, 2, 3]
8    dict1 = {'one':1}
9    change(lst, dict1)
10   print(lst)
11   print(dict1)
```

运行结果:

```
[5, 2, 3]
{'one': '壹'}
```

从程序 7-6 的第 4 行和第 5 行可以看到,通过形式参数修改了列表和字典的内容。从程序的运行结果可以看出列表 lst 和字典 dict1 的内容确实被 change() 函数修改了。但不要认为用了列表就一定可以修改成功。

【例 7-7】 使用函数修改列表的内容失败的例子。

**程序 7-7** 使用函数修改列表的内容失败

```
1    #使用函数修改列表的内容失败
2
3    def change(lst):
4        lst = list(set(lst))              #利用集合实现元素去重然后再转回列表
5        print(lst)
6
7    lst = [1, 2, 3, 2, 3]
8    change(lst)
9    print(lst)
```

运行结果：

```
[1, 2, 3]
[1, 2, 3, 2, 3]
```

从程序 7-7 的运行结果可见，change()函数中确实已经去重了，但是从 change()函数返回之后的输出可以看出 lst 未做任何修改。

## 7.5.2 实际参数"乱序"

Python 的函数在调用时允许采用指定形式参数名，这样，在调用函数时允许实际参数"乱序"。

【例 7-8】 调用函数时指定形式参数名。

**程序 7-8** 调用函数时指定形式参数名

```
1    #调用函数时指定形式参数名
2    def example(num1,num2):
3        print("num1 = ", num1, "num2 = ", num2)
4
5    example(20, 10)
6    example(num2 = 10,num1 = 20)
```

运行结果：

```
num1 = 20 num2 = 10
num1 = 20 num2 = 10
```

程序 7-8 中两次调用了 example()函数；第一次是按照参数顺序传递，第二次通过指定形式参数名来调用。从运行结果很容易看出，虽然两次参数传递顺序不同，但是运行结果一致。

# 7.6 提供缺省参数的函数

Python 的函数也支持给形式参数设置默认值，这样的函数称为提供缺省参数的函数。如果默认值取值科学，这一技术可以为函数调用者带来极大的方便。例如，系统自带的 sorted()函数的原型如下：

```
sorted(iterable, key = None, reverse = False)
```

该函数的后面两个参数都提供了默认值,因为大多数场合排序是从小到大排序的,所以这些情况下调用该函数时最后一个参数可以不写,此时系统会自动用 False 赋值给 reverse 变量;同样,如果不需要特殊排序规则可以不用给 key 传递实际参数,系统将会用默认规则排序。

# 7.7 匿名函数

有时在程序中需要一次性使用一个简单的自定义函数,按照语法规则需要用 def 定义该函数然后再调用。坚持按照这样的规则要求,显然是正确的。但是表现得非常古板,Python 允许用匿名函数来增加灵活性。匿名函数的定义规则如下:

```
lambda [参数 1,参数 2,…,参数 n]：表达式
```

其中,参数可以没有也可以有多个,但是表达式只能有一个,且该表达式应该有一个返回值。在 Python 中,lambda()函数最主要的一个作用是作为函数传递的参数。例如,列表的 sort()方法的 key 参数就可以传递一个 lambda()函数作为参数,从而实现按照系统的排序功能根据用户自定义的要求进行比较。

【例 7-9】 编写程序让用户输入 5 个正整数,按照个位的大小从小到大排序后输出。

**程序 7-9** 按照个位的大小对列表排序

```
1    # 按照个位的大小对列表排序
2
3    lst = list(map(int, input("请输入 5 个正整数,用空格分开:").split()))
4    lst.sort(key = lambda temp:temp % 10)
5    print(lst)
```

运行结果:

```
请输入 5 个正整数,用空格分开:15 32 489 27 88
[32, 15, 27, 88, 489]
```

# 7.8 全局变量与局部变量

根据作用域的不同,可以把 Python 中的变量分为全局变量和局部变量。所谓作用域,就是变量可使用的范围。有些变量可以在文件中任何位置使用,有些只能在函数内部使用。

## 7.8.1 局部变量

在一个函数内部定义的变量称为局部变量。它的作用域也就仅限于该函数,在其余函数中或者函数外试图访问这些变量将会引发错误。

【例 7-10】 试图在函数外访问局部变量。

**程序 7-10** 试图在函数外访问局部变量

```
1    # 试图在函数外访问局部变量
2
3    def test():
4        temp = 5
5        print(temp)                    # 代码将会输出 temp 的值
6
7    def show():
8        print(temp)                    # 在 show() 函数访问 temp 时将会引发错误
9
10   test()
11   show()
12   print(temp)                        # 在函数外访问 temp 时将会引发错误
```

运行结果：

```
5
Traceback (most recent call last):
    File " /7.10.py", line 9, in < module >
show()
File "7.10.py", line 6, in show
    print(temp)                        # 在 show() 函数访问 temp 时将会引发错误
NameError: name 'temp' is not defined
```

程序 7-10 中定义了两个函数，分别是 test() 和 show()，test() 函数中定义了一个局部变量 temp。show() 函数中访问 temp 变量将会引发"NameError："错误，如果从函数外访问 temp，同样会报错。

究其原因，局部变量所用内存是在函数调用时分配，在函数调用完成后回收的。可以理解为，在运行 show() 函数或者从函数外部访问时，test() 函数的 temp 变量尚未产生或者已经消亡。这里强调一下，函数的形式参数也属于局部变量。

## 7.8.2  全局变量

在函数外部定义的变量称为全局变量。全局变量定义之后，在函数内和函数外都可以访问。全局变量一旦被分配内存，直到程序结束才会被回收。

在函数内读取全局变量的值不会有任何问题，但是如果给全局变量赋值，则有可能引起二义性，此时解释器会认为用户在函数内定义了一个新的局部变量。

【例 7-11】 在函数内给全局变量赋值。

**程序 7-11-1**  在函数内给全局变量赋值失败

```
1    # 在函数内给全局变量赋值失败
2
3    count = 0
4    def test1():
5        print(count)                   # 读取全局变量的值
6
7    def test2():
8        count = 5                       # 试图给全局变量赋值，实质是产生了一个局部变量
```

```
9
10    test1()
11    test2()
12    print(count)              #这里的输出结果依然是 0
```

运行结果：

```
0
0
```

程序 7-11-1 的第 5 行确实读取到全局变量 count 的值，所以打印输出 0。第 8 行在给全局变量 count 赋值时，解释器认为这里是产生了一个新的局部变量，虽然没有语法错误，但是并不会修改全局变量的值。

如果需要在函数内给全局变量赋值，就要在函数内首先使用 global 关键字对变量进行声明。

**程序 7-11-2　在函数内给全局变量赋值成功**

```
1     #在函数内给全局变量赋值成功
2
3     count = 0
4     def test1():
5         print(count)              #读取全局变量的值
6
7     def test2():
8         global count              #声明 count 是全局变量
9         count = 5                 #给全局变量赋值
10
11    test1()
12    test2()
13    print(count)                  #这里的输出结果是 5
```

运行结果：

```
0
5
```

程序 7-11-2 中的第 8 行使用 global 关键字声明 count 变量是全局变量，这样第 9 行在执行时就不会产生新的局部变量，从而实现了在 test2() 函数内给全局变量 count 赋值。

# 7.9　多文件程序

## 7.9.1　包、模块和函数

函数可以提高代码的复用性，但是随着软件规模越来越大，一个大的程序往往包括多个源文件，这样可以便于多人协作开发。Python 源文件的扩展名是.py，其中通常包含用户自定义的变量、函数和类，这样的一个源文件可以称为模块。若干个功能相关的模块组合在一起称为包，包中必须有一个名称为__init__.py 的文件，在一个包被导入时会自动执行该文件中的代码。包中除了有模块外,还可以有包,若干功能相关的包在一起称为库,例如 Python 的标准库。当然,一个包中也可以只有一个模块,因此包和模块两个概念有时区分得并不明显。

## 7.9.2　用户自定义模块

模块本质上就是一个 py 文件,在程序开发时,应该将程序分成多个模块,这样结构清晰且方便管理。每个模块不仅可以自己运行,也可以被导入其他模块中供调用。

【例 7-12】　编写一个可以抓取指定网页并通过数据清洗得到其中文本的模块。

Python urllib 是标准库中用于操作网页 URL,并对网页的内容进行抓取处理的包。BeautifulSoup 是一个第三方包,可以用于提取出 HTML 或 XML 标签中的内容。基于上述两个包,编写了一个用户自定义模块,模块的文件名是 GetAUrlText.py。

程序 7-12　抓取指定的网页并提取其中的文本

```
1    #抓取指定的网页并提取其中的文本
2
3    import urllib.request
4    from bs4 import BeautifulSoup                    #导入用于解析网页
5
6    def getAurlHtmlAndParse(url):
7        htm = urllib.request.urlopen(url)           #获取网页
8        soup = BeautifulSoup(htm.read().decode('utf-8'), 'html.parser')
9        return soup
10
11   def delScriptAndStyleFromHtml(soup):
12       for script in soup(["script", "style"]):
13           script.extract()                        #过滤脚本和样式
14       text = soup.get_text()
15       lines = [line.strip() for line in text.splitlines()]
16       chunks = [phrase.strip() for line in lines for phrase in line.split(" ")]
17       text = ''.join(chunk for chunk in chunks if chunk)
18       text = text.replace(" ", "")
19       return text
20
21   def GetTextFromUrl(url):
22       soup = getAurlHtmlAndParse(url)             #获取网页
23       text = delScriptAndStyleFromHtml(soup)      #去除脚本和样式
24       return text
25   if __name__ == "__main__":
26       print(GetTextFromUrl("http://www.tup.tsinghua.edu.cn/"))
```

程序 7-12 的模块中包含了三个函数和一段测试代码,为了保证测试代码不会被其他模块误调用,因此把它放在了一个 if 条件中。其中__name__是一个变量,每个模块中都有自己的__name__变量,当一个模块主动执行时,该模块的__name__的值为"__main__ ",否则__name__的值是调用此模块的文件名。

函数和程序结构

下面以 GetAUrlText.py 为例来介绍如何调用自定义模块中函数。首先需要把该文件复制到项目所在的文件夹,然后利用如下代码就可以调用:

```
import GetAUrlText
print(GetAUrlText.GetTextFromUrl("http://www.suda.edu.cn"))
```

# 7.10  典型例题

【例 7-13】  在有些国家和地区的文化中,如果一个月的 13 日刚好是星期五,被称为 13 日星期五,这一天被看成是不吉利的日子。已经知道 1900 年的 1 月 1 日是星期一,编写程序让用户输入一个小于 400 的正整数,该正整数代表从 1900 年开始经过的年数,计算出这些年共有多少个 13 日星期五。

1900 年 1 月 1 日是星期一,设 1900 年之后的一个日期为 $y$ 年 $m$ 月 $d$ 日,如果能够计算出是 1900 年 1 月 1 日之后的第几天(因为 7 天一个周期,只要对数字 7 求余),那么就很容易根据结果知道这一天是星期几。

那么如何计算是 1900 年 1 月 1 日之后的第几天呢?可以把该问题分两块来考虑:第一,从 1900 年到 $y$ 年之间,经过了多少年?此外,其中包含有多少个闰年?第二,$m$ 月 $d$ 日是该年的第几天?显然上述两个结果如果都求解出来,直接相加就可以。

本例如果能够有一个函数专门计算 $y$ 年 $m$ 月 $d$ 日是 1900 年 1 月 1 日开始的第几天,只需要把这些年中每个月的 13 日提交判断,问题就可以迎刃而解。基于功能独立的思想,还可以把判断是否是闰年的功能单独写成一个函数。基于上述思想可以编写出如下程序。

**程序 7-13-1  统计 13 日星期五的数量**

```
1   #统计13日星期五的数量
2
3   def isLeap(year):
4       if year % 4 == 0 and year % 100!= 0 or year % 400 == 0:
5           return True
6       else:
7           return False
8
9   def countDays(year,month,day):
10      days = [31,28,31,30,31,30,31,31,30,31,30,31]
11      if isLeap(year) == True:
12          days[1] = 29
13      return sum(days[0:month]) + day
14
15  years = int(input("请输入一个 1~400 的整数:"))
16  yearDays = 0
17  res = 0
```

```
18    for year in range(1900,1900 + years):
19        for month in range(0,12):
20            days = countDays(year,month,13)
21            if (days + yearDays) % 7 == 5:
22                res += 1
23        if isLeap(year) == True:
24            yearDays += 366
25    else:
26            yearDays += 365
27    print("合计有{0}个 13 日星期五".format(res))
```

运行结果：

```
请输入一个 1～400 的整数:302
合计有 520 个 13 日星期五
```

程序 7-13-1 中判断一个日期是星期几的办法是比较传统的方法。实质上可以利用蔡勒(Zeller)公式或者基姆拉尔森(Kim Larsen)公式快速直接计算一个日期是星期几,具体的公式和推导过程,读者自己可以查阅资料。程序 7-13-2 中是基于蔡勒公式实现的本例代码,很容易看出代码长度精简了很多。

**程序 7-13-2**　统计 13 日星期五的数量

```
1     # 统计 13 日星期五的数量
2
3     def whichWeekday(year,month,day):
4         # 利用蔡勒公式直接计算一个日期是星期几
5         tm = (month - 2) if month >= 3 else (month + 10)
6         ty = year if month >= 3 else (year - 1)
7         wd = (ty + ty // 4 - ty // 100 + ty // 400 + (int)(2.6 * tm - 0.2) + day) % 7;
8         return wd
9
10    years = int(input("请输入一个 1～400 的整数:"))
11    yearDays = 0
12    res = 0
13    for year in range(1900,1900 + years):
14        for month in range(0,12):
15            if whichWeekday(year,month,13) == 5:
16                res += 1
17    print("合计有{0}个 13 日星期五".format(res))
```

运行结果：

```
请输入一个 1～400 的整数:302
合计有 520 个 13 日星期五
```

**【例 7-14】**　有一个车队共有 N 辆汽车,按照规定,所有的钥匙都必须放在管理室的钥匙盒中,司机不能带钥匙回家。每次司机出车前,都从钥匙盒中找到自己车辆的钥匙去开车,用车完毕后,再将钥匙放回到钥匙盒中。

钥匙盒一共有 N 个挂钩,从左到右排成一排,用来挂 N 个车辆的钥匙。钥匙没有固定的悬挂位置,但钥匙上有标识,所以司机们不会弄混钥匙。每次取钥匙时,司机们都会找到自己所需要的钥匙将其取走,而不会移动其他钥匙。每次还钥匙时,还钥匙的司机会找到最左边的空挂钩,将钥匙挂在这个挂钩上。如果有多位司机还钥匙,则他们按钥匙编号从小到大的顺序还。如果同一时刻既有司机还钥匙又有司机取钥匙,则司机们会先将钥匙全还回去再取出。

开始时钥匙是按编号从小到大的顺序放在钥匙盒中的。有 K 位司机要出车,给出每位司机所需要的钥匙、出车时间和用车的时长,假设用车结束时间就是还钥匙时间,最终钥匙盒中钥匙的顺序是怎样的?

题目输入的第一行包含两个整数 N 和 K,分别代表 N 把钥匙和 K 条借用记录。接下来的 K 行输入是代表借用记录,每个借用记录包含了 3 个整数 $w$、$s$ 和 $c$。$w$ 表示一位司机要使用的钥匙编号,$s$ 表示出车时刻,$c$ 表示用车的时长。

为了进一步理解,下面给出一个题目输入的样例:

```
5 2
4 3 3
2 2 7
```

第一行是 5,2,表示有 5 把钥匙,有 2 条借用记录;第二行表示 4 号钥匙在时刻 3 被借用,使用 3 个单位时间,也就是在时刻 6 还钥匙;第三行表示 2 号钥匙在时刻 2 被借用,使用 7 个单位时间,也就是在时刻 9 还钥匙。

根据输入可以绘制出如表 7-3 所示的钥匙借还的过程。

表 7-3    输入样例的具体借还过程

| 时    刻 | 挂钩 1 | 挂钩 2 | 挂钩 3 | 挂钩 4 | 挂钩 5 |
|---|---|---|---|---|---|
| 0 | 1 | 2 | 3 | 4 | 5 |
| 2 | 1 |  | 3 | 4 | 5 |
| 3 | 1 |  | 3 |  | 5 |
| 6 | 1 | 4 | 3 |  | 5 |
| 9 | 1 | 4 | 3 | 2 | 5 |

从表 7-3 很容易看出,在时刻 0,每把钥匙在初始的挂钩上;在时刻 2,2 号钥匙被借走;在时刻 3,4 号钥匙被借走;在时刻 6,4 号钥匙被还在了 2 号挂钩;在时刻 9,2 号钥匙被还在了 4 号挂钩;因此最终的结果是 1,4,3,2,5。

这样的题目可以编写程序对整个借还过程进行模拟,从而得到最终结果。首先定义一个 N 个元素的钥匙列表,并把其中元素值分别初始化为 1~N,用于表示钥匙的初始状态;然后遍历 K 条借还记录,借出就是把列表中保存该钥匙的元素置成 0,返还就是把数组中第一个值为 0 的元素置成当前钥匙编号;最后顺序输出钥匙数组中的每个元素即可。

此外需要注意两件事情:

(1) 三元组 $(w, s, c)$ 中的 $c$ 是钥匙的使用时长,需要把它加上 $s$ 才能得到还钥匙的时刻。

（2）K 条记录需要排序，排序规则是：对 K 条记录根据还的时刻从小到大进行排序，时刻相同时按照钥匙编号从小到大排序。

因此，可以得到如下解法。首先对 K 条记录排序，有两个排序条件；第一个排序条件；返还时刻从小到大；第二个排序条件；钥匙编号从小到大。在 K 条借还记录排序的基础上，朴素的思想是基于首条记录借钥匙的时刻到最后一条记录还钥匙的时刻构造一个循环，每过一个时刻，对 K 条记录进行筛选并执行先还后借的操作，显然这样当数据条数少而时间跨度大时，该循环中大量的次数是无效的（不会发生借还操作）。因此可以把 K 条记录中所有的借还时间提取出来，放到一个时刻列表中，去除重复并排序，然后利用该列表构造循环。循环的每个时刻首先执行当前时刻还钥匙的操作，然后执行当前时刻借用钥匙的操作。

基于函数独立的思想，可以把获取输入、数据预处理和模拟借还分别写成独立函数，最后组合在一起解决问题。此时可以得到如下程序。

程序 7-14-1　借还钥匙模拟

```
1    ♯借还钥匙模拟
2
3    def getInput():
4        keyCount,rowCount = map(int,input("请输入钥匙数和借还记录数").split())
5        keys = [i for i in range(1,keyCount + 1)]♯初始化钥匙盒
6        datas = []
7        for i in range(rowCount):♯得到借还记录
8            datas.append(list(map(int,input("请输入第" + str(i + 1) + "条借用记录").split
9    ())))
10       return keys,datas
11
12   def preProcess(datas):
13       for item in datas:♯得到返还时刻
14           item[2] = item[1] + item[2]
15       datas.sort(key = lambda temp:(temp[2],temp[0]))
16       times = sorted(set([item[1] for item in datas])
17                   | set([item[2] for item in datas]))
18       ♯得到所有借还操作的时刻
19       return datas,times
20
21   def process(times,keys,datas):
22       for time in times:
23           for item in datas:♯返还
24               if item[2] == time:
25                   keys[keys.index(0)] = item[0]
26                   item[2] = - 1
27               elif item[2]> time:
28                   break
29           for item in datas:♯借
30               if item[1] == time:
31                   keys[keys.index(item[0])] = 0
32                   item[1] = - 1
33       return keys
34
```

函数和程序结构

```
35    keys, datas = getInput()
36    datas, times = preProcess(datas)
37    keys = process(times, keys, datas)
38    print("钥匙最后状态为:", end = "")
39    for item in keys:
40        print(item, end = " ")
```

运行结果:

```
请输入钥匙数和借还记录数 5 2
请输入第 1 条借用记录 4 3 3
请输入第 2 条借用记录 2 2 7
钥匙最后状态为:1 4 3 2 5
```

下面再来仔细考虑一下本问题。因为每条借还记录包括借操作和还操作,所以模拟时一条数据要被处理两次,而对一条记录而言一定是借的时刻在前,还的时刻在后。如果把一条记录拆分成两条记录,每条记录描述了钥匙编号和时刻,再通过一个标记描述当前是借还是还。按照上述办法把拆分后的数据存到一个列表中;下一步对该列表按照时间从小到大、先还后借,钥匙编号从小到大三个条件排序;最后对该列表做一次循环就可以解决本问题,此时不仅不需要循环嵌套,而且不需要程序 7-14-1 中的 times 数组。按照该思路编写的程序如下。

**程序 7-14-2    借还钥匙模拟**

```
1     # 借还钥匙模拟
2
3     keyCount, rowCount = map(int, input("请输入钥匙数和借还记录数").split())
4     keys = [i for i in range(1, keyCount + 1)]
5     datas = []
6     for i in range(rowCount):
7         temp = list(map(int, input("请输入第" + str(i + 1) + "条借用记录").split()))
8         datas.append([temp[0], temp[1], 1])            # 借记录
9         datas.append([temp[0], temp[1] + temp[2], 2])  # 还记录
10    datas.sort(key = lambda temp: (temp[1], - temp[2], temp[0]))
11    for item in datas:
12        if item[2] == 1:
13            keys[keys.index(item[0])] = 0
14        else:
15            keys[keys.index(0)] = item[0]
16
17    print("钥匙最后状态为:", end = "")
18    for item in keys:
19        print(item, end = " ")
```

运行结果：

---
请输入钥匙数和借还记录数 3 3
请输入第 1 条借用记录 1 2 3
请输入第 2 条借用记录 2 3 1
请输入第 3 条借用记录 3 2 1
钥匙最后状态为：3 2 1

---

对比两次的程序很容易发现，程序 7-14-2 在长度上短了很多。可见在程序设计的过程中磨刀不误砍柴工，对待解决问题进行深入的分析，有利于写出更加简洁的代码。

# 习题

1. 编写一个程序，输入一个字符串，然后显示一个选择菜单，选 1 英文字符全部转换为大写，选 2 小写英文字符全部转换为大写，最后将结果输出。要求利用函数实现单个字符的大小写转换。

2. 编写一个函数，计算一个整数的所有因子之和，其中因子不包括整数本身，并编写测试程序，在测试程序中输入整数和输出整数的所有因子之和。例如输入 8，调用该函数之后，得到结果为 7。

3. 编写一个函数，将一个整数的各位数字按倒序排列，并编写测试程序，在测试函数中输入整数和输出新的整数。例如，输入 123，调用该函数之后，得到结果为 321。

4. 反素数指一个素数将其逆向拼写后也是一个素数的非回文数。例如，17 和 71 都是素数且都不是回文数，所以 17 和 71 都是反素数。编写一个函数，判断一个数是否是反素数，并编写测试程序找出前 30 个反素数输出到屏幕上，要求每行输出 8 个数，每个数占 5 列，右对齐。

5. 编写一个递归函数，求解 Fibonacci 数列（兔子繁殖）问题的某项的值。编写测试程序，从键盘输入指定项，并输出 Fibonacci 数列指定项的值。

6. 编写一个函数实现冒泡排序。从键盘依次输入 10 个整数，分别按照从小到大、从大到小进行排序，并分别输出排序后的结果。

7. 编写一个函数实现选择排序。从键盘依次输入 10 个字母（如果有大小写，需要区分），按照字母的 ASCII 码值分别进行从小到大、从大到小的排序，并输出排序的结果。

函数和程序结构

# 第8章　字符串和正则表达式

字符串是除数值型之外使用最多的数据类型。Python 对字符串的访问极其方便。与其他主流程序设计语言相比而言，Python 的字符串明显的特色有多样的字符串常量书写方式、方便的索引和负索引，以及灵活的切片。

## 8.1　字符在计算机内的存储

计算机只能存储二进制数据，十进制整数存储在计算机中时可以用除二取余法转换为二进制数，然后加以存储，这个过程很容易理解。那么对于字母'A'或者'苏州大学'这样的字符串在计算机内如何存储呢？

显然字符也必须用二进制数表示，很容易想到的办法就是把每个字符对应一个数字，而且这个对应关系应该唯一。每个字符只能对应一个数字，每个数字也只能对应一个字符。

### 8.1.1　ASCII

ASCII 码（American standard code for information interchange）是一个美国的国家标准，解决了英文字符在计算机内的存储问题。但是由于 ASCII 码只用一个字节存储字符，而且最高位一定是 0，因此可以表示 128 个符号，显然它不足以解决数万个中文字符的存储。

ASCII 字符的分布如图 8-1 所示，表格的第一列用十六进制表示字节的低 4 位，第一行用十六进制表示字节的高 4 位。其中灰色区域的字符是不可显示的，例如回车、换行、制表符。白色区域的字符是可以显示的，例如大写字母、美元符。

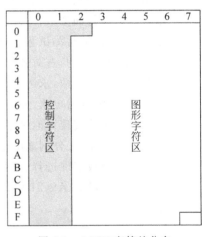

图 8-1　ASCII 字符的分布

### 8.1.2　Unicode

世界上的各个国家或地区为了在计算机内存储自己的文字，也分别仿照 ASCII 进行了字符集的编码工作，大多数是双字节编码方案，例如中国大陆的 GBK、中国台湾的 Big-5 等。这些编码字符集中每个字符对应一个数字，该数字称为机内码。但因为是各自独立设计，所以它们互不兼容。表现在两个方面：一是编码不同，例如汉字"一"在 GBK 和 Big-5 中对应的数字不同；二是字符集中字符数量不同，例如 GBK 汉字数量多于 Big-5，但是二者并不是超集和子集的关系。

在此情况下，Unicode 应运而生。它是被国际标准化组织（international organization for standardization，ISO）认可的字符集编码，也是目前全世界使用最广泛的字符集编码。Unicode 为全球的字符进行了统一编码，确保每个字符只被编码一次，例如"芸"在中文和日文中都被使用，虽然二者发音不同，但是在 Unicode 中它只有一个编码。

Python 的字符串全面支持 Unicode，为各个国家或地区字符的统一处理奠定了良好基础。

### 8.1.3　机内码和字符的转换

Python 内置了很多字符串处理函数，其中 ord() 和 chr() 非常有用。前者用于获取字符的 Unicode 机内码，后者用于得到指定 Unicode 机内码对应的字符。如下代码显示了这两个函数使用的例子。

```
>>> ord('A')
65
>>> ord('一')
19968
>>> chr(97)
'a'
>>> chr(ord('A') + 1)
'B'
```

## 8.2　字符串

Python 内置了字符串类型，无论是单个字符还是多个字符，在 Python 中都被看作字符串。Python 的字符串类型属于不可变类型，即无法直接修改字符串中的某一个字符。因此，对字符串的修改操作，本质上是生成一个新的字符串。

### 8.2.1　字符串常量

Python 在书写字符串常量时可以使用闭合的单引号、双引号、三个单引号和三个双引号。在 Python 中'hello'和"hello"完全等价。可以根据具体情况选择四种方式之一，例如"I'm a student."中，由于存在单引号，此时用双引号闭合就不会产生二义性。Python 中三引号允许使用"所见即所得"的方式描述一个字符串常量。此时字符串中可以包含换行符、制表符以及其他特殊字符。下面的样例代码中，两个 print 语句的结果完全相同，但是显然第二个字符串常量的可读性比第一个好很多。

```
print('<html>\n\t<head>\n\t</head>\n\t<body>\n\t</body>\n</html>')
print('''<html>
    <head>
    </head>
```

```
    <body>
    </body>
</html>''')
```

## 8.2.2 转义表示

从上面的例子可以看到,和大多数程序设计语言类似,在 Python 中反斜杠 '\' 是转义字符,简称转义符。它主要是为了帮助表示一些无法直接显示的符号。表 8-1 中列出了常见的特殊符号在 Python 中的转义表示形式。例如,'\n' 表示换行,'\\' 表示一个反斜杠。

表 8-1　常见的特殊符号在 **Python** 中的转义表示形式

| 转义表示形式 | 描　　述 |
| --- | --- |
| \\ | 反斜杠符号 |
| \' | 单引号 |
| \" | 双引号 |
| \b | 退格(BackSpace) |
| \n | 换行 |
| \v | 纵向制表符 |
| \t | 横向制表符 |
| \r | 回车 |

Python 允许在字符串常量前面写一个 r 抑制转义,例如 r"\\" 表示两个反斜杠,而不是一个反斜杠。如下代码中两个字符串常量是等价的,显然后者无论是书写方便性还是可读性都明显好于前者。

```
print("C:\\Users\\Public\\Downloads")
print(r"C:\Users\Public\Downloads")
```

# 8.3　字符串常用操作

## 8.3.1　字符串索引

图 8-2 是对 'SOOCH' 字符串的元素进行索引访问的示例。大多数程序设计语言首先需要获取字符串长度,才能访问字符串的最后一个字符,而 Python 提供了负索引,因此访问字符串的最后一个元素特别方便。从图 8-2 中很容易看出,字符串的索引是从 0 开始计数的,负索引是从 −1 开始的。

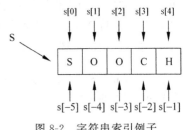

图 8-2　字符串索引例子

【例 8-1】　编写程序让用户输入一个英文字符串,统计字符串中大写字母、小写字母和其余字符的个数。

本例大致的思想是可以利用索引对字符串做遍历,然后判断每个长度为 1 的字符串是否是大/小写字母,根据判断结果对计数器变量累加。

**程序 8-1** 统计各种字符个数

```
1    #统计各种字符个数
2
3    line = input("请输入一行字符串:")
4    counts = [0] * 3
5    for i in range(len(line)):
6        ch = line[i]
7        if ch >= 'A' and ch <= 'Z':
8            counts[0] += 1
9        elif ch >= 'a' and ch <= 'z':
10           counts[1] += 1
11       else:
12           counts[2] += 1
13   print("大写字母{0}个".format(counts[0]))
14   print("小写字母{0}个".format(counts[1]))
15   print("其余符号{0}个".format(counts[2]))
```

运行结果：

```
请输入一行字符串:The earth's population exceeds 7 billion
大写字母 1 个
小写字母 32 个
其余符号 7 个
```

【例 8-2】 国际象棋棋盘是一个 $8 \times 8$ 的矩阵,其中的单元格是黑白交替的(参见图 8-3)。现在输入一个长度为 2 的字符串,输出该单元格的颜色。例如,a1 单元格的颜色为黑色,f7 单元格的颜色为白色。

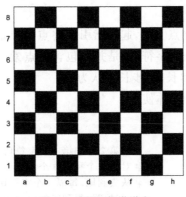

图 8-3　国际象棋棋盘

通过图 8-3 很容易发现黑白两色的单元格是交替出现的,具体来说,a、c、e、g 四列奇数单元格是黑色的,偶数单元格是白色的。而 b、d、f、h 四列偶数单元格是黑的,奇数单元格是白的。

**程序 8-2** 判断国际象棋指定单元格的颜色

```
1    #判断国际象棋指定单元格的颜色
2
3    coordinates = input("请输入一个国际象棋棋盘单元格编号,例如,a1:")
4    xIndex = ord(coordinates[0]) - ord('a')
5    yIndex = ord(coordinates[1]) - ord('1')
6    if xIndex % 2 == 0 and yIndex % 2 == 0 or xIndex % 2 == 1 and yIndex % 2 == 1:
7        print("黑色")
8    else:
9        print("白色")
```

运行结果:

```
请输入一个国际象棋棋盘单元格编号,例如,a1:c5
黑色
```

程序 8-2 中准备了两个变量 xIndex 和 yIndex,分别表示横向坐标和纵向坐标从 0 开始的序号,然后根据序号的奇偶性进行判断。其中的第 6 行也可以修改为如下两种写法。

```
if (xIndex + yIndex) % 2 == 0:
if xIndex % 2 == yIndex % 2:
```

## 8.3.2 字符串切片

和列表一样,字符串也支持切片操作。通过切片可以非常方便地得到字符串的子串或者子串的变形,具体语法如下:

```
字符串[起点索引:终点索引:步长]
```

和 range()函数的起点、终点一样,起点索引和终点索引是一个左闭右开的区间。也就是切片的结果包含起点索引处的字符,但是并不包含终点索引处的字符。其中起点索引默认为 0,终点索引默认为字符串长度,步长默认为 1。

下面的代码演示了切片的具体使用。

```
str1 = "Soochow University"
print(str1[2 : 4 : 1])          #对第 2 个和第 3 个字符切片
print(str1[2 : 4 :])            #对第 2 个和第 3 个字符切片
print(str1[: : 2])              #从头到尾,每隔一个字符切片
print(str1[: : -1])             #通过切片得到字符串的逆序串
```

【**例 8-3**】 编写程序让用户输入一个正整数,判断该数是否是回文数。

这个题目本身并不难,比较常见的做法是把一个正整数逆序,然后看看逆序后的正整数和原来的数是否相等,从而判断出是否是回文数。

**程序 8-3-1** 判断一个正整数是否是回文数

```
1     #判断一个正整数是否是回文数
2
3     num = int(input("请输入一个正整数:"))
4     res = 0
5     temp = num
6     while temp > 0:
7         res = res * 10 + temp % 10
8         temp = temp//10
9
10    if res == num:
11        print("是回文数")
12    else:
13        print("不是回文数")
```

运行结果:

```
请输入一个正整数:13422431
是回文数
```

但是 Python 可以很方便地实现数字转换为字符串,再借助字符串的切片,可以写出如下程序解决。

**程序 8-3-2**　判断一个正整数是否是回文数

```
1     #判断一个正整数是否是回文数
2
3     num = int(input("请输入一个正整数:"))
4     temp = str(num)              #转字符串
5     if temp == temp[::-1]:       #利用切片逆序
6         print("是回文数")
7     else:
8         print("不是回文数")
```

运行结果:

```
请输入一个正整数:13422431
是回文数
```

可以看出后一种写法更加简洁,但是实际执行效率并不高,因为数字转换为字符串本身也需要做循环,是一个相对耗时的操作。

**【例 8-4】**　编写程序让用户输入一个偶数长度的字符串。将其拆分成长度相同的两半,前一半为 leftStr,后一半为 rightStr,判断字符串的两半中是否包含相同数目的元音字母。如果相等则输出"两半相似",否则输出"两半不相似"。

因为本例的字符串长度一定是偶数,所以可以利用字符串切片,把二者切分成两个子串,再判断子串中元音字母的个数。因为有两个子串需要判断,所以将该功能写成一个函数以避免代码冗余。

**程序 8-4**　判断一个字符串两半中的元音字母数目是否相等

```
1    #判断一个字符串两半中的元音字母数目是否相等
2
3    def countVowel(word):
4        count = 0
5        for ch in word:
6            if ch in "aeiouAEIOU":
7                count += 1
8        return count
9
10   string = input("请输入一个偶数长度的单词:")
11   length = len(string)
12   leftStr = string[:length//2]
13   rightStr = string[length//2:]
14   if countVowel(leftStr) == countVowel(rightStr):
15       print("两半相似")
16   else:
17       print("两半不相似")
```

运行结果:

```
请输入一个偶数长度的单词:OlympicGames
两半相似
```

### 8.3.3　字符串连接

字符串连接是字符串最常见的操作之一,Python 提供了多种实现字符串连接的方法,下面简要加以介绍。为了便于讲解,设 str1 和 str2 是两个字符串。

**1. str1 + str2**

这种方法最为常见,用加号运算符实现两个字符串连接。例如,"Tom"+"Jerry"得到一个新的字符串为"TomJerry"。

特别说明一下,如果用加号连接一个字符串和一个数值类型对象,Python 在执行时将会报错。如果确实想实现二者字符串层面的连接,可以用 str()对数值类型对象进行类型转换后再连接。

**2. str1 str2**

这种方法比较隐晦,而且只适用于字符串常量。也就是说如果两个字符串常量之间用空格分开,Python 会将对两个字符串连接后得到一个新的字符串。例如,"Tom" "Jerry"得到"TomJerry"。但如果两个字符串变量之间用逗号隔开,或者字符串变量和字符串常量之间用逗号隔开,Python 都会在执行时报语法错误。

**3. join()方法**

它属于字符串对象的方法,可以高效地实现存储在列表中的多个字符串连接。例如有个列表中存储了 4 个字符串对象,lst=["赵钱孙李","周吴郑王","冯陈褚卫","蒋沈韩杨"]。现在需要把这 4 个字符串拼接成 1 个字符串。很容易想到写出如下代码片段:

```
lst = ["赵钱孙李","周吴郑王","冯陈褚卫","蒋沈韩杨"]
res = ""
for item in lst:
    res += item
```

上面的代码非常容易理解,但是在执行时,每做一次循环,就连接一次字符串,实质上每得到一个新的字符串都要重新分配一次内存。因此上面的循环可以用如下代码代替:

```
"".join(lst)
```

现在这种写法不仅书写简单,而且运行效率高。此外,使用 join()方法还可以很方便地实现在连接结果中插入分隔符。例如,如下代码 join()的前面对象是一个中文的逗号:

```
",".join(lst)
```

此时连接得到的结果为"赵钱孙李,周吴郑王,冯陈褚卫,蒋沈韩杨"。

此外,Python 提供了"＊"运算符实现字符串重复 $n$ 次的操作。例如 5＊"♯"的结果为"♯♯♯♯♯"。

【例 8-5】 摩尔斯码定义一种标准编码方式,将每个字母对应于一个由一系列点和短线组成的字符串,已知 26 个小写英文字母的摩尔斯码如表 8-2 所示,编写程序让用户输入一个全部由小写字母组成的单词,得到编码结果。

表 8-2 小写英文字母对应的摩尔斯码

| 序　号 | 字　　　母 | 摩尔斯码 | 序　　　号 | 字　　　母 | 摩尔斯码 |
|---|---|---|---|---|---|
| 1 | a | .— | 14 | n | —. |
| 2 | b | —... | 15 | o | ——— |
| 3 | c | —.—. | 16 | p | .——. |
| 4 | d | —.. | 17 | q | ——.— |
| 5 | e | . | 18 | r | .—. |
| 6 | f | ..—. | 19 | s | ... |
| 7 | g | ——. | 20 | t | — |
| 8 | h | .... | 21 | u | ..— |
| 9 | i | .. | 22 | v | ...— |
| 10 | j | .——— | 23 | w | .—— |
| 11 | k | —.— | 24 | x | —..— |
| 12 | l | .—.. | 25 | y | —.—— |
| 13 | m | —— | 26 | z | ——.. |

因为小写英文字母和摩尔斯码是一一对应的关系,非常适合用字典来存储这一对应关系。然后只需要遍历输入的字符串,得到每个字母对应的摩尔斯码然后连接在结果串的最后面。

程序 8-5 对小写英文字母组成的单词做摩尔斯码

```
1    # 对小写英文字母组成的单词做摩尔斯码
2
3    def creteDict():
4        morse = [". - "," - . . . "," - . - . "," - . . "," . "," . . - . "," -- . ",
5                 ". . . . "," . . "," . --- "," - . - "," . - . . ",
6                 " -- "," - . "," --- "," . -- . "," -- . - "," . - . "," . . . ",
7                 " - "," . . - "," . . . - "," . -- "," - . . - "," - . -- "," -- . . "]
8        chars = "abcdefghijklmnopqrstuvwxyz"
9        return dict(zip(chars,morse))
10   word = input("请输入一个全部小写字母组成的单词:")
11   res = ""
12   dictMorse = creteDict()
13   for ch in word:
14       res += dictMorse.get(ch,"")
15   print(res)
```

运行结果:

```
请输入一个全部小写字母组成的单词:hello
. . . . . - . . . - . . ---
```

## 8.3.4 字符串常用方法

Python 也为字符串提供了大量方法,例如,转换为大写、转换为小写、找子串和字符串替换等。表 8-3 列出了字符串的常用方法,具体的方法参数与细节可以通过 help 命令查询,或者查阅官方文档。

表 8-3 字符串的常用方法

| 方　法 | 说　明 |
|--------|--------|
| string. count() | 返回字符串指定子串出现的次数 |
| string. endswith() | 检查字符串是否以指定的字符串结束 |
| string. find() | 查找子串,如果存在则返回开始的索引值,否则返回−1 |
| string. index() | 和 find()方法一样,但如果子串不存在将会出现一个异常 |
| string. isalnum() | 如果字符串所有字符都是字母或数字则返回 True,否则返回 False |
| string. isalpha() | 如果字符串所有字符都是字母则返回 True,否则返回 False |
| string. isdecimal() | 如果字符串只包含十进制数字则返回 True,否则返回 False |
| string. isdigit() | 如果字符串只包含数字则返回 True,否则返回 False |
| string. isnumeric() | 如果字符串只包含数字字符则返回 True,否则返回 False |
| string. isspace() | 如果字符串只包含空格则返回 True,否则返回 False |
| string. join() | 拼接字符串 |
| string. lower() | 转换字符串的所有大写字母为小写 |
| string. replace() | 字符串替换 |
| string. rfind() | 类似于 find()方法,但是从右边开始查找的 |
| string. rindex() | 类似于 index()方法,但是从右边开始查找的 |

| 方　　法 | 说　　明 |
|---|---|
| string.split() | 拆分字符串 |
| string.startswith() | 检查字符串是否以指定字符串开头 |
| string.title() | 所有单词转换为以大写开始,其余字母均为小写 |
| string.upper() | 转换字符串的所有小写字母为大写 |

【例 8-6】 给定一个英文单词,首先将该单词转换为小写,然后如果该单词以 er、ly 或者 ing 后缀结尾,则删除该后缀(保证删除后缀后的单词长度不为 0)后输出,否则输出小写的单词。

本例首先可以利用 lower() 方法将单词转换为小写,然后用 endwith() 方法来判断是否以指定后缀结束,如果是,则用切片舍弃最后的后缀。

程序 8-6　词形去除后缀还原

```
1    #词形去除后缀还原
2
3    word = input("请输入一个英文单词:")
4    word = word.lower()                #转换为小写
5    if word.endswith("er") or word.endswith("ly"):
6        word = word[:-2]              #舍弃最后两个字母
7    elif word.endswith("ing"):
8        word = word[:-3]              #舍弃最后三个字母
9    print("词形还原后结果为:",word)
```

运行结果:

```
请输入一个英文单词:worker
词形还原后结果为: work
```

【例 8-7】 编写程序让用户输入一个 Windows 操作系统中的文件名,显示该文件的扩展名。

Windows 系统的文件命名规则从 DOS 操作系统发展而来,用英文的点号作为主文件名和扩展名之间的分隔符。DOS 系统的文件名必须遵循"8.3"规则,也就是主文件名最多 8个字符,扩展名最多 3 个字符。受此影响,现在 Windows 中的文件扩展名大多数是 3 个字符,但是 Windows 的文件名中本身是允许使用英文的点号的,也就是说一个文件名中可能有多个点。可以认为找到最后一个点之后的部分就是文件扩展名,当然文件名也可以没有扩展名。

程序 8-7　得到文件的扩展名

```
1    #得到文件的扩展名
2
3    filename = input("请输入一个文件名:")
4    dot = filename.rfind('.')
5
6    if dot == -1:
7        print("没有文件扩展名")
8    else:
9        print("扩展名为:" + filename[dot+1:])
```

115

第 8 章

字符串和正则表达式

运行结果：

请输入一个文件名:ipList.txt
扩展名为:txt

程序 8-7 中用了 rfind()方法,该方法是从右向左查找指定字符串的,如果找到则返回索引,否则返回-1。

【例 8-8】 编写程序判断用户输入一个 IPv4 的地址是否合法。

IP 地址分为 IPv4 和 IPv6 两个版本,可以简单地认为 IPv4 的地址是用英文的点号分隔的 4 个十进制数,数字的取值范围是 0~255,超过该范围就是无效的。

因此本例可以利用 split()方法把用户输入的 IPv4 地址进行拆分,首先判断拆分的结果是否是 4 个部分,然后检查每个部分是否是数字字符串,最后检查每个数字字符串的取值范围是否合法。

**程序 8-8** 判断一个 IPv4 地址是否合法

```
1    # 判断一个 IPv4 地址是否合法
2
3    ip = input("请输入一个 IP 地址:")
4    res = ip.split('.')
5    if len(res)!= 4:
6        print("error")
7    else:
8        for temp in res:
9            if temp.isdigit() == False:
10               print("error")
11               break
12           num = int(temp)
13           if num < 0 or num > 255:   # 不严格,因为 A、B、C 三类地址有范围
14               print("IP 错误")
15               break
16           else:
17               print("IP 正确")
```

运行结果：

请输入一个 IP 地址:10.10.48.5
IP 正确

# 8.4 正则表达式

字符串附带的查找方法 find()和替换方法 replace()都属于精确匹配,检索结果和目标串必须完全一样。在实际应用中有很强的模糊匹配需求,例如快速提取出一串文本中所有的电子邮件地址,每个电子邮件地址都是唯一的,但它们存在共同的规律,此时用传统的方法很难处理。

## 8.4.1　正则表达式简介

正则表达式(regular expression,RE)又称规则表达式,它可以按照设定的模式进行规则(模糊)匹配。

正则表达式主要有两个作用:一是验证数据的规则合法性,例如在网页前端验证用户输入的身份证号码、电子邮件地址格式是否正确;二是从有规律文本中抽取(替换)数据,例如利用网络爬虫抽取出一个网页内的所有链接。几乎所有主流的程序设计语言都支持正则表达式。

## 8.4.2　正则表达式模块

Python 标准库中的模块 re 专门用于处理正则表达式,使用之前需要导入该模块。在具体使用 re 模块中的对象时有两种方式。

### 1. 直接调用 re 中的函数

使用这种方式时,首先导入 re 模块,然后就可以直接调用 re 模块中的函数。如下代码显示了调用 search() 函数进行检索。

```
import re
re.search('duck',"I saw a duck with a telescope.")
```

### 2. 使用正则表达式对象

在导入 re 模块之后,正则表达式将利用 re 模块的 compile() 函数进行编译,这样就得到一个正则匹配对象,然后再调用该对象的方法。

```
import re
reObj = re.compile('duck')
reObj.search("I saw a duck with a telescope.")
```

对比上面两种方法,后者略显烦琐,但如果一个正则表达式需要使用多次,则该方法将会提高运行效率。

## 8.4.3　元字符

正则表达式所使用的字符可以分为普通字符和元字符。普通字符具有字符的本身含义,元字符具有特定的含义。8.4.2 节代码中的正则表达式 duck 全部是普通字符,因此在检索时只能做精确匹配。元字符使正则表达式具有了通用的匹配能力,表 8-4 列出了常用的元字符。

表 8-4　正则表达式常用的元字符

| 元字符 | 描　述 |
| --- | --- |
| \d | 匹配一个数字字符。等价于[0~9] |
| \D | 匹配一个非数字字符。等价于[^0-9] |
| \s | 匹配任何空白字符,主要包括空格、制表符、换页符等 |

| 元字符 | 描　述 |
| --- | --- |
| \S | 匹配任何非空白字符 |
| \w | 匹配字母、数字、下画线或者汉字 |
| \W | 匹配字母、数字、下画线和汉字外的字符 |
| […] | 字符集合。匹配所包含的任意一个字符 |
| [^…] | 字符集合补集。匹配未包含的任意字符 |
| [a−z] | 字符范围。匹配指定范围内的任意字符 |
| [^a−z] | 字符范围补集。匹配任何不在指定范围内的任意字符 |
| . | 匹配除"\n"和"\r"之外的任何单个字符 |

设有一个待匹配的字符串"A big black bear sat on a big black bug. ",下面的正则表达式"b\Dg"，"b\Sg"，"b\wg"，"b[iu]g"，"b. g"，都可以匹配到"big"和"bug"。

表 8-4 中的各种匹配元字符每次只能匹配一个字符,在匹配多个字符时会捉襟见肘。例如,想要从"The leaders held a meeting hand in hand"中匹配出"held"和"hand"两个单词,使用"h\D\Dd"这样的表达式,还勉强可以接受;如果使用"\d\d\d\d\d\d"来匹配银行卡的 6 位数字密码就显得非常笨拙了。为此,正则表达式提供了一套完备的对匹配次数进行控制的方式,匹配次数控制的元字符参见表 8-5。

**表 8-5　匹配次数控制的元字符**

| 元字符 | 描　述 |
| --- | --- |
| * | 前面的子表达式可以出现任意次 |
| + | 前面的子表达式可以出现一次或多次(至少出现一次) |
| ? | 前面的子表达式可以出现零次或一次 |
| {n} | 前面的子表达式必须出现 n 次 |
| {n,} | 前面的子表达式至少出现 n 次 |
| {n,m} | 前面的子表达式最少出现 n 次且最多出现 m 次 |

从表 8-5 很容易看出,可以使用"\d{6}"来匹配银行卡的 6 位数字密码。如果试图使用"l[a−z]{3,4}n"从"The lesson introduce how to learn machine learning"中匹配出"lesson"和"learn",结果会得到 3 个,原因是"learning"单词的前面一部分也满足该匹配。边界控制元字符可以解决该问题,表 8-6 列出了正则表达式提供的 4 个边界控制元字符。

**表 8-6　正则表达式的边界控制元字符**

| 元字符 | 描　述 |
| --- | --- |
| ^ | 匹配输入字行首 |
| $ | 匹配输入行尾 |
| \b | 匹配一个单词的边界 |
| \B | 匹配非单词边界 |

在实际应用中,有些时候一个正则表达式很难准确表达需求,例如在验证中国大陆的固定电话号码时,因为可能是 3 位的区号加 8 位号码,也可能是 4 位的区号加 7 位号码,所以使用"|"将两个匹配条件进行逻辑或运算,得到这样的正则表达式"\d{3}−\d{8}|\d{4}−\d{7}"。

## 8.4.4　常用正则表达式

因为元字符较多,所以在书写正则表达式时需要慎重考虑。可以在写出后利用一些在线正则表达式测试工具验证自己表达式的正确性,然后再投入使用。表 8-7 中列出一些常用的正则表达式。

表 8-7　常用的正则表达式

| 正则表达式 | 功　　能 |
|---|---|
| ^\w+([−+.]\w+)*@\w+([−.]\w+)*\.\w+([−.]\w+)*$ | 电子邮箱地址 |
| (^\d{17}(\d\|X\|x)$) | 第二代身份证号码 |
| ^[\u4e00−\u9fa5]{0,}$ | 只包含 Unicode 汉字的字符串 |
| \d{3}−\d{8}\|\d{4}−\d{7} | 中国大陆固定电话 |
| ^[0−9]+(.[0−9]{2})?$ | 有两位小数的正实数 |
| ^[A-Za-z0-9]+$ | 数字和英文字母组成的字符串 |
| ^.{3,20}$ | 长度为 3～20 的所有字符串 |

## 8.4.5　常用函数与方法

正则表达式的 re 模块附带了多个函数,满足不同场景的应用需求,下面就其中的部分常用函数和方法进行简要介绍。

### 1. compile()

```
re.compile(pattern[, flags])
```

将正则表达式字符串编译为正则表达式对象,从而提高效率。尤其是当一个正则表达式需要重复使用时,通过本函数可以实现一次编译多次使用。该函数的 flags 形式参数用于控制匹配的策略,具体参数如表 8-8 所示。当需要同时使用多个参数时,可以用按位或的运算符将它们组合起来,例如 re.I|re.M。

表 8-8　正则表达式的匹配参数

| 参　　数 | 说　　明 |
|---|---|
| re.I | 匹配时不区分大小写 |
| re.L | 做本地化识别(locale-aware)匹配 |
| re.M | 多行模式,改变^和$的匹配,可以匹配每一行的开头和结尾 |
| re.S | 使.可以匹配包括换行在内的所有字符 |
| re.U | 根据 Unicode 字符集解析字符。这个标志影响 \w,\W,\b,\B |
| re.X | 详细模式。正则表达式可以多行,并可以加入注释 |

下面介绍的匹配函数和方法都有两个版本:一个是直接使用 re 模块的;另一个是基于编译得到的对象。前者需要传入正则表达式和待匹配串,还可以传入表 8-8 中的参数。后者因为对象中已经包含了匹配表达式和匹配参数信息,所以只需要提供待匹配串,还可以指定匹配的开始和结束序号。

### 2. match()

```
re.match(pattern, string[, flags])
match(string[, pos[, endpos]])
```

该函数必须从开始进行匹配,调用后如果匹配失败返回 None,否则返回一个 re.Match 对象,该对象中包含匹配到的结果,以及起点和终点信息。下面是一个简单的调用例子。

```
>>> re.match("[a-z]","abc")
< re.Match object; span = (0, 1), match = 'a'>
```

从上面的运行结果看到,虽然'abc'中三个字符都匹配该条正则表达式规则,但是 match() 只匹配到了第 0 个字符'a'。注意,match()不是只得到第一个匹配结果,而是必须从开始匹配。例如,下面的运行结果就显示用 match()匹配失败了。

```
>>> print(re.match("[a-z]","2abc"))
None
```

### 3. search()

```
re.search(pattern, string[, flags])
search (string[, pos[, endpos]])
```

该函数从待匹配字符串的开始从前向后匹配,如果匹配失败则返回 None,否则返回第一个匹配到的 re.Match 对象。下面的代码用 search()执行刚才用 match()匹配失败的例子。

```
>>> re.search("[a-z]","2abc")
< re.Match object; span = (1, 2), match = 'a'>
```

### 4. findall()

```
re.findall(pattern, string[, flags])
findall(string[, pos[, endpos]])
```

该函数可以看成是 search()的扩展,可以一次得到全部的匹配结果。但是它以列表的形式返回匹配结果,如果匹配失败则返回空列表,否则列表中包含所有匹配到的字符串。下面的代码就是返回了一个包含三个元素的列表。

```
>>> re.findall("[a-z]","2abc")
['a', 'b', 'c']
```

## 5. sub()

```
re.sub(pattern, repl, string[, count = 0[, flags = 0]])
sub(repl,string[,count = 0])
```

字符串的 replace()方法只能进行精确匹配替换,sub()函数可以在正则匹配的基础上进行字符串替换。形式参数 repl 是替换字符串,count 用于描述替换的最大次数,默认值为0,表示全部替换。下面代码演示了用星号替换了字符串中所有的数字字符。

```
>>> re.sub('\d','*',"192.168.0.1")
'***.***.*.*'
```

## 6. subn()

```
re.sub(pattern, repl, string[, count = 0[, flags = 0]])
sub(repl,string[,count = 0])
```

该函数的功能和 sub()类似,区别是返回的内容更加丰富。返回值是一个两个元素的元组,元组的第一个元素是替换后的结果,第二个元素是替换的字符总数。通过下面代码的运行结果很容易看出它和 sub()的区别。

```
>>> re.subn('\d','*',"192.168.0.1")
('***.***.*.*', 8)
```

## 7. split()

```
re.match(pattern, string[, flags])
match(string[, pos[, endpos]])
```

字符串的 split()方法可以利用分割标记把字符串拆分成若干个子串放在列表中返回。这里的 split()提供了更为强大的拆分,下面的代码很容易看出二者之间的差异。

```
>>> re.split('[省市区]','江苏省苏州市姑苏区十梓街1号')
['江苏', '苏州', '姑苏', '十梓街1号']
```

## 8. escape()

因为正则表达式中使用了大量的元字符,但是有时在书写正则表达式时希望元字符代表字符本身,此时就需要使用反斜杠进行转义。如果一个正则表达式中使用了多个元字符,而又不希望书写大量的反斜杠,此时可以利用 escape()进行转义。

```
>>> re.escape('http://www.tup.tsinghua.edu.cn/')
'http://www\.tup\.tsinghua\.edu\.cn/'
```

从上面的运行结果可以看到,escape()自动给其中所有的点加上了转义符。

# 8.5 典型例题

【例 8-9】 中华人民共和国第二代身份证号码是一个 18 位编号,排列顺序从左至右依次为 6 位数字地址码、8 位数字出生日期码、3 位数字顺序码和 1 位数字校验码。顺序码的奇数分给男性,偶数分给女性。校验码是根据前面 17 位数字码,按照 ISO 7064:1983. MOD 11-2 校验方法计算出来的检验码。校验码的计算方法如下。

(1) 对前 17 位分别乘以一个系数并求和。

17 位的系数依次为 7、9、10、5、8、4、2、1、6、3、7、9、10、5、8、4 和 2。

(2) 对第(1)步求和的结果除以 11 求余,余数一定为 0~10。

(3) 利用第(2)步的余数作为序号从以下序列中得到校验码:1、0、X、9、8、7、6、5、4、3、2。

编写程序让用户输入一个身份证号码,判断校验码是否正确。

本例可以将 17 位系数放在一个元组中,利用索引进行检索。然后把身份证前 17 位的数字逐个转换为整数和系数做乘法并累加,再除以 11 得到余数。因为校验码中可能有 X,因此把它们放在一个字符串常量中,利用求余的结果作为索引得到校验码和身份证的最后一位比对。

程序 8-9 判断身份证的校验码是否正确

```
1    #判断身份证的校验码是否正确
2
3    def check(sfz):
4        if len(sfz)!= 18:
5            return None
6        flags = (7,9,10,5,8,4,2,1,6,3,7,9,10,5,8,4,2)
7        res = 0
8        for i in range(17):
9            if sfz[i].isdigit() == False:
10               return None
11           res += int(sfz[i]) * flags[i]
12       divs = "10X98765432"
13       if divs[res % 11] == sfz[-1]:
14           return True
15       else:
16           return False
17
18   sfz = input("请输入一个18位的身份证号码:")
19   ret = check(sfz.upper())
20   if ret == True:
21       print("身份证校验位正确")
22   elif ret == False:
23       print("身份证校验位错误")
23   else:
25       print("身份证号码错误")
```

运行结果:

【例 8-10】 汉语中存在很多叠词现象,例如"笑哈哈""欢欢喜喜""开心开心"。编写程序让用户输入一种规律和一个汉字短语字符串,判断字符串是否遵循指定的规律。例如"笑哈哈"符合 abb 规律,但是不符合 aaa 或者 abc 规律。为了简单起见,规律一定由小写英文字母组成。

本例可以同时扫描规律字符串和短语字符串,然后将规律字符和短语字符构造成字典的项存储到字典中,键是规律字符,值是短语字符。存储项到字典时需要做如下两个检查。

(1)判断字典是否已经存在键相同而值不同的项。

(2)判断字典是否已经存在值相同而键不同的项。

上述两个检查只要有一个存在,那么就是发生规律抵触。如果遍历完成后从未发生抵触,那么说明二者是符合规律的。基于上述思想很容易编写出如下程序。

程序 8-10　判断叠词词组是否符合指定的模式

```
1   #判断叠词词组是否符合指定的模式
2
3   def judge(pattern,phrase):
4       if len(phrase)!= len(pattern):
5           return False
6       patDict = dict()
7       for i in range(len(pattern)):
8           if pattern[i] not in patDict.keys():
9               if phrase[i] in patDict.values():
10                  return False
11              patDict[pattern[i]] = phrase[i]
12          else:
13              if patDict[pattern[i]]!= phrase[i]:
14                  return False
15      return True
16
17  pattern = input("请输入规律信息,例如:abb:")
18  phrase = input("请输入中文词组,例如,笑哈哈:")
19  if judge(pattern,phrase) == True:
20      print("二者匹配")
21  else:
22      print("二者不匹配")
```

运行结果:

请输入规律信息,例如,abb:aabb
请输入中文词组,例如,笑哈哈:快快乐乐
二者匹配

【例 8-11】 设有两个长度相等的字符串 str1 和 str2,编写程序判断两个字符串执行一次交换操作后,二者是否相等。这里的交换操作定义如下:选出某个字符串中的两个下标(不必不同),并交换这两个下标所对应的字符。

对这个题目进行分析很容易知道只有两种情况满足相等的要求。

（1）str1 和 str2 本身相等。

（2）str1 和 str2 值存在两个字符不同，并且这两个字符交换后 str1 和 str2 相等。

对于条件（1）非常容易处理，对于条件（2）只需要对两个字符串做扫描，判断是否只有两个字符不同，如果是，再判断二者是否存在相等的关系。

**程序 8-11**　判断两个英文单词是否一次交换就相等

```
1    #判断两个英文单词是否一次交换就相等
2
3    def check(str1, str2):
4        if len(str1)!= len(str2):
5            return False
6        if str1 == str2:
7            return True
8        idx = [ ]
9        for i in range(len(str1)):
10           if str1[i]!= str2[i]:
11               idx. append(i)
12       if len(idx)!= 2:
13           return False
14       else:
15           if str1[idx[1]] == str2[idx[0]] and str1[idx[0]] == str2[idx[1]]:
16               return True
17           else:
18               return False
19
20   str1 = input("请输入第一个字符串:")
21   str2 = input("请输入第二个字符串:")
22   if check(str1,str2) == True:
23       print("可以实现一次交换相等")
24   else:
25       print("无法实现一次交换相等")
```

运行结果：

```
请输入第一个字符串:hello
请输入第二个字符串:hlleo
可以实现一次交换相等
```

# 习题

1. 编写一个程序，用户输入一个字符串 s，返回一个由 s 的前两个字符和后两个字符组成的新字符串。如果 s 的长度小于 2，则返回空字符串。例如，输入 'python'，返回 'pyon'。

2. 编写一个程序，处理用户输入的字符串，并按用户要求删除其中第 n 个字符，返回删除字符后的字符串。

3. 给定字符串,将其中的单词倒序输出。例如,给定"What a wonderful day!",输出 "day! wonderful a What"。

4. 统计一个字符串中所有字符出现的次数。例如,给定"google.com",输出 'o'：3, 'g'：2, '.'：1, 'e'：1, 'l'：1, 'm'：1, 'c'：1。

5. 编写一个程序,实现字符过滤。从键盘输入两个字符串,第一个是待过滤字符串,第二个是过滤字符集合,将待过滤字符串按照过滤字符集合进行过滤,最后将过滤后的字符串输出。例如带过滤字符串为 1+2=3,过滤字符集为 +=,过滤结果为 123。

6. IPv4 采用 32 位二进制位数记录地址,在实际使用中 IPv4 地址通常使用点分十进制记法表示,即使用.将 IP 地址平分为 4 段,每段地址使用 0～255 范围内的十进制无符号整数表示,例如 192.168.1.1。另外,IPv4 地址根据第一段 IP 的值分为 5 类地址,如表 8-9 所示,例如 192.168.1.1 是一个 C 类地址。编写一个程序,从键盘输入一个字符串形式的 IP 地址,判断 IP 地址是否是合法的 IPv4 地址,如果是合法地址,判断其地址类型。

表 8-9    IPv4 地址根据第一段 IP 的值的分类

| 类　　型 | 第一段地址范围 |
|---|---|
| A 类 | 0～127 |
| B 类 | 128～191 |
| C 类 | 192～223 |
| D 类 | 224～239,组播地址 |
| E 类 | 240～254,保留为研究测试使用 |

7. 编写一个程序,实现类似 urlparse() 的功能,对一个合法的 URL 地址进行解析,解析后的每一部分存放到列表中,并按照一定格式进行输出。

   例如,URL 为 http://192.168.1.1：8080/index.html? a＝1,解析输出的结果如下。

   协议：http

   主机域名或 IP：192.168.1.1

   端口：8080

   路径：index.html

   参数：a＝1

8. 英语语法中,动词的第三人称单数形式规则简要概括(不完全)如下。

   (1) 如果动词以 y 字母结尾,则去掉 y 并加上 ies。

   (2) 如果动词以 o、ch、s、sh、x、z 字母结尾,则加上 es。

   (3) 默认直接在动词最后加上字母 s。

   编写一个程序,对于任意给定的一个动词,返回其第三人称单数形式。

9. 编写一个函数,判断一个密码(用字符串表示)是否是好密码。一个好密码满足：

   (1) 长度不小于 8;

   (2) 至少含有一个数字;

   (3) 至少含有一个小写字母;

（4）至少含有一个大写字母。

如果密码是好密码，则返回 True，否则返回 False。

10. 编写一个函数，将一个 a 进制的数转换为一个 b 进制的数，其中 a 和 b 取值为 2～16。该函数有三个参数，前两个参数分别是 a 和 b，第三个参数是一个字符串，表示 a 进制的数。如果 a 和 b 不在给定范围之内，返回 None，否则返回对应的 b 进制数。

11. 一个字符串如果正读和反读都一样，那么它就是一个回文串。编写一个函数，判断一个字符串在下列规则下是否是回文串：

（1）忽略所有空格；

（2）忽略所有的句号、逗号、感叹号；

（3）不区分大小写。

如果是回文串则返回 True，否则返回 False。

12. 利用正则表达式写一个简单的拼写检查程序。实现以下功能：

（1）两个或两个以上的空格出现时将其压缩为一个。

（2）如果这个标点符号之后还有字母，在标点符号后加上一个空格。

例如，给定字符串"This is  very funny and cool.Indeed!"，输出"This is very funny and cool. Indeed!"。其中""代表一个空格。

13. 利用正则表达式写一个 Python 程序以尝试解析 XML/HTML 标签。现有如下一段内容：

```
< composer > Wolfgang Amadeus Mozart </composer >
< author > Samuel Beckett </author >
< city > London </city >
```

希望自动格式化重写为：

```
composer: Wolfgang Amadeus Mozart
author: Samuel Beckett
city: London
```

14. 编写程序，从键盘输入一个字符串，判断是否是电话号码，且输出号码的类型。判断要求如下。

（1）手机号码：长度 11 位的数字，并且以 1 开头。

（2）国内固定电话：区号长度为 3 或 4 位且以 0 开头，电话号码长度为 7 或 8 位且不以 0 开头。区号和电话号码之间可以有-符号连接。

（3）特殊号码：110、119、120 等。

15. 设计一个用户注册程序，需要输入用户名、密码、确认密码三部分。这三部分分别有以下要求。

（1）用户名：长度大于或等于 6，不能以数字开头，不能包含！、？、@ 等符号，-除外。

（2）密码：长度大于或等于 6，只能使用数字、大写英文字母和小写英文字母，且必须同时使用这三种字符。

（3）确认密码：要求与密码相同，除此之外确认密码需要和密码完全一致。

依次输入这三部分，如果输入正确则输入下一项，否则提示错误，然后重新输入该项内容。

# 第9章　文件和数据持久存储

文件是指驻留在磁盘或其他介质上的一个有序数据集。程序通过读写文件来获取或保存程序运行过程中所涉及的数据。文件操作功能很重要,因为几乎所有实用的程序都用文件来读取输入或存储输出。

Python 提供了丰富的文件输入和输出函数,本章将介绍其中被广泛使用的函数,重点介绍文件对象的概念、文本文件的概念和读写方法、二进制文件的概念和读写方法、文件操作及文件夹操作等内容。

## 9.1　文件概述

文件是一个固化的数据集合。文件的集合由文件系统负责统一管理。文件系统是操作系统用于处理存储设备上的文件的方法和数据结构的集合,即在存储设备上组织和使用文件的方法。换句话说,操作系统中负责管理和存储文件信息的软件机构称为文件管理系统,简称文件系统。

文件系统由三部分组成:文件系统的接口、操纵和管理对象的软件集合、对象及属性。从系统角度来看,文件系统是对文件存储设备的空间进行组织和分配,负责文件存储并对存入的文件进行保护和检索的系统。具体地说,它负责为用户建立文件,存入、读出、修改、转储文件,控制文件的存取,当用户不再使用时撤销文件等。

Python 程序对文件的操作是通过文件对象来实现的。内置函数 open()可以返回一个文件对象(参见 9.2 节)。一个文件对象唯一地关联了一个文件,对该文件进行相关的操作都要用到这个文件对象。

通常可以把文件分成文本文件和二进制文件,下面分别简单介绍。

## 9.2　文本文件的访问

文本文件是最为常用的一种数据保存方式,是由若干行字符构成的文件。文本文件中存储的是以某种编码方式表示的字符信息,如 ASCII 码是最常见的编码方式之一。除此以外,Unicode、utf-8、utf-16 等也是常用的编码方式。文本文件的优点是内容直观。大多数的文本编辑工具都可以打开并阅读文本文件的内容。只要操作系统中存在上述编码与字符的对应关系,文本文件的内容就可以被解读。

## 9.2.1 文件的打开和关闭

使用 Python 对文件进行读写是十分简单的。首先必须使用合适的模式打开文件。打开文件通过内置函数 open()来完成。如果文件打开成功,open()函数返回一个文件对象。例如,代码 9-1 显示了如何打开 d:\home 文件夹下的 hello.txt 文件,其中 f 是文件对象的名称。如果文件打开成功,f 将是一个有效的文件对象。如果文件打开失败,会抛出异常,且不会生成文件对象 f。

**代码 9-1** 打开文件

```
1    f = open("d:\\home\\hello.txt")
```

不同的文件操作的功能需求,需要对应不同的文件打开方式。表 9-1 中列举了常用的文件打开方式。

**表 9-1 常用的文件打开方式**

| 打开方式 | 含　义 |
|---|---|
| r | 以读的方式打开,定位到文件开头,这是文件打开默认的模式,例如 f = open("d:\home\hello.txt")就相当于 f = open("d:\home\hello.txt",'r') |
| r+ | 以读写的方式打开,定位到文件开头,可以写入内容到文件 |
| w | 以写的方式打开,打开文件时会清空文件的内容,并且不能读取文件内容 |
| w+ | 以读写的方式打开,定位到文件开头,打开文件时会清空文件的内容 |
| a | 以写的方式打开,定位到文件末尾,可以在文件中追加内容,但不能读取文件内容 |
| a+ | 以读写的方式打开,定位到文件末尾,可以追加内容 |

以上列举的方式打开的都是 utf-8 编码的文本文件。如果要打开其他编码格式的文本文件,可以在 open()函数中使用 encoding 参数,如代码 9-2 所示的方法可以打开一个 ANSI 编码的文本文件。

**代码 9-2** open()函数的基本语法

```
1    f = open("d:\home\hello.txt", encoding = "ANSI")
```

如果要读取二进制文件(参加 9.3 节),如图片、音频、视频等,可以在所列举的文件打开模式上加字符"b",用于明示被打开的是二进制的文件,例如"rb"、"rb+"、"wb+"、"ab"、"ab+"等。

对文件的操作完成以后,需要关闭文件。关闭文件通过内置函数 close()来完成,即通知操作系统,释放对该文件的控制权。代码 9-3 展示了如何关闭一个文件,其中 file_object 应该是一个有效的文件对象的名称。

**代码 9-3** close()函数的基本语法

```
1    file_object.close()
```

关闭文件是一个容易被遗忘的操作。但是,关闭文件对于写方式打开的文件尤为重要,因为文件操作过程是借助了操作系统的部分功能。现代操作系统中对文件的操作大多采用缓冲方式,即文件读写内容仅仅传递给一个缓冲区保存起来,由操作系统选择合适的时机将内容更新到磁盘上。文件关闭操作会通知操作系统,完成未执行的文件写出操作,然后再释放该文件的控制权。如果遗忘了文件关闭操作,Python 并不会报告错误,但是对于写文件操作来说,就可能会导致最终获得的文件内容不完整。

## 9.2.2　文本文件的写入

文本文件的写入是程序运行过程中或结束时持久化保存数据的重要操作。将文本内容写入文件可使用 Python 内置函数 write()。代码 9-4 展示了 write() 函数的基本语法,其中 str 是一个字符串。

**代码 9-4**　write() 函数的基本语法

```
1    file_object.write(str)
```

【例 9-1】　将 50 以内的所有素数写入文本文件,每行写 5 个素数,每个素数之间用制表符间隔。

**程序 9-1**　写入文本文件

```
1    #写入文本文件
2    import math
3
4    int_list = [2]
5    int_list.extend([item for item in range(3, 50, 2)])
6    prime_list = [item for item in int_list if 0 not in\
7        [item % d for d in range(2, int(math.sqrt(item)) + 1)]]
8
9    f = open("data.txt", "wt")
10   count = 0
11   for item in prime_list:
12       f.write(str(item) + "\t")
13           count += 1
14           if count % 5 == 0:
15                f.write("\n")
16   f.close()
```

运行结果输出文件 data.txt,该文件的内容如图 9-1 所示。

程序 9-1 可以完成例 9-1 的功能。图 9-1 展示了程序 9-1 运行所生成的 data.txt 文件的内容。从程序可以看出,将数据写入文本文件通常分为如下三个步骤。

(1) 打开文件。第 9 行代码使用 open() 函数打开一个文件用于写入。此时这个文件不是必须存在的。如果文件不存在,则生成该文件。如果文件存在,则清空文件内容,准备写入。程序 9-1 中,文件打开模式使用了"wt",其中,"w"表示用写方式打文件,"t"用于明示文件是文本文件,打开文件的默认方式是文本文件方式,所以"t"通常可以省略。

(2) 写入文件内容。第 12 行代码使用 write() 函数将字符串写入文件。此处的字符串由两部分构成,即整数 item 通过 str() 函数转换得到的字符串和代表 Tab 的转义字符"\t"。在文件已经正确打开的情况下,写入文件内容的操作可以反复不断地执行。本例是在一个 for 循环中向 data.txt 文件多次写入内容。

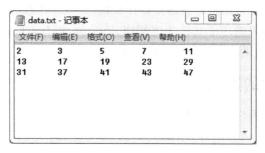

图 9-1　文本文件内容展示 1

（3）关闭文件。第 16 行代码使用 close() 函数关闭了文件。文件一旦关闭，就不能再进行任何读写操作了。再次强调，对于写文件操作，关闭文件是必需的，否则可能导致文件内容缺失。作为一个良好的编程习惯，无论是读取还是写入方式打开文件，都须关闭文件。

## 9.2.3　文本文件的读取

【例 9-2】　读取图 9-2 所示的文本文件的内容，显示文件内容、整数的个数以及所有整数的和。

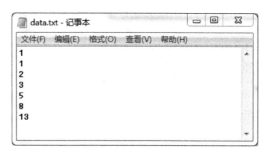

图 9-2　文本文件内容展示 2

图 9-2 所示的文本文件是一个多行文本，每行包含一个整数。处理这种结构的文件非常简单。Python 提供了 readlines() 函数可以非常方便地读取文件内容。

**程序 9-2**　读取文本文件 1

```
1    #读取文本文件1
2
3    f = open("data.txt", "rt")
4    lines = f.readlines()
5    f.close()
6
7    print("文件内容如下:")
8    print(lines)
9    total = 0
10   count = 0
11   for item in lines:
12       temp = int(item)
13       total += temp
```

| 14 | `    count += 1` |
| 15 | `    print(temp)` |
| 16 | `print("整数的个数 = %d" % count)` |
| 17 | `print("所有整数和 = %d" % total)` |

运行结果：

```
['1\n', '1\n', '2\n', '3\n', '5\n', '8\n', '13\n']
1
1
2
3
5
8
13
整数的个数 = 7
所有整数和 = 33
```

从程序 9-2 可以看出，readlines()函数一次性读取整个文件的内容，并将文件内容组织成一个由行字符串构成的列表。列表中每个字符串依次对应了文件中的一行内容。需要注意的是，不管文件内容是什么形式，读取到的每行结果都是字符串。所以，在程序 9-2 中，使用第 12 行代码将读取到的字符串转换为整数才能参与第 13 行的累加运算。

【例 9-3】 读取图 9-3 所示的文本文件的内容，求出其中不含 3 和 5 的不同整数的个数以及满足条件的整数的和。

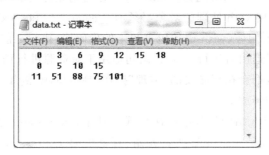

图 9-3 文本文件内容展示 3

与例 9-2 相比，例 9-3 的文件结构和处理要求要复杂一些。图 9-3 所展示的文件结构，每行包含了多个整数，所以程序 9-2 中所示的方法无法适用于这种情况。

**程序 9-3** 读取文本文件 2

| 1 | `#读文本文件并过滤其中的内容` |
| 2 | `import re` |
| 3 | |
| 4 | `f = open("data.txt", "r")` |
| 5 | `data = f.read()` |
| 6 | `f.close()` |
| 7 | |
| 8 | `lst = re.findall(r"\d+", data)` |
| 9 | `data_set = {int(x) for x in lst if "3" not in x and "5" not in x}` |

```
10    print(data_set)
11
12    total = 0
13    for item in data_set:
14        total += item
15    print("整数的个数 = %d" % len(data_set))
16    print("所有整数和 = %d" % total)
```

运行结果：

```
{0, 101, 6, 9, 10, 11, 12, 18, 88}
整数的个数 = 9
所有整数和 = 255
```

程序 9-3 中使用了正则表达式来分割和提取文件内容的方法，这是一种常用的且功能强大的方法。关于正则表达式的内容，第 8 章已经介绍，此处不再赘述。程序第 5 行使用了 read()函数读取文件内容。与 readlines()函数不同，read()函数一次性读取文件全部内容，返回的结果是字符串类型，而不是列表类型。程序第 9 行生成了一个集合。此处使用集合来保存数据的目的是自动去除重复值。

## 9.2.4　with 结构

with 是从 Python 2.5 开始引入的一个语法，它是一种上下文管理协议，目的在于简化资源分配释放的相关代码。with 通过__enter__()方法初始化，然后在__exit__()中做善后以及处理异常。所以使用 with 处理的对象必须有__enter__()和__exit__()这两个方法。其中，__enter__()方法在语句体（with 语句包裹起来的代码块）执行之前进入运行；__exit__()方法在语句体执行完毕退出后运行。with 语句适用于对资源进行访问的场合，确保不管使用过程中是否发生异常都会执行必要的"清理"操作，释放资源，例如，文件使用后自动关闭、线程中锁的自动获取和释放等。

代码 9-5 所示是 with 结构的基本语法格式。其中，expression 是一个需要执行的表达式；target 是可选参数，是一个变量或者元组，存储的是 expression 表达式执行返回的结果。可以使用 with 结构改写文件读写的程序。程序 9-4 使用 with 结构后可以改写为程序 9-2 的情形。

**代码 9-5**　with 结构的语法

```
1    with expression [as target]:
2        with_body
```

**程序 9-4**　读取文本文件 3

```
1    # 读取文本文件 3
2
3    with open("data.txt", "rt") as f:
4        lines = f.readlines()
5
6    print("文件内容如下:")
```

```
7        print(lines)
8
9        total = 0
10       count = 0
11       for item in lines:
12           temp = int(item)
13           total += temp
14           count += 1
15           print(temp)
16       print("整数的个数 = %d" % count)
17       print("所有整数和 = %d" % total)
```

程序 9-4 中，第 3 行代码开启了一个文件操作的上下文结构，打开文件并得到文件对象 f，第 4 行代码是 with 开启的上下文管理结构中的执行体。从第 5 行的空行开始，with 开启的上下文结构就结束了。此时，文件已经关闭。

# 9.3　二进制文件的访问

Python 的文件读写函数既可以读写字符流也可以读写二进制字节流。以二进制方式打开文件进行读写时，读取或写入的数据都应该是字节流的格式。Python 的内建数据结构中并没有提供类似 C/C++ 中结构体变量的字节流数据结构，但是提供了 struct 模块来解决这个问题。大部分二进制文件的处理需求，struct 模块都能满足。

## 9.3.1　struct 模块

Python 使用 struct 模块中的 pack() 函数把用户自定义的由若干数据项构成的数据序列打包成一个二进制字节流，使用 unpack() 进行解包操作。解包操作可以理解为打包操作的逆操作。表 9-2 给出了 struct 模块中主要函数的使用说明。

表 9-2　struct 模块中主要函数的使用说明

| 函　　数 | 返回值 | 功能解释 |
| --- | --- | --- |
| pack(fmt, v1, v2, …) | string | 按照给定的格式（fmt），把数据转换为字符串（字节流）并将该字符串返回 |
| pack_into(fmt, buffer, offset, v1, v2, …) | None | 按照给定的格式（fmt），将数据转换为字符串（字节流），并将字节流写入以 offset 开始的 buffer 中（buffer 为可写的缓冲区，可用 array 模块） |
| unpack(fmt, v1, v2, …) | tuple | 按照给定的格式（fmt）解析字节流，并返回解析结果 |
| pack_from(fmt, buffer, offset) | tuple | 按照给定的格式（fmt）解析以 offset 开始的缓冲区，并返回解析结果 |
| calcsize(fmt) | size of fmt | 计算给定的格式（fmt）占用多少字节的内存，注意对齐方式 |

【例 9-4】　给定一个元组，使用 pack() 将元组中的数据项打包成一个二进制流，并使用 unpack() 函数还原各数据项。

**程序 9-5** struct 模块应用示例

```
1    # struct 模块
2
3    from struct import *
4    import binascii
5
6    values = (1, bytes('abc'.encode('utf - 8')), 2.7, 2)
7    s = Struct('I3sfI')
8    packed_data = s.pack( * values)
9    unpacked_data = s.unpack(packed_data)
10
11   print('原始值:', values)
12   print('原始值类型:', type(values))
13   print('格式串:', s.format)
14   print('打包字节数:', s.size, 'bytes')
15   print('打包值:', binascii.hexlify(packed_data))
16   print('打包值类型:', type(packed_data))
17   print('解包值:', unpacked_data)
18   print('解包类型:', type(unpacked_data))
```

运行结果:

```
原始值: (1, b'abc', 2.7, 2)
原始值类型: < class 'tuple'>
格式串: I3sfI
打包字节数: 16 bytes
打包值: b'0100000061626300cdcc2c4002000000'
打包值类型: < class 'bytes'>
解包值: (1, b'abc', 2.700000047683716, 2)
解包类型: < class 'tuple'>
```

　　程序 9-5 中第 8 行使用 struct 模块核心的 pack() 函数对元组 values 中的数据项进行打包操作。在打包之前,首先定义了一个 Struct 对象 s,并对 s 进行了初始化。Struct 对象初始化使用一个格式字符串作为参数。格式字符串的目的是通知 Struct 对象,即将进行打包的数据项的个数和每个数据项的数据类型。格式字符串"I3sfI"对应 4 个数据项,分别是 1 个整数、1 个 3 字符的字符串、1 个浮点数和 1 个整数。表 9-3 给出了常用的格式说明符以及对应的含义和字节数。

表 9-3　pack() 函数常用的格式说明符以及对应的含义和字节数

| 格式符 | C 语言类型 | Python 类型 | 字节数 |
|---|---|---|---|
| x | pad byte(填充字节) | no value | |
| c | char | string of length 1 | 1 |
| b | signed char | integer | 1 |
| B | unsigned char | integer | 1 |
| ? | _Bool | bool | 1 |
| h | short | integer | 2 |

| 格式符 | C 语言类型 | Python 类型 | 字节数 |
|---|---|---|---|
| H | unsigned short | integer | 2 |
| i | int | integer | 4 |
| I(大写的 i) | unsigned int | integer | 4 |
| l(小写的 L) | long | integer | 4 |
| L | unsigned long | long | 4 |
| q | long long | long | 8(对 64 位系统有效) |
| Q | unsigned long long | long | 8(对 64 位系统有效) |
| f | float | float | 4 |
| d | double | float | 8 |
| s | char[] | string | 1 |
| p | char[] | string | 1 |
| P | void * | long | 长度与机器字长相关 |

程序 9-5 中的代码第 15 行,使用 binascii 模块中的 hexlify() 函数将字节流用十六进制字符流的形式显示出来。这种显示方式与二进制流在计算机内部的存放方式一致,便于直观了解打包后字节流的内部结构。对应格式字符串" I3sfI",十六进制字节流"0100000061626300cdcc2c4002000000"可以被分解为 4 段。表 9-4 给出了分解的方法及对每个分段的理解方法。

表 9-4　字节流分段说明

| 分　段 | 字节数 | 对应值 | 含　义 |
|---|---|---|---|
| "01000000" | 4 | 1 | 整数 1,从低字节到高字节排列,每个字节的值分别为 0x01、0x00、0x00 和 0x00 |
| "61626300" | 4 | "abc" | 字符"a"、"b"、"c"和字符串结尾符"\0"对应的 ASCII 码 |
| "cdcc2c40" | 4 | 2.7 | 浮点数 2.7,从低字节到高字节排列,每个字节的值分别为 0xcd、0xcc、0x2c 和 0x40。浮点数的二进制形式可参阅其他资料 |
| "002000000" | 4 | 2 | 整数 2,从低字节到高字节排列,每个字节的值分别为 0x02、0x00、0x00 和 0x00 |

## 9.3.2　字节序

在理解表 9-4 的内容时,可能存在一个困惑的问题。在 32 位系统中以二进制字节流存储整数 1 的时候,需要占用 4 字节,结果应该是 0x00000001。为什么显示的字节流是"01000000"?其实这并不矛盾。用 0x00000001 形式表示整数 1,只是一种书写方式。实际存储在计算机中占 4 字节。这 4 字节的二进制形式分别为"00000000"、"00000000"、"00000000"、"00000001"。然而,这 4 字节的保存顺序(即字节序)有两种:

(1) 低位低地址方式,即保存"00000001"的存储单元的地址最小,其他字节向高地址依次存放;

(2) 低位高地址方式,即与低位低地址方式相反。

二进制字节流以十六进制方式显示时,是严格按照字节地址从低到高的顺序排列的,如果存储方式是低位低地址形式,就会出现"01000000"的情况。不同的操作系统或不同语言的编译系统可能采用不同的字节序。

考虑到与其他语言中的结构体交换数据,还要考虑有的编译器使用了字节对齐。在 32 位系统中,通常是以 4 字节为单位对齐。所以 struct 模块可以根据本地系统的字节顺序进行转换,用格式串中的第一个字符来改变对齐方式。字节序说明符如表 9-5 所示。

表 9-5　字节序说明符

| 说明符 | 字节序 | 字节数 | 对齐方式 |
| --- | --- | --- | --- |
| @(默认) | 本机 | 本机 | 凑够 4 字节(32 位系统) |
| = | 本机 | 标准 | 按原字节数 |
| < | 小端(低位低地址) | 标准 | 按原字节数 |
| > | 大端(低位高地址) | 标准 | 按原字节数 |
| ! | network(大端) | 标准 | 按原字节数 |

**程序 9-6**　控制字节序

```
1    # 控制字节序
2
3    from struct import *
4    import binascii
5
6    s = pack(">Ⅱ", 1, 2)
7    print('打包值:', binascii.hexlify(s))
8
9    s = pack("<Ⅱ", 1, 2)
10   print('打包值:', binascii.hexlify(s))
```

运行结果:

```
打包值: b'0000000100000002'
打包值: b'0100000002000000'
```

程序 9-6 显示了字节序对打包后的二进制字节流内容的影响。代码第 6 行和第 9 行分别对相同的内容进行了打包,但是打包后的结果却是不同的。采用">"字符指定"大端"的打包方式时,对于整数 1 而言,本应该出现在二进制字节流低地址端(即第 0 字节)的 0x01 出现在了高地址端(即第 3 个字节)的位置。整数 2 对应的字节流也有同样的情况。采用"<"字符指定"小端"的打包方式时,情况恰恰相反。

### 9.3.3　写入二进制文件

将数据写入二进制文件的过程比较简单,关键是使用 struct 模块的 pack()方法将待保存的数据转换为二进制字节流。

【例 9-5】　将 50 以内的所有素数写入二进制数据文件 test.bin 中。

**程序 9-7**　写入二进制文件

```
1    # 写入二进制文件
2
3    from struct import *
4    import math
5
6    int_list = [2]
7    int_list.extend([item for item in range(3, 50, 2)])
8    prime_list = [item for item in int_list if 0 not in\
9    [item % d for d in range(2, int(math.sqrt(item)) + 1)]]
10
11   file = open("test.bin", "wb")
12   for item in prime_list:
13       file.write(pack("i", item))
14   file.close()
15   print("共写入 % d 个素数." % len(prime_list))
16   print(prime_list)
```

运行结果:

```
共写入 15 个素数.
[2, 3, 5, 7, 11, 13, 17, 19, 23, 29, 31, 37, 41, 43, 47]
```

程序 9-7 的第 6～9 行生成了 50 以内的素数表。第 11 行使用文件打开方式"wb",以二进制写方式打开 test.bin 文件。第 13 行使用 write()函数将被 pack()函数打包的二进制字节流写入文件,每次写入一个整数。第 14 行关闭文件。在操作系统中查看 test.bin 的文件属性可以发现,文件的大小为 60 字节。原因是每个整数占 4 字节,文件中共保存了 15 个整数。

## 9.3.4 读取二进制文件

【例 9-6】 已知二进制数据文件 test.bin 中存放了若干整数,数量未知。读取并显示文件中存放的整数。

程序 9-8 读取二进制文件 1

```
1    # 读取二进制文件 1
2
3    from struct import *
4
5    file = open("test.bin", "rb")
6    lst = []
7
8    while True:
9        x = file.read(4)
10       if len(x) > 0:
11           lst.append(unpack("i", x)[0])
12       else:
13           break
14   file.close()
15   print("共读取 % d 个素数." % len(lst))
16   print(lst)
```

运行结果：

共读取 15 个素数.
[2, 3, 5, 7, 11, 13, 17, 19, 23, 29, 31, 37, 41, 43, 47]

程序 9-8 的第 5 行使用文件打开方式"rb"，以二进制读方式打开 test. bin 文件。第 9 行用 read()函数读取 4 字节的二进制字节流，存放到 x 对象中。此处的 x 对象是< class 'bytes'>类型的字节流对象，存放一整数对应的二进制值的 4 个字节。第 11 行使用 unpack()函数将读取的 x 对象解包到一个元组中，并取元组第一个元素插入列表 lst 中。如果 x 对象的长度为 0，则表示没有读取到内容，即文件读取完毕。

程序 9-8 中使用了一个永真循环，并通过分支语句来结束循环。这样做的原因是文件中数据项的数量未知，不知道需要多少次循环才能读取文件全部内容。但如果使用 Python 提供的 seek()函数和 tell()函数，可以将程序 9-8 改写成程序 9-9 的形式。

**程序 9-9** 读取二进制文件 2

```
1    # 读取二进制文件 2
2
3    from struct import *
4
5    file = open("test.bin", "rb")
6    file.seek(0, 2)              # 定位文件最后
7    length = file.tell() // 4
8    file.seek(0, 0)             # 定位文件最前
9
10   lst = []
11   for i in range(length):
12       lst.append(unpack("i", file.read(4))[0])
13   file.close()
14   print("共读取 % d 个素数." % len(lst))
15   print(lst)
```

文件打开后，文件对象中保存了一个记录当前读写位置的指针。通过 seek()函数可以指定文件指针的位置。seek()函数有两个参数：第一个参数是偏移量，偏移量大于 0 代表向文件尾移动，反之代表向文件头移动；第二个参数是移动的起始位置，0 代表从文件头开始计算移动偏移量，1 代表从当前位置计算，2 代表从文件尾计算。

程序 9-9 的关键在第 6～8 行代码。第 6 行代码要求文件指针从文件尾移动 0 偏移量，也就是将文件指针定位在了文件尾。第 7 行代码 tell()返回文件指针当前的位置，即文件长度。长度除以 4 得到整数的个数。第 8 行代码将文件指针重新定位到文件头。这一步一定不能遗忘，否则后续的文件读取操作将无法读取到内容，因为第 6 行代码已经把文件指针定位在文件尾了。

## 9.4 文件操作及文件夹操作

本章前面所介绍的内容是关于文件内容读写的方法。本节介绍的文件操作不改变文件的内容，是把文件作为一个整体来处理；文件夹操作则是与文件夹结构和内容相关的操作，

同样也不涉及具体某个文件内容的处理。文件和文件夹操作经常使用标准库中的 os 和 shutil 两个模块。

## 9.4.1　遍历文件夹

遍历文件夹是一种十分常用的操作,可以帮助了解文件夹的内部结构和所包含的文件的情况。os 模块中的 listdir() 函数是遍历文件夹的常用方法之一。

**代码 9-6**　os.listdir() 函数的基本语法

| | |
|---|---|
| 1 | os.listdir(path) |

listdir() 函数的作用是返回给定文件夹 path 中的文件夹和文件的名称,但不包含子文件夹中的文件夹和文件。

**程序 9-10**　非递归方法遍历文件夹

```
1    #非递归方法遍历文件夹
2
3    import os
4
5    def list_all_files1(rootdir):
6        files, dirs = [], [rootdir]
7        for item in dirs:
8            for p in os.listdir(item):
9                path = os.path.join(item, p)
10               if os.path.isfile(path):
11                   files.append(path)
12               elif os.path.isdir(path):
13                   dirs.append(path)
14       return files
15
16   root = r"C:\Test"
17   fs = list_all_files1(root)
18   for item in fs:
19       print(item)
20   print("|fs1| = %d" % len(fs))
```

运行结果:

```
C:\Test\Text01.txt
C:\Test\Text02.txt
C:\Test\subdir1\Text03.txt
C:\Test\subdir1\Text04.txt
C:\Test\subdir2\Text05.txt
C:\Test\subdir2\Text06.txt
C:\Test\subdir2\subdir22\Text07.txt
C:\Test\subdir2\subdir22\Text08.txt
|fs1| = 8
```

程序 9-10 通过非递归方法遍历了 C:\Test 文件夹下的所有子文件夹和文件。程序中用 files 和 dirs 两个列表分别存放遍历过程中发现的文件和文件夹。遍历过程首先从

rootdir 开始。第 7 行代码开始的循环是程序的关键。这个循环从 dirs 列表中取出待遍历的文件夹,然后在第 8 行代码中通过 os.listdir() 函数获取当前文件夹下的所有文件夹和文件名称的列表,并通过变量 p 来遍历这个列表。如果元素 p 是文件夹,则把该文件夹添加到 dirs 列表中,等待遍历;如果元素 p 是文件,再添加到 files 列表中。直至第 7 行代码对应的循环把 dirs 中的文件夹全部遍历结束。这段代码的关键是在迭代 dirs 列表的过程中,该列表的内容还有可能不断增加。

程序 9-10 采用的是非递归方式的文件夹遍历,目的在于展现文件夹遍历的整个过程。在实际使用中,通常使用递归方式来遍历一个文件夹。

**程序 9-11** 递归方式遍历文件夹

```
1    #递归方式遍历文件夹
2
3    import os
4
5    def list_all_files2(rootdir):
6        files = []
7        list = os.listdir(rootdir)
8        for i in range(0, len(list)):
9            path = os.path.join(rootdir,list[i])
10           if os.path.isdir(path):
11               files.extend(list_all_files2(path))
12           if os.path.isfile(path):
13               files.append(path)
14       return files
15
16   root = r"C:\Test"
17   fs = list_all_files2(root)
18   for item in fs:
19       print(item)
20   print("|fs1| = %d" % len(fs))
```

运行结果:

```
C:\Test\subdir1\Text03.txt
C:\Test\subdir1\Text04.txt
C:\Test\subdir2\subdir22\Text07.txt
C:\Test\subdir2\subdir22\Text08.txt
C:\Test\subdir2\Text05.txt
C:\Test\subdir2\Text06.txt
C:\Test\Text01.txt
C:\Test\Text02.txt
|fs1| = 8
```

程序 9-11 中的第 11 行代码,递归调用了 list_all_files2() 函数。通常,操作系统采用树形结构来组织文件夹和文件,所以递归方式遍历文件夹的算法本质上就是递归方式遍历树的算法。

除了使用 os.listdir() 函数遍历文件夹外,os.walk() 函数也是很常用的方法。通过 os. walk() 函数可以进行"自上而下"或"自下而上"的遍历目录,生成目录树中的文件夹名和文件名。

**程序 9-12** 使用 os. walk()函数遍历文件夹

```
1    #使用 os.walk()函数遍历文件夹
2
3    import os
4    import os.path
5
6    rootdir = r"C:\Test"
7    lst = list(os.walk(rootdir))
8    for item in lst:
9        print(item)
```

运行结果：

```
('C:\Test', ['subdir1', 'subdir2'], ['Text01.txt', 'Text02.txt'])
('C:\Test\subdir1', [], ['Text03.txt', 'Text04.txt'])
('C:\Test\subdir2', ['subdir22'], ['Text05.txt', 'Text06.txt'])
('C:\Test\subdir2\subdir22', [], ['Text07.txt', 'Text08.txt'])
```

程序 9-12 使用 os. walk()函数遍历 C：\Test 文件夹。从运行结果可以看出，os. walk()函数会把给定文件夹下的所有子文件夹全部列出来，每个字文件夹的内容存放在一个元组中，每个元组由三个元素构成，分别是文件夹路径、所包含的文件子夹名称列表和所包含的文件名列表。

## 9.4.2 其他常用的文件及文件夹操作

除了遍历文件夹以外，常用的文件和文件夹操作还有创建、复制、移动、重命名、删除等。表 9-6 列举了 os 模块和 shutil 模块中常用的文件和文件夹操作函数。

表 9-6 os 模块和 shutil 模块中常用的文件和文件夹操作函数

| 功　　能 | 函　　数 | 说　　明 |
|---|---|---|
| 创建目录 | os. mkdir("file") | |
| 复制文件 | shutil. copyfile("oldfile","newfile") | oldfile 和 newfile 都只能是文件 |
| | shutil. copy("oldfile","newfile") | oldfile 只能是文件，newfile 可以是文件或目标文件夹 |
| 复制文件夹 | shutil. copytree("olddir","newdir") | olddir 和 newdir 都只能是文件夹，且 newdir 必须不存在 |
| 重命名文件/文件夹 | os. rename("oldname","newname") | 重命名文件或文件夹都是使用这个函数 |
| 移动文件/文件夹 | shutil. move("oldpos","newpos") | 移动文件或文件夹都是使用这个函数 |
| 删除文件 | os. remove("file") | |
| 删除目录 | os. rmdir("dir") | 只能删除空目录 |
| | shutil. rmtree("dir") | |

# 9.5  文件操作应用案例

## 9.5.1  批量文件处理

【例 9-7】  将文件夹(不含子文件夹)C：\test 中的所有文件按统一的编号格式命名,命名规则为"test＋编号＋.txt"。根据文件的数量自动调整编号的长度,使得所有文件名长度一致。

程序 9-13  文件批量重命名

```
1    # 批量文件重命名
2
3    import os
4
5    root = "C:\Test\"
6    prefix = "test"
7    suffix = ".txt"
8    start = 1
9
10   file_list = os.listdir(root) # 列出文件夹下所有的目录与文件
11   bit = len(str(len(file_list)))
12   for file in file_list:
13       if not os.path.isfile(root + file):
14           continue
15       new_name = prefix + ("0" * bit + str(start))[-bit:] + suffix
16       print(root + new_name)
17       os.rename(root + file, root + new_name)
18       start += 1
```

运行结果:

```
C:\Test\test01.txt
C:\Test\test02.txt
C:\Test\test03.txt
C:\Test\test04.txt
C:\Test\test05.txt
C:\Test\test06.txt
C:\Test\test07.txt
C:\Test\test08.txt
C:\Test\test09.txt
C:\Test\test10.txt
C:\Test\test11.txt
C:\Test\test12.txt
C:\Test\test13.txt
C:\Test\test14.txt
C:\Test\test15.txt
C:\Test\test16.txt
```

程序 9-13 的第 10 行代码列出了文件夹下所有的目录与文件。第 11 行代码计算出所需要的编号的长度。第 12 行代码构造了一个迭代过程,遍历 file_list 中所有的文件名或文件夹名。第 13 和 14 行代码排除了所有的文件夹名称。第 15 行代码生成了一个固定长度的新文件名。最后,使用 os.rename()函数完成文件的重命名。

## 9.5.2 格式化文本文件处理——以 CSV 文件为例

CSV(comma separated values)文件即逗号分隔值(也称字符分隔值,因为分隔符可以不是逗号)文件,是一种常用的格式化文本文件,用以存储表格数据,包括数字或者字符,常用于数据交换、Excel 文件和数据库数据的导入与导出。很多程序在处理数据时都会碰到 CSV 格式的文件,它的使用是非常广泛的,因此掌握它的读写属于一个基本必要技能。

【例 9-8】 图 9-4 所示的 CSV 文件是某次考试的成绩表。分别计算总分、选择题和编程题得分的平均值,并在文件内容底部增加一行,在对应列中写入相应的平均值。

| 学号 | 姓名 | 总分 | 选择题 | 编程题 |
|------------|------|------|--------|--------|
| 2021407001 | 张* | 75 | 13 | 62 |
| 2021407002 | 李* | 95 | 17 | 78 |
| 2021407003 | 王* | 70 | 10 | 60 |
| 2021407004 | 章* | 97 | 17 | 80 |
| 2021407005 | 马* | 49 | 11 | 38 |
| 2021407006 | 陈* | 98 | 18 | 80 |
| 2021407007 | 毛* | 78 | 14 | 64 |
| 2021407008 | 刘* | 97 | 17 | 80 |
| 2021407009 | 许* | 92 | 12 | 80 |
| 2021407010 | 何* | 81 | 10 | 71 |

图 9-4 待处理的 CSV 文件内容

CSV 文件的本质是一个文本文件,所以,使用文本文件的处理方法完全可以处理 CSV 文件的内容。

**程序 9-14** 自编代码读写 CSV 文件

```
1    #自编代码读写 CSV 文件
2
3    f = open("test.csv", "r", encoding = "ansi")
4    lines = f.readlines()
5    f.close()
6
7    table = []
8    for line in lines:
9        table.append(line[:-1].split(","))
10
11   count = len(table) - 1
12   s1, s2, s3 = 0, 0, 0
13   for row in table[1::]:
```

文件和数据持久存储

```
14        s1  += int(row[2])
15        s2  += int(row[3])
16        s3  += int(row[4])
17   table.append(["", "合计", str(int(s1/count)), str(int(s2/count)), str(int(s3/
     count))])
18
19   for row in table:
20        print(row)
21
22   f = open("test.csv", "a", encoding = "ansi")
23   f.write(table[-1][0])
24   for item in table[-1][1:]:
25        f.write(",")
26        f.write(item)
27   f.close()
```

运行结果：

```
['学号', '姓名', '总分', '选择题', '编程题']
['2021407001', '张 *', '75', '13', '62']
['2021407002', '李 *', '95', '17', '78']
['2021407003', '王 *', '70', '10', '60']
['2021407004', '章 *', '97', '17', '80']
['2021407005', '马 *', '49', '11', '38']
['2021407006', '陈 *', '98', '18', '80']
['2021407007', '毛 *', '78', '14', '64']
['2021407008', '刘 *', '97', '17', '80']
['2021407009', '许 *', '92', '12', '80']
['2021407010', '何 *', '81', '10', '71']
['', '合计', '83', '13', '69']
```

程序 9-14 中第 9 行代码使用 "," 分隔符，将读取到的 CSV 文件的一行内容用 split()函数分割成数据项列表，存放到 table 列表中。第 11~17 行代码计算每项的平均值，并参照每行的格式插入 table 中。第 22~27 行代码使用追加方式在原文件的最后添加一行内容。图 9-5 展示了处理后的文件内容。

| 学号 | 姓名 | 总分 | 选择题 | 编程题 |
|---|---|---|---|---|
| 2021407001 | 张* | 75 | 13 | 62 |
| 2021407002 | 李* | 95 | 17 | 78 |
| 2021407003 | 王* | 70 | 10 | 60 |
| 2021407004 | 章* | 97 | 17 | 80 |
| 2021407005 | 马* | 49 | 11 | 38 |
| 2021407006 | 陈* | 98 | 18 | 80 |
| 2021407007 | 毛* | 78 | 14 | 64 |
| 2021407008 | 刘* | 97 | 17 | 80 |
| 2021407009 | 许* | 92 | 12 | 80 |
| 2021407010 | 何* | 81 | 10 | 71 |
|  | 合计 | 83 | 13 | 69 |

图 9-5　处理后的 CSV 文件内容

因为 CSV 文件的使用频度很高,使用面很广,所以 Python 标准库提供了 csv 模块用于处理 CSV 文件。其中,csv. reader()、csv. writer()、writerow()等函数专门用于读写 CSV 文件的内容。使用 csv 模块,可以将程序 9-14 改成程序 9-15 的形式。

**程序 9-15** 使用 csv 模块读写 CSV 文件

```
 1   #使用 csv 模块读写 CSV 文件
 2
 3   import csv
 4
 5   f = open("test.csv", "r", encoding = "ansi")
 6   table = list(csv.reader(f))
 7   f.close()
 8
 9   count = len(list(table)) - 1
10   s1, s2, s3 = 0, 0, 0
11   for row in table[1::]:
12       s1 += int(row[2])
13       s2 += int(row[3])
14       s3 += int(row[4])
15   table.append(["", "合计", str(int(s1/count)), str(int(s2/count)), str(int(s3/
     count))])
16
17   for row in table:
18       print(row)
19
20   f = open("test_new.csv", "w", encoding = "ansi", newline = "")
21   myWriter = csv.writer(f)
22   for row in table:
23       myWriter.writerow(row)
24   f.close()
```

程序 9-15 的第 20、21 行代码,使用写入方式打开了一个新的 CSV 文件。如果将其中的"w"字符串改成"a",同样可以支持新增方式打开 CSV 文件。

## 9.5.3　特殊格式文件处理——以 WAV 文件为例

在实际应用中,存在大量专用格式的文件,用于存放音频、视频、图片等信息。通常这些文件都不是文本文件,不能直接辨识文件的内容,而且文件的内容都对应了一定的标准。所以,对于专用文件,一般没有通用方法,而是每一类文件对应一种专门的处理方法。Python 提供了很多包来处理各种具有开放标准的特殊格式文件。

WAV 为微软公司开发的一种声音文件格式,它符合 RIFF(resource interchange file format)文件规范,用于保存 Windows 平台的音频信息资源,被 Windows 平台及其应用程序所广泛支持。该格式不仅支持多种压缩运算法,而且支持多种音频数字、采样频率和声道。标准格式化的 WAV 文件和 CD 格式一样,也是 44.1k 的采样频率、16 位量化数字,因此在声音文件质量和 CD 相差无几。

通常使用三个参数来表示声音:量化位数、采样频率和采样点振幅。量化位数分为 8 位、16 位和 24 位三种,声道有单声道和立体声之分,单声道振幅数据为 $n \times 1$ 矩阵点,立体声为 $n \times 2$ 矩阵点,采样频率一般有 11 025 Hz(11kHz)、22 050 Hz(22kHz)和 44 100 Hz (44kHz)三种。这些参数都保存在 WAV 文件中。

**【例 9-9】** 读取 WAV 文件的内容，并展示音频的波形。

**程序 9-16** 展示 WAV 文件波形

```
1    import wave
2    import numpy as np
3    import pylab as plt
4
5    f = wave.open(r"test.wav", "rb")
6    params = f.getparams()
7    nchannels, sampwidth, framerate, nframes = params[:4]
8    str_data = f.readframes(nframes)
9    f.close()
10
11   wave_data = np.frombuffer(str_data, dtype = np.short)
12   wave_data.shape = -1, 2
13   wave_data = wave_data.T
14   time = np.arange(0, nframes)/framerate
15
16   plt.figure(1)
17   plt.subplot(2, 1, 1)
18   plt.plot(time, wave_data[0])
19   plt.subplot(2, 1, 2)
20   plt.plot(time,wave_data[1], c = "r")
21   plt.xlabel("time")
22   plt.show()
```

运行结果如图 9-6 所示。

程序 9-16 的第 1 行代码导入用于读写 WAV 文件的 wave 包。程序使用 wave.open() 函数打开 WAV 文件，使用 getparams() 函数读取音频格式参数，使用 readframes() 函数读取音频数据。然后，通过 numpy 包的 fromstring() 函数将字符串转换为数组，最后使用 pylab 包中的函数绘制出如图 9-6 所示的波形图。关于 numpy 包和 pylab 包的使用，可参阅相关资料。

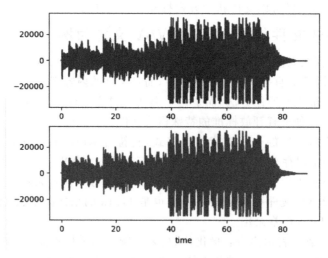

图 9-6 WAV 文件波形展示

# 习题

1. 当前路径下有文本文件 copy.txt,编写程序实现文本文件的复制功能(在当前路径下新建一个 new.txt 文件,将文本文件 copy.txt 的内容复制到 new.txt 文件中)。

2. 当前路径下有 cat1.txt 和 cat2.txt 两个文本文件,编写程序将 cat2.txt 文件中的内容添加到 cat1.txt 文件中。

3. 当前路径下有文本文件 StrInts.txt,在该文件中存在一些整数(有正有负)。编写程序读取该文件并提取出其中所有的整数,然后将这些整数中偶数位上全部都为奇数的整数保存到当前路径的 ResultInts.txt 文件中去,保存时每行 3 个数,每个数占 8 列,右对齐,左补空格。

4. 当前路径下有一个文本文件 students_data.txt,包含了若干学生的信息,每个学生信息占一行,学生信息从左到右分别为:学号(int 类型)、姓名(字符串类型)、年级(int 类型),各学生信息以空格分隔。编写一个程序,找出所有年级高于三年级的学生,将符合条件的学生的学号和姓名按行为单位,保存到新文件 students_5.txt。

5. 当前路径下有一个文本文件 article.txt,是一篇英文文章。编写一个程序,将每一个句子的第一个单词全部变为大写字母,并且每一个句子单独变为一个段落。新文件保存到 new_article.txt 中(以点号作为句子的分隔标记)。

6. 当前路径下有一个文本文件 students_data.txt,该文件中保存了若干个学生的信息,每个学生信息占一行,学生信息从左到右分别为:学号(int 类型)、姓名(字符串类型)、年级(int 类型),各学生信息以空格分隔。编写程序完成如下功能。

   (1)读取所有学生信息。

   (2)输出所有学生信息到屏幕上,要求每个学生信息占一行,学号占 10 列、左对齐,姓名占 15 列、左对齐,年级占 5 列、右对齐。

   (3)对所有学生根据其学号按照从小到大排序。

   (4)删除学号小于指定值 s1 的所有学生,其中 s1 由键盘输入。

7. 当前路径下有文本文件 Numbers.txt,文件中的每一行都是一个浮点数,编写程序读取出所有的浮点数。要求:

   (1)从小到大排序,将排序后的结果写到当前路径下新生成的一个文本文件 Sort.txt 中,每个数占一行。

   (2)求出这些数的均值、方差,将结果写到当前路径下新生成的一个文本文件 Sort.txt 中,每个数占一行。

   (3)要求生成的文本文件 Sort.txt 中同时包含排序和均值、方差的结果。

8. 当前路径下有一个文件夹 Folder,文件夹下有 file1.txt、file2.txt 两个文本文件(文件内容都是英文的),将两个文本文件内容合并生成一个新的文本文件 merge.txt 存放在 Folder 文件夹中,不破坏原始文件。

9. 当前路径下有一个文件 filenames.txt,文件中每一行是一个不超过 8 个字符的文件名称。编写一个程序,读取该文件,每读取一行数据就以这行数据作为文件名创建 txt 文本文件。第一个文件的内容是最后一个文件的文件名,其余文本文件的内容是上一个文件的文件名。

10. 当前路径下有一个文件 config. txt，文件内保存了一组软件设置，每一行代表一个配置，以键值对形式出现，例如 folder：abc。编写一个程序，将每一行数据改写为 XML 格式，例如< folder > abc </folder >，结果保存到 new_config. txt 中。

11. 当前路径下的文本文件 word. txt 中包含了 20 个英文单词，编写一个程序，删除文件中所有不以元音开头的单词。结果保存在当前路径下新生成的 new_ word. txt 中。

12. 当前路径下有一个文本文件 article. txt，是一篇英文文章。编写一个程序，对文件中的单词根据长度进行分类和统计，标点符号忽略，相同的单词仅计算一次。分类和统计结果按照一定格式存放，结果存放到 new_article_classify. txt 中。
    结果的格式样例如下：

    ```
    1:1,a
    2:3,an on in
    3:3,and are you
    ```

13. 当前路径下有一个文本文件 Names. txt，包含了按照字典序排序的名字。编写一个程序，让用户输入一个名字，按照字典序将其插入到正确的位置。但如果这个名字已经存在于文件中，则不要插入。
    例如，Names. txt 文件中有如下文本（每个名字占一行）：

    ```
    Aaron
    Cornell
    ```

    用户输入的待插入文本是 Abbott，则生成的新文件夹 new_word. txt 的内容是：

    ```
    Aaron
    Abbott
    Cornell
    ```

# 第 10 章      异常和程序健壮性

程序的结束可以分为正常结束和非正常结束。如果一个程序在编写和设计时仅仅考虑全部正常运行的情况,在投入实际使用后,往往可靠性、健壮性很差。用户稍微操作不当,可能就会导致程序非正常结束。异常处理是现代程序设计语言必要的一个组成部分,它可以显著提高程序的健壮性。

## 10.1 异常概述

异常是指在程序的运行过程中所发生的不正常的事件。一旦发生异常,将影响程序的正常执行。一般情况下,在 Python 解释器无法正常执行程序时就会发生异常。Python 使用异常对象来记录异常的具体内容。异常对象主要包含异常代码和异常描述信息。当 Python 程序发生异常时,程序需要立刻捕获并处理它,否则程序会终止执行。

那什么是异常呢?异常的具体表示是怎样的呢?下面通过几个代码片段来展示异常发生时的状况。

**程序 10-1 除法异常举例**

| | |
|---|---|
| 1 | #除法异常举例 |
| 2 | |
| 3 | a, b = 2, 1 |
| 4 | c = a / (b − 1) |

运行结果:

```
Traceback (most recent call last):
    File "< pyshell#1>", line 1, in <module>
        c = a / (b−1)
ZeroDivisionError: division by zero
```

在程序 10-1 中,第 4 行代码中的除法运算的除数是 0,发生了除 0 异常。通常情况下,程序员不会显式写出除数为 0 的表达式,但是通过计算,尤其是多步复杂的计算以后,就有可能出现除数为 0 的情况,而这种情况是较难事先发现的。

**程序 10-2 变量未定义异常举例**

| | |
|---|---|
| 1 | #变量未定义异常举例 |
| 2 | |
| 3 | a, b = 2, 1 |
| 4 | c = A / b |

运行结果:

```
Traceback (most recent call last):
    File "<pyshell#1>", line 1, in <module>
        c = A / b
NameError: name 'A' is not defined
```

程序 10-2 中,第 4 行的除法出现变量未定义异常。仔细观察后不难发现,由于 Python 语言对标识符是大小写敏感的,所以变量 a 和变量 A 不是同一个变量,因此第 4 行的表达式中的变量 A 是未定义的变量。需要特别注意的是,这种情况在 Python 中是异常的,并不是语法错误。

**程序 10-3**　类型异常举例

```
1    #类型异常举例
2
3    a, b = "2", 1
4    c = a + b
```

运行结果:

```
Traceback (most recent call last):
    File "<pyshell#1>", line 1, in <module>
        c = a + b
TypeError: can only concatenate str (not "int") to str
```

程序 10-3 中出现了一个类型异常。在第 4 行代码中试图进行一个加法运算。从第 3 行代码中可以看出,变量 a 是字符串类型。加法运算的第 1 个操作数是字符串时,加法运算被定义为字符串拼接,而非算术加法。此时第 2 个操作数是整型而不是字符串类型的,因此出现了"只能将字符串拼接到字符串"的异常提示信息。此时,异常的类型是类型异常,其含义是 Python 解释器认为第 4 行的表达式中有某些变量的类型与运算不匹配,即整型不支持字符串类型的拼接运算。

**程序 10-4**　下标越界异常举例

```
1    #下标越界异常举例
2
3    a = [item for item in range(5)]
4    print(a[5])
```

运行结果:

```
Traceback (most recent call last):
    File "<pyshell#1>", line 1, in <module>
        print(a[5])
IndexError: list index out of range
```

程序 10-4 中出现的是一个发生率较高的异常,即下标越界异常。在 Python 的列表中,元素的下标是从 0 开始编号的。第 3 行代码生成了有 5 个元素的列表,其最后一个元素的下标应该是4,所以 a[5]这样的访问是越界的,Python 解释器给出了"列表下标超出范围"的异常提示信息。

**程序 10-5   存在多处异常的情况举例**

| 1 | #存在多处异常的情况举例 |
|---|---|
| 2 |  |
| 3 | a, b = 2, 1 |
| 4 | c = A / (b − 1) |

运行结果:

```
Traceback (most recent call last):
    File "< pyshell#1>", line 1, in < module >
        c = A / (b − 1)
NameError: name 'A' is not defined
```

异常发生后,通常程序是无法继续运行的,所以理论上程序只能终止在发生异常的位置。程序 10-5 展示了异常处理机制的这个基本原则。通过前面的几个例子可以知道,代码第 4 行代码中存在两个异常,即变量未定义异常和除 0 异常。运行结果并没有同时报告两个异常,而是仅仅报告了变量未定义异常。原因是解释器在解释这个表达式时,当解释到变量 A 时,发生了变量未定义异常,此时程序被迫终止,因此解释器没有机会发现除 0 异常了。也就是说,如果仅仅修改变量 A 的名称,然后继续运行这个程序,在第 4 行还会再次发生异常。不过,这次发生的将是除 0 异常。

# 10.2   Python 异常类的结构

通过 10.1 节的几个例子可以看出,可能导致异常的原因很多,所以 Python 预定义了很多类型的异常。下面的树状结构较完整地展示了 Python 内建异常类的层次结构。

```
BaseException
+-- SystemExit
+-- KeyboardInterrupt
+-- GeneratorExit
+-- Exception
    +-- StopIteration
    +-- StopAsyncIteration
    +-- ArithmeticError
    |    +-- FloatingPointError
    |    +-- OverflowError
    |    +-- ZeroDivisionError
    +-- AssertionError
    +-- AttributeError
    +-- BufferError
    +-- EOFError
    +-- ImportError
    |    +-- ModuleNotFoundError
      +-- LookupError
    |    +-- IndexError
```

异常和程序健壮性

```
|       +-- KeyError
+-- MemoryError
+-- NameError
|       +-- UnboundLocalError
+-- OSError
|       +-- BlockingIOError
|       +-- ChildProcessError
|       +-- ConnectionError
|       |       +-- BrokenPipeError
|       |       +-- ConnectionAbortedError
|       |       +-- ConnectionRefusedError
|       |       +-- ConnectionResetError
|       +-- FileExistsError
|       +-- FileNotFoundError
|       +-- InterruptedError
|       +-- IsADirectoryError
|       +-- NotADirectoryError
|       +-- PermissionError
|       +-- ProcessLookupError
|       +-- TimeoutError
+-- ReferenceError
+-- RuntimeError
|       +-- NotImplementedError
|       +-- RecursionError
+-- SyntaxError
|       +-- IndentationError
|       +-- TabError
+-- SystemError
+-- TypeError
+-- ValueError
|       +-- UnicodeError
|       +-- UnicodeDecodeError
|       +-- UnicodeEncodeError
|       +-- UnicodeTranslateError
+-- Warning
    +-- DeprecationWarning
    +-- PendingDeprecationWarning
    +-- RuntimeWarning
    +-- SyntaxWarning
    +-- UserWarning
    +-- FutureWarning
    +-- ImportWarning
    +-- UnicodeWarning
    +-- BytesWarning
    +-- ResourceWarning
```

　　从这个结构中可以看出,类型的异常分多个层次,存在一定的包含关系。所有的异常类都继承自 BaseException 类。除了少数处理特殊事件的异常类以外,大部分涉及语言解释和运行方面特殊事件的异常类都是 Exception 类的派生类。了解异常类的继承结构对于正确地处理异常具有重要的意义。表 10-1 列出了每一类异常所对应的事件或者发生的条件。

**表 10-1  异常类与异常事件对照**

| 异　　　常 | 说　　　明 |
|---|---|
| BaseException | 所有异常的基类 |
| SystemExit | 解释器请求退出 |
| KeyboardInterrupt | 用户中断执行 |
| GeneratorExit | 生成器发生异常来通知退出 |
| Exception | 常规异常的基类 |
| StopIteration | 迭代器没有更多的值 |
| StopAsyncIteration | 未引用__anext__()方法而停止迭代 |
| ArithmeticError | 各种算术错误引发的内置异常的基类 |
| FloatingPointError | 浮点计算错误 |
| OverflowError | 数值运算结果太大无法表示 |
| ZeroDivisionError | 除(或取模)0 |
| AssertionError | 当 assert 语句失败时引发 |
| AttributeError | 属性引用或赋值失败 |
| BufferError | 无法执行与缓冲区相关的操作时引发 |
| EOFError | 没有读取任何数据的情况下达到文件结束条件 |
| ImportError | 导入模块/对象失败 |
| ModuleNotFoundError | 无法找到模块或在 sys. modules 中找到 None |
| LookupError | 映射或序列上使用的键或索引无效 |
| IndexError | 序列中没有此索引 |
| KeyError | 映射中没有这个键 |
| MemoryError | 内存溢出错误 |
| NameError | 未声明/初始化对象 |
| UnboundLocalError | 访问未初始化的本地变量 |
| OSError | 操作系统错误 |
| BlockingIOError | 将阻塞对象操作设置为非阻塞操作 |
| ChildProcessError | 在子进程上的操作失败 |
| ConnectionError | 与连接相关的异常的基类 |
| BrokenPipeError | 尝试写入已关闭的管道或套接字 |
| ConnectionAbortedError | 连接尝试被对方中止 |
| ConnectionRefusedError | 连接尝试被对方拒绝 |
| ConnectionResetError | 连接由对方重置 |
| FileExistsError | 创建已存在的文件或目录 |
| FileNotFoundError | 请求不存在的文件或目录 |
| InterruptedError | 系统调用被输入信号中断 |
| IsADirectoryError | 在目录上请求文件操作 |
| NotADirectoryError | 在不是目录的事物上请求目录操作 |
| PermissionError | 尝试在没有足够访问权限的情况下运行操作 |
| ProcessLookupError | 给定进程不存在 |
| TimeoutError | 系统函数在系统级别超时 |
| ReferenceError | 弱引用试图访问已经垃圾回收了的对象 |
| RuntimeError | 在检测到不属于任何其他类别的错误时触发 |

第10章

异常和程序健壮性

| 异　　　常 | 说　　　明 |
| --- | --- |
| NotImplementedError | 类方法未实际实现 |
| RecursionError | 解释器检测到超出最大递归深度 |
| SyntaxError | Python 语法错误 |
| IndentationError | 缩进错误 |
| TabError | Tab 和空格混用 |
| SystemError | 解释器发现内部错误 |
| TypeError | 操作或函数应用于不适当类型的对象 |
| ValueError | 操作或函数接收到具有正确类型但值不合适的参数 |
| UnicodeError | 发生与 Unicode 相关的编码或解码错误 |
| UnicodeDecodeError | Unicode 解码错误 |
| UnicodeEncodeError | Unicode 编码错误 |
| UnicodeTranslateError | Unicode 转码错误 |
| Warning | 警告的基类 |
| DeprecationWarning | 有关已弃用功能的警告的基类 |
| PendingDeprecationWarning | 有关不推荐使用功能的警告的基类 |
| RuntimeWarning | 有关可疑的运行时行为的警告的基类 |
| SyntaxWarning | 关于可疑语法警告的基类 |
| UserWarning | 用户代码生成警告的基类 |
| FutureWarning | 有关已弃用功能的警告的基类 |
| ImportWarning | 关于模块导入时可能出错的警告的基类 |
| UnicodeWarning | 与 Unicode 相关的警告的基类 |
| BytesWarning | 与 bytes 和 bytearray 相关的警告的基类 |
| ResourceWarning | 与资源使用相关的警告的基类 |

# 10.3　异常处理

在一个实用程序中,异常事件频繁发生,如所需文件找不到、网络连不通或连接中断、算术运算不正常(如被 0 除)、访问迭代对象下标越界、装载一个不存在的类、对 None 对象操作、类型转换异常等。发生异常会中断正在运行的程序。

简单的处理方式是添加 if…else 语句对各种异常情况进行判断,并做相应的处理,防止异常的代码被执行。但是使用这种方式有不可忽视的缺点;代码臃肿,加入了大量的异常情况判断和处理代码;程序员花费更多时间在异常处理的代码上,影响开发效率;很难穷举所有的异常情况;异常和业务代码交织在一起,影响代码的可读性,加大日后维护程序的难度。

Python 使用异常处理机制解决上述问题,既可以防止异常代码终止程序的运行,又可以集中处理异常情况,减少对正常业务逻辑代码的干扰。

## 10.3.1　try…except 结构

异常处理结构中最基本、最常用的是 try…except 结构。其中 try 子句中包含为完成程序的功能需求实际需要执行的代码,except 子句中包含用来处理异常的代码。最基本的 try …except 结构的语法如下:

```
try:
    try 代码块              # 被试运行的代码,可能会发生异常
except Exception [as description]:
    except 代码块           # 出现异常后运行的代码
[后续代码]
```

上述代码执行时,如果 try 代码块没有发生异常,则继续执行 try…except 结构后面的 "后续代码";如果出现异常,则跳转到 except 代码块进行异常匹配,如果匹配成功则执行 except 中所示的代码块,否则激发外层的 try…except 结构中的 except 代码块,以此类推。 如果最外层不再有异常处理结构,则由解释器直接抛出异常给最终用户,并且程序会中断执 行。如果需要捕获所有类型的异常,只要将 Exception 类改成 BaseException 类就可以了。

异常处理的基本流程类似一个分支结构。根据异常发生与否,决定异常处理代码是否 执行。异常处理机制的引入,可以在一定程度上使程序具有容错能力,大大简化程序员处理 错误情况的工作量和复杂度。

**程序 10-6 除法异常处理举例**

```
1    # 除法异常处理举例
2
3    def exception_demo(a, b):
4        try:
5            c = a / (b - 1)
6            print("c = ", c)
7        except ZeroDivisionError:
8            print("除法异常")
9            return True
10       return False
11
12   if exception_demo(5, 2):
13       print("Exceptions")
14   else:
15       print("No Exception")
16
17   if exception_demo(5, 1):
18       print("Exceptions")
19   else:
20       print("No Exception")
```

运行结果:

```
c = 5.0
No Exception
除法异常
Exceptions
```

程序 10-6 中第 7 行代码可以捕获第 5 行代码中的除法异常,即除数为 0 异常。通过运

*异常和程序健壮性*

行结果可以看出,第 12～15 行代码输出了正确的结果,并且 exeption_demo(5,2)调用返回的是 False,据此可以判定,except 语句体没有执行,否则将返回 True。同时可以看出,第 6 行的 print 语句被执行。与 exeption_demo(5,2)调用不同,第 17 行代码的 exeption_demo (5,1)调用显然执行了 except 语句体,因为函数执行过程中执行了 5/0 的操作,因此产生了除法异常,并被 except 捕获。同时可以看出,print 语句没有执行。这说明,当异常发生时,程序立刻跳转到 except 语句执行了,try 语句块中产生异常的代码的后续代码不会再执行。

在异常处理结构中,except 子句可以分类型捕获异常。在程序 10-6 中捕获了除法异常,而在程序 10-7 中则捕获了另一种常见的异常。

**程序 10-7** 类型异常处理举例

```
1    #类型异常处理举例
2
3    def exception_demo():
4        a, b = 5, "123"
5        try:
6            c = a / b
7            print("c = ", c)
8        except TypeError:
9            print("类型异常")
10           return True
11       return False
12
13   if exception_demo():
14       print("Exceptions")
15   else:
16       print("No Exception")
```

运行结果:

```
类型异常
Exceptions
```

程序 10-7 中,第 6 行代码试图用整数除以字符串,这是一个不合法的操作。从运行结果可以看出,第 6 行代码产生了类型异常并被成功捕获。

通过程序 10-6 和程序 10-7 可以看出,异常是有不同类型的,捕获异常通常需要具有一定的针对性。如果处理不恰当,即便使用了 try…except 结构,也不能产生防止程序异常终止的效果。

**程序 10-8** 异常未被捕获的情况

```
1    #异常未被捕获的情况
2
3    def exception_demo():
4        a, b = 5, "123"
5        try:
6            c = a / b
```

```
7            print("c = ", c)
8        except ZeroDivisionError:        #捕获异常的类型与发生异常的类型不一致
9            print("类型异常")
10           return True
11       return False
12
13   if exception_demo():
14       print("Exceptions")
15   else:
16       print("No Exception")
```

运行结果：

```
Traceback (most recent call last):
    File "E:\Sync\教材\例程\10\03.py", line 13, in < module >
        if exception_demo():
    File "E:\Sync\教材\例程\10\03.py", line 6, in exception_demo
        c = a / b
    TypeError: unsupported operand type(s) for /: 'int' and 'str'
```

程序 10-8 就是一个"意外"。程序产生的是类型异常，但是 except 语句体试图捕获除法异常，这是"牛头不对马嘴"，自然不能成功。由于 try…except 结构没有捕获发生的异常，因此异常被继续"抛"给外层控制结构处理。此处的外层控制结构就是解释器本身。所以，解释器终止了程序运行，并把所发生异常的相关信息提示给了用户。运行结果的最后一行明确提示了发生的异常是类型异常。如果用户想获取异常的描述信息，可以参考程序 10-9。

**程序 10-9** 获取异常的描述信息

```
1    # 获取异常的描述信息
2
3    def exception_demo():
4        a, b = 5, "123"
5        try:
6            c = a / b
7            print("c = ", c)
8        except Exception as des:
9            print(des)
10           return True
11       return False
12
13   if exception_demo():
14       print("Exceptions")
15   else:
16       print("No Exception")
```

运行结果：

```
unsupported operand type(s) for /: 'int' and 'str'
Exceptions
```

异常和程序健壮性

## 10.3.2 异常处理的包容性

从上述例子可以看出,捕获异常的方法与异常的类型有关。然而,异常的发生具有一定的不可预知性。如果需要通过这种"点对点"方式捕获异常,难免有"漏网之鱼"。好在 Python 的异常处理提供了一种包容机制。根据 10.2 节所述的异常类型的层次关系,它们存在继承派生关系,可以通过基类异常匹配子类异常。

**程序 10-10** 捕获异常的类型包含发生异常的类型

```
1    #捕获异常的类型包含发生异常的类型
2
3    def exception_demo():
4        a, b = 5, "123"
5        try:
6            c = a / b
7            print("c = ", c)
8        except Exception:          #捕获异常的类型包含发生异常的类型
9            print("类型异常")
10           return True
11       return False
12
13   if exception_demo():
14       print("Exceptions")
15   else:
16       print("No Exception")
```

运行结果:

```
类型异常
Exceptions
```

程序 10-10 中,第 8 行代码捕获 Exception 异常。通过异常的层次结构可以知道,除法异常和类型异常都属于 Exception 异常。所以,尽管程序没有进行针对类型异常进行捕获,但仍然可以捕获类型异常。异常类型的包容性使得异常处理机制的可用性大大提高。

## 10.3.3 具有多个 except 子句的异常处理结构

分类型捕获异常容易产生疏漏,导致部分异常不被捕获,而使用类型异常的包容性机制处理异常则忽视了部分异常的具体类型,从而产生一定的不确定性。Python 提供的异常处理机制非常灵活,对应于一个 try 子句,可以使用多个 except 子句,从而将两者的优势很好地结合起来,同时避免了它们各自的不足。

**程序 10-11** 具有多个 except 子句的异常处理结构

```
1    #具有多个 except 子句的异常处理结构
2
3    def exception_demo():
4        a, b, c = 5, 1, "123"
```

```
5          try:
6              d = a / ( b - 1)
7              e = a / c
8              f = open("test.txt", "r")
9              a = a + 1
10         except ZeroDivisionError:
11             print("除法异常")
12             return True
13         except TypeError:
14             print("类型异常")
15             return True
16         except Exception as des:
17             print("其他异常:", des)
18             return True
19         return False
20
21     if exception_demo():
22         print("Exceptions")
23     else:
24         print("No Exception")
```

运行结果：

```
[直接运行]
除法异常
Exceptions

[注释第 6 行代码后执行]
类型异常
Exceptions

[注释第 6、7 行代码后执行]
其他异常: [Errno 2] No such file or directory: 'test.txt'
Exceptions

[注释第 6～8 行代码后执行]
No Exception
```

程序 10-11 使用了多个 except 子句。第 6～9 行中存在多处运行会产生异常的代码，但是异常的种类各不相同。从运行结果可以分析出多个 except 子句执行的机制。当程序运行产生异常时，会逐条比对 except 子句中的异常类型。如果匹配到对应类型的 except 子句，则该 except 子句被执行，所以对所有可以预知的异常都可以设置对应的 except 子句。同时，第 16 行设置了一个更大范围的异常捕获。当程序产生异常且不能被其他 except 捕获时，第 16 行就会发挥作用。程序 10-11 中的第 8 行就属于这种情况。对应更大范围异常类型的 except 子句，通常应该安排在代码的最后，否则它将“越俎代庖”地替其他 except 子句处理异常。

在实际开发中，有时候可能会为几种不同的异常设计相同的异常处理代码（虽然这种情况很少）。为了减少代码量，Python 允许把多个异常类型放到一个元组中，然后使用一个

异常和程序健壮性

except 子句捕捉多种异常,并且共用同一段异常处理代码。

**程序 10-12** 一个 except 子句处理多种异常

```
1    #一个except子句处理多种异常
2
3    def exception_demo():
4        a, b, c = 5, 1, "123"
5        try:
6            d = a / ( b - 1)
7            e = a / c
8            f = open("test.txt", "r")
9            a = a + 1
10       except (ZeroDivisionError, TypeError):
11           print("已知异常")
12       except Exception as des:
13           print("未知异常:", des)
14       except Exception as des:
15           print("其他异常:", des)
16           return True
17       return False
18
19   if exception_demo():
20       print("Exceptions")
21   else:
22       print("No Exception")
```

运行结果:

```
[直接运行]
已知异常
Exceptions

[注释第 6 行代码后执行]
已知异常
Exceptions

[注释第 6、7 行代码后执行]
未知异常: [Errno 2] No such file or directory: 'test.txt'
Exceptions

[注释第 6~8 行代码后执行]
No Exception
```

程序 10-12 中第 10 行代码用一个 except 子句同时处理了两种异常。从运行结果中可以看出,如果第 6 行代码或第 7 行代码被执行,得到的运行结果均显示"已知异常",证明它们都是被第 10 行代码的 except 子句捕获的。

## 10.3.4 try…except…else 结构

带有 else 子句的异常处理结构从本质上来说,并不是一种特殊的异常处理结果。异常处理结构的本质是一种包含多个分支的特殊选择结构。带有 else 子句的异常处理结构只是又增加了一个分支而已。else 中的代码在不出现异常时执行。

**程序 10-13** 带有 else 结构的异常处理

```
1    #带有 else 结构的异常处理
2
3    def exception_demo():
4        a, b, c = 5, 1, "123"
5        try:
6            d = a / ( b - 1 )
7            e = a / c
8            f = open("test.txt", "r")
9            a = a + 1
10        except ZeroDivisionError:
11            print("除法异常")
12        except TypeError:
13            print("类型异常")
14        except Exception as des:
15            print("其他异常:", des)
16        else:
17            return False
18        return True
19
20   if exception_demo():
21        print("Exceptions")
22   else:
23        print("No Exception")
```

运行结果：

```
[直接运行]
除法异常
Exceptions

[注释第 6 行代码后执行]
类型异常
Exceptions

[注释第 6、7 行代码后执行]
其他异常: [Errno 2] No such file or directory: 'test.txt'
Exceptions

[注释第 6~8 行代码后执行]
No Exception
```

程序 10-13 中包含了 else 子句，它的功能和运行结果与程序 10-11 是一样的。可以看出，经过改写后的 demo() 函数的结构变得简单和清晰了，只有第 17 行和第 18 行两个出口，而程序 10-11 中的 demo() 函数中存在 4 个出口。在异常处理的分支较多的情况下，显然程序 10-13 的结构更合理。

## 10.3.5 try…except…finally 结构

异常处理结构中,还有一种扩展结构,就是包含 finally 子句的异常处理结构。在这种结构中,无论 try 中的代码是否发生异常,也不管抛出的异常有没有被 except 语句捕获,finally 子句中的代码总是会得到执行。

**程序 10-14** 带有 finally 子句的异常处理结构

```
1    # 带有 finially 子句的异常处理结构
2
3    def exception_demo():
4        a, b = 5, 2
5        try:
6            f = open("test.txt", "w")
7            d = a / (b - 1)
8            f.write(str(d))
9            f.close()
10       except ZeroDivisionError:
11           print("除法异常")
12       except Exception as des:
13           print("其他异常:", des)
14       else:
15           print("无异常")
16           return False
17       finally:
18           print("finally")
19           if not f.closed:
20               print("关闭文件")
21               f.close()
22       return True
23
24   if exception_demo():
25       print("Exceptions")
26   else:
27       print("No Exception")
```

运行结果:

```
[直接运行]
除法异常
finally
关闭文件
Exceptions

[将第 4 行代码改成 a, b = 5, 2 后直接执行]
无异常
finally
No Exception

[将第 4 行代码改成 a, b = 5, 2,注释第 9 行后直接执行]
```

```
无异常
finally
关闭文件
No Exception
```

从运行结果可以看出，不管是否发生异常，finallly 子句都会被执行。程序 10-14 中还演示了 finally 子句的一种常见的使用场景，即对异常处理结构中可能存在的疏漏最终的补救处理。从运行结果的第三种方式中可以看出，当运行代码中没有关闭文件时，finally 子句可以在异常处理结束之前关闭文件，从而减少程序中可能存在的隐患。

因为 finally 子句具有任何情形下都会被执行的特殊作用，所以在编程时要关注 finally 子句中是否需要 return 语句的问题。如果 finally 子句中存在 return 语句，程序的运行结果可能会超出用户的预期。

**程序 10-15**　finally 子句中包含 return 语句

```
1    #finallly 子句中包含 return 语句
2
3    def exception_demo():
4        a, b = 5, 2
5        try:
6            d = a / ( b - 1)
7            print("d = ", d)
8            return d
9        except ZeroDivisionError:
10           print("除法异常")
11           return True
12       else:
13           return False
14       finally:
15           return - 1
16       return True
17
18   print("exception_demo() = %d" % exception_demo())
```

运行结果：

```
[直接运行]
d = 5.0
exception_demo() = -1

[将第 4 行代码改成 a, b = 5, 1 后直接执行]
除法异常
exception_demo() = -1
```

如程序 10-15 所示，finally 子句中存在 return 语句。通过运行结果可以看出，发生异常时 return True 和未发生异常时的 return False 都没有发挥作用，返回值是由 finally 子句中的 return -1 所决定的。可见，异常处理结构中的 return 语句并不是立刻从函数中返回的，如果有 finally 子句，且 finally 子句不存在 return 语句时，其他子句中的 return 语句才是有效的。这一点可能很多程序员都不能理解,难道函数不是遇到 return 就返回了吗? 在异常处理结果中 return 语句的语义是:执行完异常处理代码,可以返回。但是,返回的前提是要结束异常处理流程,而结束异常处理流程必然会执行 finally 子句。所以 finally 子句中的 return 具有更高的优先权。鉴于上述原因,如果在函数中使用异常处理结构,尽量不要在 finally 子句中使用 return 语句,以免发生非常难以发现的逻辑错误。

## 10.4 异常处理过程中发生的异常

如果 try 子句中的异常没有被 except 语句捕捉和处理,或者 except 子句或 else 子句中的代码抛出了异常,那么这些异常将会在 finally 子句执行完后再次抛出。

**程序 10-16** else 子句中发生异常

```
1    # else 子句中发生异常
2
3    def exception_demo():
4        a, b = 5, 0
5        try:
6            d = a / b
7            pass
8        except TypeError:
9            print("类型异常")
10       else:
11           print("else")
12           return a / b
13       finally:
14           print("finally")
15       return True
16
17   if __name__ == '__main__':
18       try:
19           exception_demo()
20       except Exception as e:
21           print("其他异常:", e)
```

运行结果:

```
[直接运行]
finally
其他异常: division by zero

[注释第 6 行后直接执行]
else
finally
其他异常: division by zero
```

程序 10-16 中第 6 行代码执行时会发生除法异常,但是没有合适的 except 子句捕获这个异常。从执行结果看,这样异常最终被第 20 行的外层异常处理捕获了,说明这个异常并没有凭空消失，而是继续抛给了外层代码，并且是在 finally 子句执行之后。注释第 6 行代码后的执行结果显示，如果 else 子句中发生异常，同样会在 finally 子句执行之后，被外层异常处理代码捕获并处理。

除了 except 子句和 else 子句中会发生异常以外，finally 子句中的代码也可能会引发异常。与 except 子句和 else 子句中的异常一样，finally 子句中的异常将被抛给外层的异常处理结构去处理。程序 10-17 的本意是使用异常处理结构来避免文件对象没有关闭的情况发生，但是由于指定的文件不存在而导致打开失败，文件变量 f 并没有生成，结果在 finally 子句中关闭文件时引发了"引用变量未赋值"的异常。

**程序 10-17** finally 子句中发生异常

```
1    # finally 子句中发生异常
2
3    def exception_demo():
4        try:
5            f = open("test.txt", "rb")
6            d = f.readlines()
7            f.close()
8        except Exception:
9            print("发生异常")
10           a = 1 / 0
11           print("再次发生异常")
12       finally:
13           print("finally")
14           f.close()
15       return True
16
17   if __name__ == '__main__':
18       try:
19           exception_demo()
20       except Exception as des:
21           print("其他异常:", des)
```

运行结果：

```
发生异常
finally
其他异常: local variable 'f' referenced before assignment
```

从程序 10-17 的运行结果可以看出，try 子句发生异常后，进入了 except 子句，所以输出"发生异常"字符串，但是，没有输出"再次发生异常"字符串。显然，在 except 子句中发生了除法异常，从而中断了 except 子句的执行，跳转到 finally 子句去执行。而 finally 子句中发生的是"引用变量未赋值"。此时，整个异常处理结构中同时存在两个未被捕获的异常。运行结果显示，最终抛出的是 finally 子句中发生的异常。

# 10.5 异常的特殊用法

## 10.5.1 主动抛出异常

异常的产生通常是由无法执行的错误代码引起的。因此，异常处理在大多数情况下是一种被动行为。但是,也有例外的情况。Python 允许用户使用 raise 语句主动产生异常,并跳转到相应的 except 子句执行。

**程序 10-18　　使用 raise 主动抛出异常**

```
1    #使用 raise 主动抛出异常
2
3    def exception_demo():
4        a, b = 5, 1
5        try:
6            if b == 1:
7                raise ValueError
8            else:
9                d = a / (b - 1)
10               return d
11       except ZeroDivisionError:
12           return 1
13       except ValueError:
14           return 2
15       except BaseException:
16           return 3
17       return 0
18
19   errorcode = exception_demo()
20   if errorcode == 1:
21       print("除法异常")
22   elif errorcode == 2:
23       print("用户自定义异常,值错误")
24   elif errorcode == 3:
25       print("其他异常")
26   else:
27       print("没有异常", errorcode)
```

运行结果:

```
[直接运行]
用户自定义异常,值错误

[将第 4 行代码改成 a, b = 5, 2 后运行]
没有异常 5.0
```

程序 10-18 的第 7 行代码使用了 raise 语句,抛出一个值错误的异常。从运行结果可以看出,errorcode 变量最终得到的值是 2。从程序流程分析可以看出,的确是第 13 行的 except 子句捕获了异常。当变量 b 的值改为 2 时,程序运行不产生异常,从而返回值为 5.0。

程序 10-18 演示的是 raise 语句的简单用法。在实际使用中 raise 语句可以使用如下语法进行扩充,以提高可用性:

```
raise [exceptionName [(reason)]]
```

其中,第一个参数 exceptionName 是触发异常的名称,异常名称是 Python 提供的标准异常中的任何一种或者是自定义异常类的名称;第二个参数是可选的,可以对抛出的异常一个说明,通常是一个字符串,也可根据自定义异常类的构造要求设置参数。

**程序 10-19**　使用 raise 抛出异常

```
1    # 抛出带参数的异常
2
3    a, b = 5, 0
4    try:
5        if b == 0:
6            raise ZeroDivisionError("除数不能为 0")
7        else:
8            print(a / b)
9    except Exception as des:
10       print("发生异常,", des)
```

运行结果:

```
发生异常, 除数不能为 0
```

通过程序 10-19 的运行结果可以看出,第 6 行代码抛出 ZeroDivisionError 异常时使用了参数,将 ZeroDivisionError 异常的解释改成了中文,而不再是英文的默认解释 division by zero 了。

## 10.5.2　利用 raise 跳出多重循环

多重循环是程序设计中一种常用的控制结构。在某些情况下,并不需要多重循环全部结束才退出循环,而是在某个条件成立时,就可以彻底终止循环了。在 Python 中,怎样才能一次性跳出多重循环呢? break 只能跳出当前的循环层次,直接跳出多重循环,需要多次使用 break。

使用自定义异常来跳出多重循环就比较容易实现。其基本思想是把多重循环语句放在try 子句中。在 try 子句中,如果发生异常,则会中止 try 子句的执行,跳转到 except 子句。因此,在需要跳出多重循环时,只要使用 raise 引发异常就可以了。

【例 10-1】　已知一个二维列表中存放了若干整数,求这个二维列表中是否存在不少于 $k$ 个素数。

**程序 10-20**　使用 raise 跳出多重循环

```
1    # 主动抛出异常,从多重循环中彻底退出
2    import random, math
3
4    def prime(n):
5        flag = 0 in [n % d for d in range(2, int(math.sqrt(n)) + 1)]
6        return 0 if flag else 1
7
8    def check1(arr, k):
9        count = 0
```

```
10          for it1 in range (len(arr));
11              for it2 in range(len(arr[it1])):
12                  count += prime(arr[it1][it2])
13                  if count >= k:
14                      break
15              if count >= k:
16                  break
17          return True if count >= k else False
18
19   def check2(arr, k):
20       count = 0
21       try:
22           for it1 in range(len(arr)):
23               for it2 in range(len(arr[it1])):
24                   count += prime(arr[it1][it2])
25                   if count >= k:
26                       raise UserWarning
27       except UserWarning:
28           return True
29       return False
30
31   if __name__ == '__main__':
32       data1 = [[84, 90, 19], [23, 44, 70], [74, 92, 18], [27, 78, 78]]
33       data2 = [[84, 90, 19], [23, 44, 70], [74, 92, 18], [27, 78, 79]]
34       print(check1(data1, 2), check1(data1, 3), check1(data2, 3))
35       print(check2(data1, 2), check2(data1, 3), check2(data2, 3))
```

运行结果：

```
True False True
True False True
```

程序中有两个函数，都可以完成题目要求的功能。其中，check1()函数使用了两次 break，并通过分支语句的配合来完成循环过程中退出二重循环的功能。与 check1()函数不同，check2()函数在第 26 行使用 raise 语句抛出异常，程序立刻跳转到第 27 行运行，彻底跳出了二重循环，并且不需要做条件判断的平衡。

## 10.5.3 从递归中快速返回

【例 10-2】 使用递归方法生成 Fibonacci 数列。当前生成的数据项的值大于或等于 200，即停止程序运行，不再继续生成后续的值。

**程序 10-21** 主动抛出异常，直接退出递归

```
1   # 主动抛出异常，直接退出递归
2
3   def fibonacci1(seq, k):
```

```
 4          if seq[ - 1] > = k:
 5              return seq
 6          else:
 7              seq.append(seq[ - 1] + seq[ - 2])
 8              fibonacci1(seq, k)
 9
10  def fibonacci2(seq, k):
11      if seq[ - 1] > = k:
12          raise UserWarning
13      else:
14          seq.append(seq[ - 1] + seq[ - 2])
15          fibonacci2(seq, k)
16
17  if __name__ == '__main__':
18      #运行 fibonacci1()函数
19      seq = [1, 1]
20      fibonacci1(seq, 200)
21      print(seq)
22
23      #运行 fibonacci2()函数
24      seq = [1, 1]
25      try:
26          fibonacci2(seq, 200)
27      except UserWarning:
28          print(seq)
```

运行结果：

```
[1, 1, 2, 3, 5, 8, 13, 21, 34, 55, 89, 144, 233]
[1, 1, 2, 3, 5, 8, 13, 21, 34, 55, 89, 144, 233]
```

从递归中返回的过程通常是逐层返回的，如 fibonacci1()函数所示的方法。这种方法适用于返回过程中还需要将之前生成的值再进行某种处理的情况。对于例 10-2 而言，递归结束时，该生成的值都已经生成，返回过程仅仅是逐层返回，退出函数调用而已，并不需要对生成的值再进行任何处理。这时，fibonacci2()函数所示的方法就可以直接退出递归函数，由Python 负责处理调用栈的平衡。

## 10.5.4 利用异常简化程序

【例 10-3】 已知一个字符串，其中包含若干数值型数据，可能是整数或浮点数。数据之间用逗号分隔。分解这个字符串，并将字符串中的数值型数据以数值的形式（非字符串形式）保存到一个列表中。

**程序 10-22** 使用异常识别数据格式

```
1  #使用异常识别数据格式
2
3  input_str = "123k, 45, 71.2, 546, 19.8.3, p43.6n, 77.8"
```

```
4      str_seg = input_str.split(",")
5      output_list = []
6      for item in str_seg:
7          try:
8              output_list.append(int(item))
9              continue
10         except:
11             pass
12
13         try:
14             output_list.append(float(item))
15         except:
16             pass
17
18     print(output_list)
```

运行结果：

```
[45, 71.2, 546, 77.8]
```

本例的关键在于正确识别整数和浮点数的格式。正则表达式是有效解决上述问题的方法。但是，正则表达式的使用并非所有用户都能掌握。正则表达式的定义稍有差错，识别的结果就可能发生错误。

本例给出一种常用的简单有效的方法，使用 Python 预定义的类型转换函数来识别字符串的格式是否符合整数或浮点数的格式规范。程序第 8 行和第 14 行分别使用 int()和 float()两个转换函数，试图将 item 从字符串类型转换为整数或浮点数。如果 item 的格式不满足要求，则转换函数会抛出异常，并停止转换。只要在程序中捕获异常就可以，甚至不用做任何特别的处理，直接忽略异常即可。

# 习题

1. 编写程序，让用户输入一个 10~50 的整数，如果用户输入的不是整数或者输入的数不为 10~50，则让用户重新输入。

2. 编写程序，实现一个文本文件（可能是 utf-8 或者 ASCII 编码）复制功能，由用户指定源文件和目的文件路径，处理如下异常：
   (1) 源文件不存在，让用户重新输入文件路径；
   (2) 目的文件不可写，让用户重新输入文件路径；
   (3) 文件读取编码失败，则重新变换编码读取；

3. 编写程序找出计算机指定文件夹下（包含子文件夹）的扩展名为.tmp 的所有文件，并将删除成功和删除失败的文件名、删除时间信息写到 utf-8 编码的 log.txt 文件中，每行一条数据。

# 第 11 章  程序测试与调试

程序设计者通常都会自觉关注程序的正确性,但是要彻底解决程序的正确性问题为时尚早。尽管现代的程序设计语言已经采取一些技术手段来尽可能减少程序的错误,编程工具和支撑环境也越来越先进,但是程序的错误依然不可避免。因此,程序设计完成后,并不能直接使用,而是需要通过"找错"和"改错"的过程来尽可能消除程序中的错误。"找错"的过程就是测试,"改错"的过程就是调试。

## 11.1  程序测试与调试的目的和任务

程序测试是指对一个完成了全部或部分功能和模块的计算机程序在正式使用前的检测,以确保该程序能按预定的方式正确地运行。最大限度地减少程序中的错误仍然是当今程序设计活动的根本目标之一。目前,程序的正确性尚未得到根本的解决,至少在技术上还无法从根本上根除程序的错误,程序测试仍是发现错误和缺陷的主要手段。为了发现程序中的错误,应尽量设计能暴露错误的测试用例。测试用例是由测试数据和预期结果构成的。程序员通过程序执行测试用例所得到的结果来判断程序中是否存在错误。

程序调试是将编制好的程序投入实际运行前,通过手工方法、编译程序、调试工具等进行测试运行,定位语法错误和逻辑错误的过程。这是保证计算机信息系统正确性的必不可少的步骤。程序测试时如发生错误,很多情况下无法根据提示的错误信息准确地直接定位错误原因及错误位置。此时,根据测试所得到的错误信息的导向,利用调试工具和方法追踪程序运行的实时状态,两者相互结合,综合判断并找出错误发生原因和位置,最终进行修正。测试属于程序调试过程中的一部分。

综合起来讲,程序测试的目的是验证程序的运行是否符合设计的要求,尽可能暴露程序中可能存在的错误。程序调试的目的则是根据测试结果的引导,定位和修正错误。程序测试和调试的根本任务是一致的,都是为了得到一个正确的程序。但是,两者的区别也很明显,主要表现在以下几方面。

(1)目的不同。

程序测试的目的是发现错误,至于找出错误的原因和错误发生的位置不是软件测试的任务,而是调试的任务。调试的目的是证明程序的正确,因此它必须不断地排除错误。它们的出发点不一样。从软件工程的角度出发,前者是挑错,是一种挑剔过程,属于质量保证活动;后者是排错,是一种排除过程,是编码活动的一部分。

(2)过程不同。

由于程序测试属于质量保证活动,因此它贯穿于整个开发过程。对于规模加大的程序,往往从需求确定开始,就要制订相应的程序测试计划。程序设计时,就要考虑测试用例的设计。并且,测试伴随着开发的全过程,只要有修改就有新的测试。调试是编码活动的一部分,因此有编码就有调试。它的任务主要就是定位错误和排错。调试的方法经常与使用的开发工具有关。解释型的开发工具,如 Python,可以很方便地进行交互式调试。编译型开发工具,如 C、C++ 等,查错的难度相对就较大。调试程序有一些启发式的方法,是一种比较依赖开发人员经验的活动。

(3) 指导原则不同。

程序测试是一种有规律的活动,有一系列程序测试的原则。其中主要是制订测试计划,然后严格执行。另外,测试是一种挑剔性的行为,因此它不但要测试程序应该做的,还要测试程序不应该做的。调试所遵循的规律主要是一些启发式规则,是一个推理过程。例如,使用归纳法、演绎法、回溯法等。程序测试的输出是预知的,其软件测试用例必须包括预期的结果,而调试的输出大多是不可预见的,需要调试者去解释、发现产生的原因。

## 11.2 程序测试

程序测试的目的是暴露程序中潜在的错误。高效的测试是指用少量的测试用例,发现被测程序尽可能多的错误。程序测试所追求的是以尽可能少的时间和人力发现程序中尽可能多的错误。程序测试的常用方法主要有三种:黑盒测试、白盒测试和灰盒测试。

### 11.2.1 黑盒测试

黑盒测试根据程序的功能要求来设计测试用例,它不考虑软件的内部结构和处理算法。常用的黑盒测试技术包括等价类划分、边值分析、错误推测和因果图等。

黑盒测试关注的是程序的输出和预期输出是否匹配,不关心其内部具体实现。换句话说,黑盒测试关心"程序能做什么",而不关心"它是怎么做的"。也就是说,如果做的方法是错误的,但是做的结果对应于给定的测试用例是正确的话,那这个错误的就不会暴露。例如,程序中将 $y=x^2$ 这个计算式写成了 $y=x+2$ 或者 $y=x\times2$,当给定的测试用例为 $x=2$ 时,三个计算式的结果都是 $y=4$,这两种可能的错误都不会暴露。当然,这只是一种巧合,发生概率极低。避免这种巧合的方法是测试用例的数量要达到一定的规模,减小巧合发生的概率。

程序的黑盒测试过程包括运行被测试程序、输入数据、将被测试程序输出与预期输出相比较等。如此重复测试,直到确信被测试程序的功能是可靠的。当然,可靠是相对的。绝大多数情况下,测试用例不可能穷举所有的输入。一个程序即便通过了一批测试用例的测试,也未必不存在错误。也许再增加一个测试用例,这个程序就通不过了。

一个好的测试用例是可以暴露程序中至今为止尚未发现的错误的测试用例。为了防止出现思维定式,编写测试用例的人不允许阅读被测试程序的代码,以保证两者的独立性。

**【例 11-1】** 用黑盒法对 prime() 函数进行测试。

通过黑盒法测试时,最重要的一点是需要确定测试方案。需要精心设计用什么测试用例和多少测试用例来运行需要被测试函数。表 11-1 是一个较简单的测试方案的示例。表 11-1 中左边 3 列是测试方案的核心内容,第 4 列填写测试结果,第 5 列标记每个测试用例是否通过测试（×表示未通过，√表示通过）。

表 11-1　prime()函数测试用例与运行结果对照 1

| 序号 | 测试用例 | 预期结果 | 实测结果 | 通过状态 |
|---|---|---|---|---|
| 1 | −1 | False | math domain error | × |
| 2 | 0 | False | True | × |
| 3 | 1 | False | True | × |
| 4 | 2 | True | True | √ |
| 5 | 3 | True | True | √ |
| 6 | 4 | False | True | × |
| 7 | 5 | True | True | √ |
| 8 | 6 | False | True | × |
| 9 | 7 | True | True | √ |
| 10 | 8 | False | True | × |
| 11 | 9 | False | True | × |
| 12 | 10 | False | False | √ |
| 13 | 11 | True | True | √ |
| 14 | 12 | False | False | √ |
| 15 | 13 | True | True | √ |
| 16 | 14 | False | False | √ |
| 17 | 15 | False | True | × |
| 18 | 16 | False | False | √ |
| 19 | 17 | True | True | √ |
| 20 | 18 | False | False | √ |
| 21 | 19 | True | True | √ |

　　根据以上测试方案，程序 11-1 编写了对应的测试代码。程序第 4、5 行是被测试的 prime()函数，第 7～15 行是对 prime()函数进行测试的代码，其中使用了处理异常的方法。测试时被测代码往往会出现意想不到的结果。如果不使用异常处理方法，测试代码有可能会被中断，无法正常完成测试。

**程序 11-1**　用黑盒法对 prime()函数进行测试（区间测试）

```
1    # 测试 prime()函数
2    import math
3
4    def prime(n):
5        return 0 not in [n % s for s in range(2, int(math.sqrt(n)))]
6
7    if __name__ == '__main__':
8        test_case = [item for item in range(-1, 20)]
9        for item in test_case:
10           print("test_case = %2d," % item, end = "")
11       try:
12           output = prime(item)
13       except Exception as e:
14           output = e
15       print("\tresult = %s" % output)
```

运行结果：

```
test_case = -1, result = math domain error
test_case = 0, result = True
test_case = 1, result = True
test_case = 2, result = True
test_case = 3, result = True
test_case = 4, result = True
test_case = 5, result = True
test_case = 6, result = True
test_case = 7, result = True
test_case = 8, result = True
test_case = 9, result = True
test_case = 10, result = False
test_case = 11, result = True
test_case = 12, result = False
test_case = 13, result = True
test_case = 14, result = False
test_case = 15, result = True
test_case = 16, result = False
test_case = 17, result = True
test_case = 18, result = False
test_case = 19, result = True
```

　　将程序 11-1 的运行结果填入表 11-1 的第 4 列，不难得到第 5 列的通过状态。尽管此时并不知道 prime() 函数到底有几处错误，但是从结果已经可以清晰地看出，prime() 函数中一定隐藏着错误。

　　表 11-1 是选定一个区间的整数用作测试用例。这种方法对于具有分段特性的函数可能存在漏测的情况。程序 11-2 采取了随机测试的方法。

**程序 11-2**　用黑盒法对 prime() 函数进行测试（随机测试）

```
1    # 测试 prime() 函数
2    import math, random
3
4    def prime(n):
5        return 0 not in [n % s for s in range(2,
6    int(math.sqrt(n)))]
7
8    if __name__ == '__main__':
9        test_case = [random.randint(-1000, 1000) for item in range(10)]
10       for item in test_case:
11           print("test_case = %4d," % item, end = "")
12           try:
13               output = prime(item)
14           except Exception as e:
15               output = e
16           print("\tresult = %s" % output)
```

运行结果：

```
test_case = 983, result = True
test_case = -492, result = math domain error
test_case = 93, result = False
test_case = 709, result = True
test_case = 861, result = False
test_case = 733, result = True
test_case = -494, result = math domain error
test_case = -938, result = math domain error
test_case = 899, result = True
test_case = 589, result = False
```

程序 11-2 中第 9 行代码,随机生成了 10 个整数用作测试用例。此处仅为示例。实际测试时,可以生成远远多于这个数量的测试用例。将测试结果填入表 11-2,同样可以得出 prime()函数中存在错误的结论。

表 11-2　prime()函数测试用例与运行结果对照 2

| 序号 | 测试用例 | 预期结果 | 实测结果 | 通过状态 |
|---|---|---|---|---|
| 1 | 983 | True | True | √ |
| 2 | -492 | False | math domain error | × |
| 3 | 93 | False | False | √ |
| 4 | 709 | True | True | √ |
| 5 | 861 | False | False | √ |
| 6 | 733 | True | True | √ |
| 7 | -494 | False | math domain error | × |
| 8 | -938 | False | math domain error | × |
| 9 | 899 | False | True | × |
| 10 | 589 | False | False | √ |

## 11.2.2　白盒测试

在程序测试中,仅有黑盒测试是不够的。因为在黑盒测试中,无法知道哪些代码被测试过,哪些未被测试过。白盒测试可以解决这个问题。白盒的含义是一个透明的盒子。白盒测试的意思是把程序放在一个透明的白盒子里,测试者完全知道程序的结构和处理算法。白盒测试又称结构测试。

白盒测试根据软件的内部逻辑设计测试用例,常用的技术是逻辑覆盖,即考察用测试数据运行被测程序时对程序逻辑的覆盖程度。主要的覆盖标准有语句覆盖、判定覆盖、条件覆盖、判定/条件覆盖、组合条件覆盖和路径覆盖等。其中,条件覆盖和路径覆盖是最基本的覆盖要求。

与黑盒测试类似,在构建白盒测试时,同样需要设计一定数量的测试用例。与黑盒测试不同的是,白盒测试的测试用例具有明显的针对性。每个测试用例都有明确需要覆盖的语句或语句中的局部要素,如单个条件等。为了便于从测试结果中直接观察语句的走向和覆盖情况,可能需要在代码中添加一些 print()函数的调用,输出一些标志性符号,从而方便测试者判断相关的语句是否被执行。对于已经具有足够显示信息的被测试代码,则不必有意添加更多的输出语句,以防止输出信息过多,干扰测试结果的显示度。

【例 11-2】 用白盒法对 leap()函数进行测试。leap()函数判断输入的年份是否为闰年。如果是,则输出"输入年份为闰年",否则输出"输入年份为平年"。

程序 11-3　用白盒法对 leap()函数进行测试

```
1    #测试 leap()函数
2    import math, random
3
4    def leap(year):
5        if year < 0:
6            print("输入年份有误")
7        elif year % 4 == 0 and year % 100 != 0 or year % 400 == 0:
8            print("输入年份为闰年")
9        else:
10           print("输入年份为平年")
11
12   if __name__ == '__main__':
13       test_case = [-1, 0, 2003, 2004, 1900, 2000, 1600]
14       for item in test_case:
15           leap(item)
```

运行结果:

```
输入年份有误
输入年份为闰年
输入年份为平年
输入年份为闰年
输入年份为平年
输入年份为闰年
输入年份为闰年
```

程序 11-3 是 leap()函数的被测源程序。使用白盒法进行测试时,首先需要根据源代码明确程序的流程走向。图 11-1(a)是 leap()函数的流程图,图 11-1(b)是程序中各语句间的流转有向图。白盒测试的关键是图中有分支的节点。测试用例的设计要尽可能覆盖到所有的分支方向。对于顺序执行的语句块,只要程序执行过程没有异常终止,那么语句块中一个语句被执行,其他语句也会被执行了。

表 11-3 中列出了 4 个被测条件和所属分支。设计测试用例时,需要根据条件,使得不同的测试用例能够使同一条件的判断结果有"真"有"假",从而实现对条件的覆盖,进而实现对分支路径的覆盖。

表 11-3　被测条件与所属分支对照

| 测试条件编号 | 被测条件 | 所属分支编号 |
| --- | --- | --- |
| C1 | year < 0 | B1 |
| C2 | year % 4 == 0 | B2 |
| C3 | year % 100 != 0 | B2 |
| C4 | year % 400 == 0 | B2 |

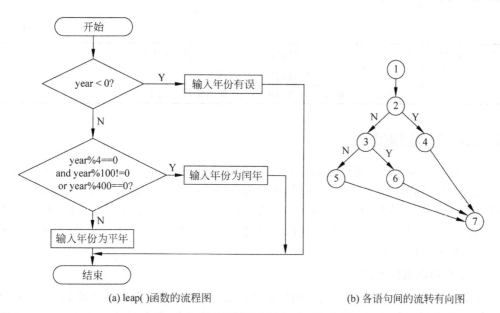

(a) leap( )函数的流程图          (b) 各语句间的流转有向图

图 11-1 程序流程图与语句流转有向图

表 11-4 中列出了测试用例。从"条件真值""分支真值""路径覆盖"三个分项的内容可以看出,表中所列的 7 个测试用例满足了任何一个条件真值和分支真值的结果都有"真"有"假",并且覆盖了图 11-1(b)中的所有路径。由于程序 11-3 的大部分分支中都有特征很明显的输出语言,因此测试中不再需要增加额外的输出语句。

表 11-4 测试用例设计表

| 测试用例编号 | 输　　入 | 条件真值 | | | | 分支真值 | | 路径覆盖 |
|---|---|---|---|---|---|---|---|---|
| | | C1 | C2 | C3 | C4 | B1 | B2 | |
| 1 | −1 | 1 | — | — | — | 1 | — | 1→2→4→7 |
| 2 | 0 | 0 | 1 | 0 | 1 | 0 | 1 | 1→2→3→6→7 |
| 3 | 2003 | 0 | 0 | 1 | 0 | 0 | 0 | 1→2→3→5→7 |
| 4 | 2004 | 0 | 1 | 1 | 0 | 0 | 1 | 1→2→3→6→7 |
| 5 | 1900 | 0 | 1 | 0 | 0 | 0 | 0 | 1→2→3→5→7 |
| 6 | 2000 | 0 | 1 | 0 | 1 | 0 | 1 | 1→2→3→6→7 |
| 7 | 1600 | 0 | 1 | 0 | 1 | 0 | 1 | 1→2→3→6→7 |

表 11-5 列出了 7 个测试用例运行后的实际输出结果和期望的输出结果。通过对比可以发现,所以测试用例都通过了测试。

表 11-5 测试用例与运行结果对照

| 测试用例编号 | 输　　入 | 期望输出 | 实际输出 | 通过状态 |
|---|---|---|---|---|
| 1 | −1 | 输入年份有误 | 输入年份有误 | √ |
| 2 | 0 | 输入年份为闰年 | 输入年份为闰年 | √ |
| 3 | 2003 | 输入年份为平年 | 输入年份为平年 | √ |
| 4 | 2004 | 输入年份为闰年 | 输入年份为闰年 | √ |
| 5 | 1900 | 输入年份为平年 | 输入年份为平年 | √ |

续表

| 测试用例编号 | 输　　入 | 期望输出 | 实际输出 | 通过状态 |
|---|---|---|---|---|
| 6 | 2000 | 输入年份为闰年 | 输入年份为闰年 | √ |
| 7 | 1600 | 输入年份为闰年 | 输入年份为闰年 | √ |

## 11.2.3　灰盒测试

灰盒测试是介于白盒测试与黑盒测试之间的。可以这样理解,灰盒测试关注输出对于输入的正确性,同时也关注内部表现,但这种关注不像白盒测试那么详细和完整,只是通过一些表征性的现象、事件、标志来判断内部的运行状态。有时候输出是正确的,但内部其实已经错误了,这种情况非常多,如果每次都通过白盒测试来操作,效率会很低,因此需要采取这样的一种灰盒的方法。

### 1. 黑盒和灰盒的区别

如果某软件包含多个模块,当使用黑盒测试时,只要关心整个软件系统的边界,无须关心软件系统内部各个模块之间如何协作。而如果使用灰盒测试,就需要关心模块与模块之间的交互。这是灰盒测试与黑盒测试的区别。

### 2. 白盒和灰盒的区别

在灰盒测试中,还是无须关心模块内部的实现细节。对于软件系统的内部模块,灰盒测试依然把它当成一个黑盒来看待。而白盒测试则不同,还需要再深入地了解内部模块的实现细节和各个分支。这是灰盒测试与黑盒测试的区别。

【例 11-3】　用灰盒法对 separate() 函数进行测试。separate() 函数判断输入的整数 n 是否为两个质数的乘积。如果是,则返回 1,否则返回 0。

程序 11-4　判断正整数 n 是否为两个素数的乘积

```
1    #判断正整数 n 是否为两个素数的乘积
2    import math, random
3
4    def prime(n):
5        return 0 not in [n % s for s in range(2, int(math.sqrt(n)))]
6
7    def separate(n):
8        if n <= 0:
9            return -1
10       for factor in range(2, n):
11           if n % factor == 0:
12               a = factor
13               b = n // a
14               if prime(a) and prime(b):
15                   return 1
16               else:
17                   break
18       return 0
19
20   if __name__ == '__main__':
21       test_case = [-1, 2, 6, 8, 13, 15, 30, 35]
22       for item in test_case:
23           print(separate(item))
```

程序 11-4 的第 21 行列出了若干整数。separate()函数将每个整数分解为两个整数的乘积,并借助 prime()函数来判断这些整数是否可以表示为两个素数的乘积。图 11-2(a)是 separate()函数的流程图,图 11-2(b)是程序中各语句间的流转有向图。根据图 11-2 可以得到表 11-6 所示的被测条件与所属分支对应关系,并设计出表 11-7 所示的测试用例表。

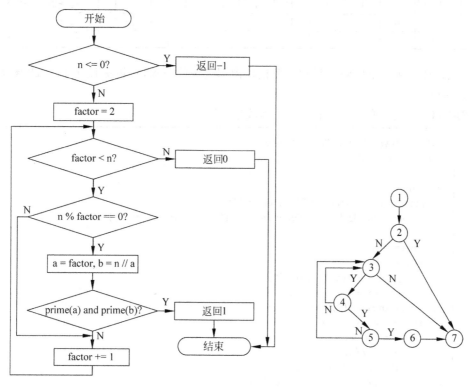

(a) separate( ) 函数的流程图          (b) 各语句间的流转有向图

图 11-2　程序流程图与语句流转有向图

表 11-6　被测条件与所属分支对照

| 测试用例编号 | 被测条件 | 所属分支 |
|---|---|---|
| C1 | $n <= 0$ | B1 |
| C2 | $factor < n$ | B2 |
| C3 | $n \% factor == 0$ | B3 |
| C4 | $prime(a)$ | B4 |
| C5 | $prime(b)$ | B4 |

表 11-7　测试用例设计

| 测试用例编号 | 输入 | 条件真值 | | | | | 分支真值 | | | | 路径覆盖 |
|---|---|---|---|---|---|---|---|---|---|---|---|
| | | C1 | C2 | C3 | C4 | C5 | B1 | B2 | B3 | B4 | |
| 1 | −1 | 1 | — | — | — | — | 1 | — | — | — | 1→2→7 |
| 2 | 2 | 0 | 0 | — | — | — | 0 | 0 | — | — | 1→2→3→7 |
| 3 | 6 | 0 | 1 | 1 | 1 | 1 | 0 | 1 | 1 | 1 | 1→2→3→4→5→6→7 |
| 4 | 8 | 0 | 1 | 1 | 1 | 0 | 0 | 1 | 1 | 0 | 1→2→3→4→5→3→7 |

| 测试用例编号 | 输入 | 条件真值 | | | | | 分支真值 | | | | 路径覆盖 |
|---|---|---|---|---|---|---|---|---|---|---|---|
| | | C1 | C2 | C3 | C4 | C5 | B1 | B2 | B3 | B4 | |
| 5 | 13 | 0 | 1 | 0 | — | — | 0 | 1 | 0 | — | 1→2→3→4→3→7 |
| 6 | 15 | 0 | 1 | 1 | 1 | 1 | 0 | 1 | 1 | 1 | 1→2→3→4→5→6→7 |
| 7 | 30 | 0 | 1 | 1 | 1 | 1 | 0 | 1 | 1 | 0 | 1→2→3→4→3→7 |
| 8 | 35 | 0 | 1 | 1 | 1 | 1 | 0 | 1 | 1 | 1 | 1→2→3→4→5→6→7 |

兼顾设计用例对模块间关系和主要模块内部表现的需求，将被测程序 11-4 的修改为程序 11-5 的形式。

**程序 11-5** 用灰盒法对 separete() 函数进行测试

```
1   # 判断正整数 n 是否为两个素数的乘积
2   import math, random
3
4   def prime(n):
5       print("go(" + str(n) + "),", end = "")
6       return 0 not in [n % s for s in range(2, int(math.sqrt(n)))]
7
8   def separate(n):
9       if n <= 0:
10          print("Error,", end = "")
11          return - 1
12      for factor in range(2, n):
13          if n % factor == 0:
14              a = factor
15              b = n // a
16              if prime(a) and prime(b):
17                  print("Pass,", end = "")
18                  return 1
19              else:
20                  break
21      print("Fail,", end = "")
22      return 0
23
24  if __name__ == '__main__':
25      test_case = [ - 1, 2, 6, 8, 13, 15, 30, 35]
26      for item in test_case:
27          print(separate(item))
```

运行结果：

```
Error, - 1
Fail, 0
go(2), go(3), Pass, 1
go(2), go(4), Pass, 1
Fail, 0
go(3), go(5), Pass, 1
go(2), go(15), Pass, 1
go(5), go(7), Pass, 1
```

灰盒测试通常需要修改被测程序代码,增加状态输出语句。程序 11-5 在程序 11-4 的基础上,增加了第 5、10、17 和 21 行代码,输出程序运行过程中的状态。其中,第 5 行代码用于表现 prime()函数被调用的情况。一旦 prime()函数被调用,就会输出相关信息,用于表示函数被调用和调用时的参数值。第 10、17 和 21 行代码用户显示 separate()函数内部执行的过程。通过这 4 行代码,既可以感知 prime()函数被调用的情况,又可以观察 separate()函数的走向。因此,程序 11-5 所使用的测试方法属于灰盒测试。表 11-8 很清楚地显示,prime()函数把整数 4 和 15 都判定为素数,因此程序 11-4 中的 prime()函数显然存在错误。

表 11-8    测试用例与运行结果对照

| 测试用例编号 | 输    入 | 期望输出 | 实际输出 | 通过状态 |
|---|---|---|---|---|
| 1 | −1 | Error,−1 | Error,−1 | √ |
| 2 | 2 | Fail,0 | Fail,0 | √ |
| 3 | 6 | go(2),go(3),Pass,1 | go(2),go(3),Pass,1 | √ |
| 4 | 8 | go(2),go(4),Fail,0 | go(2),go(4),Pass,1 | × |
| 5 | 13 | Fail,0 | Fail,0 | √ |
| 6 | 15 | go(3),go(5),Pass,1 | go(3),go(5),Pass,1 | √ |
| 7 | 30 | go(2),go(15),Fail,0 | go(2),go(15),Pass,1 | × |
| 8 | 35 | go(5),go(7),Pass,1 | go(5),go(7),Pass,1 | √ |

# 11.3  错误分类

程序的错误大致可以分为语法错误、运行错误和逻辑错误,下面分别加以介绍。

## 11.3.1  语法错误

语法错误是指源程序中包含不符合语法规则的成分而产生的错误。例如,表达式不完整、缺少必要的标点符号、关键字输入错误、数据类型不匹配、循环语句或选择语句的关键字不匹配等。通常,编译器或解释器在对程序进行编译或解释运行的过程中,会把检测到的语法错误以提示信息的方式显示出来。

语法错误的调试则可以由集成开发环境提供的调试功能来实现。在程序进行编译或解释运行时,编译器或解释器会对程序中的语法错误进行诊断。语法错误通常可以分为三种情况:致命错误、错误和警告。

(1)致命错误。这种错误大多是在编译程序或解释程序内部发生的错误。发生这类错误时,编译或解释过程被迫中止,只能重新启动编译程序或解释程序。但是这类错误很少发生。为了安全,编译或解释运行前最好还是先保存程序。事实上,大多数的集成开发环境在编译或解释运行程序前都会默认保存已经修改过的源程序。

(2)错误。这种错误通常是由源程序的内容中存在语法不当的部分所引起的。例如,括号不匹配、变量未声明等。产生这种错误时会出现报错提示,根据提示对源程序进行修改即可。这种错误是出现最多的。

(3)警告。警告是指编译程序或解释程序怀疑有错,但是不确定,有时可强行通过。例如,不同类型数据的混合计算、函数内部变量与外部变量同名等。这些警告中有些会导致错误,有些对程序正确运行没有影响。虽然警告不代表一定存在错误,但是在编程过程中,程序员应该极力避免和尽力消除警告,不能置警告于不顾。

**程序 11-6** 语法错误示例 1

| | |
|---|---|
| 1 | a = 1 |
| 2 | b = 2 |
| 3 | if a = b: |
| 4 |     print("The Same!") |

程序 11-6 的第 3 行代码存在语法错误。代码的本意是要判断 a 和 b 是否相等。但是在 Python 语言中,判断两个变量的值是否相等应该使用"=="运算符。

**程序 11-7** 语法错误示例 2

| | |
|---|---|
| 1 | def cal(n): |
| 2 |     if n == 0 |
| 3 |         return True |
| 4 |     else: |
| 5 |         return False |
| 6 | |
| 7 | if __name__ == '__main__': |
| 8 |     print("Finish.") |

程序 11-7 的第 2 行代码存在语法错误。代码的本意是要根据 n 是否等于 0 来实现分支。根据 Python 的语法规则,分支语句的条件部分应该以冒号":"结束,提示下一行应该缩进。程序 11-7 的第 2 行代码的结尾缺少了冒号。

图 11-3 语法错误提示信息

使用 IDLE 运行程序 11-6 和程序 11-7 时会出现如图 11-3 所示的对话框,提示程序中存在语法错误,同时光标会停留在出现错误的位置。

语法错误是最容易发现的错误。Python 程序虽然是解释方式运行的,但是在运行前会做整体的语法检查。如果语法有错误,解释器会给出相应的提示信息,程序不会开始运行。如程序 11-7,语法错误出现在函数 cal()中。虽然程序 11-7 并未调用该函数,但是解释器依然会给出语法错误的提示。

## 11.3.2 运行错误

运行错误指在程序运行过程中出现的错误。例如,运算时数值不在合理范围内、访问数据容器时下标越界、文件不存在导致文件打开失败、磁盘空间不够导致文件内容无法写入等。运行错误发生的前提是发生错误的语句在语法上是正确的,否则将无法运行,也就不会产生运行错误了。

**程序 11-8** 运行错误示例 1

| | |
|---|---|
| 1 | import math |
| 2 | |
| 3 | a, b, c = 1, 2, 3 |

```
4    delta = b * b - 4 * a * c
5    r1 = (-b + math.sqrt(delta)) / (a * 2)
6    r2 = (-b - math.sqrt(delta)) / (a * 2)
7    print(r1, r2)
```

运行结果：

```
Traceback (most recent call last):
    File "E:\例程\11\11-7.py", line 5, in <module>
        r1 = (-b + math.sqrt(delta)) / (a * 2)
ValueError: math domain error
```

程序 11-8 中，函数 math.sqrt() 对变量 delta 开根号。但是程序中未对变量 delta 的值进行判断而直接进行了开根号的操作。当 delta 的值小于 0 时，程序运行时就会报告数学计算出现值域范围的错误。然而，整个程序在语法上是没有错误的，解释器并不能发现 delta 的值有可能小于 0。

**程序 11-9**　运行错误示例 2

```
1    import math, random
2
3    def prime(n):
4        for fac in range(int(math.sqrt(n)) + 1):
5            if n % fac == 0:
6                return False
7        return True
8
9    if __name__ == '__main__':
10       test_cases = [26, 61, 37, -1, 79]
11       for item in test_cases:
12           print("prime(%2d) = %s" % (item, str(prime(item))))
```

运行结果：

```
Traceback (most recent call last):
    File "E:\例程\11\11-9.py", line 12, in <module>
        print("prime(%2d) = %s" % (item, str(prime(item))))
    File "E:\例程\11\11-9.py", line 5, in prime
        if n % fac == 0:
ZeroDivisionError: integer division or modulo by zero
```

程序 11-9 的第 5 行有一个求余的运算。求余运算的本质是除法运算。程序第 4 行的迭代由 range 对象控制。这个 range 对象的初值为 0。当程序运行时，就会出现除法的除数为 0 的错误。对程序做语法解释时，并不能预知 fac 的值，所以这样的错误只有在运行过程中才会发生。

**程序 11-10**　运行错误示例 3

```
1    import math, random
2
3    def prime(n):
```

```
4        for fac in range(2, int(math.sqrt(n)) + 1):
5            if n % fac == 0:
6                return False
7        return True
8
9    if __name__ == '__main__':
10       test_cases = [26, 61, 37, -1, 79]
11       for item in test_cases:
12           print("prime(%2d) = %s" % (item, str(prime(item))))
```

运行结果:

```
prime(26) = False
prime(61) = True
prime(37) = True
Traceback (most recent call last):
    File "E:\Sync\教材\例程\11\11-9.py", line 12, in <module>
        print("prime(%2d) = %s" % (item, str(prime(item))))
    File "E:\Sync\教材\例程\11\11-9.py", line 4, in prime
        for fac in range(2, int(math.sqrt(n)) + 1):
ValueError: math domain error
```

将程序 11-9 修改成程序 11-10,修改了 range 对象的初值,不会出现 fac 值为 0 的情况。但是重新运行,发现仍然存在运行错误。仔细观察后不难发现,这是一个类似程序 11-8 中出现的错误。所以,程序 11-9 的第 4 行隐藏着两个可能导致运行错误的因素。

从上述例子中可以看出,运行错误具有一定的隐蔽性。如果测试用例没有覆盖到可能导致错误的用例,那么这些运行错误都可能不会被发现。因此,测试用例的选择要广泛、全面,且具有一定的规模。这样更容易发现可能的运行错误。

### 11.3.3　逻辑错误

程序运行后,没有得到设计者预期的结果。这就说明程序存在逻辑错误。这种错误在语法上是有效的,但是在逻辑上是错误的。例如,使用了不正确的变量、指令的次序错误、循环的条件不正确、程序设计的算法考虑不周全等。有时,逻辑错误也会附带产生运行错误。逻辑错误是最隐蔽的错误,需要程序员仔细地分析程序,并借助集成开发环境提供的调试工具,找到出错的原因,并排除错误。

从程序运行的角度来讲,逻辑错误其实不能算是"错误",程序的整个运行过程可以顺利完成,并不会被某些事件中断。然而,这并不能代表程序的输出结果是正确的。如果程序输出的结果不是预期的结果,那这个程序中很可能存在逻辑错误。

【例 11-4】　求解二元一次方程。

程序 11-11　求解二元一次方程的逻辑错误示例

```
1    import math
2
3    def equation(a, b, c):
4        delta = b * b - 4 * a * c
```

```
5            if delta < 0:
6                print("无实数解.")
7            else:
8                r1 = -b + math.sqrt(delta) / (a * 2)
9                r2 = -b - math.sqrt(delta) / (a * 2)
10               print("r1 = %6.3f, r2 = %6.3f" % (r1, r2))
11
12   if __name__ == '__main__':
13       test_cases = [(1, 2, 3), (1, 5, 6), (2, 5, 2)]
14       for (a, b, c) in test_cases:
15           equation(a, b, c)
```

运行结果:

```
无实数解.
r1 = -4.500, r2 = -5.500
r1 = -4.250, r2 = -5.750
```

根据二元一次方程的求解公式可知,方程 $ax^2+bx+c=0(a\neq 0)$ 的解应该是:

$$x = \frac{-b \pm \sqrt{b^2-4ac}}{2a}$$

程序 11-11 是解二元一次方程的源程序。这个程序表面上看似乎没什么问题,但是查看运行结果却发现方程 $x^2+5x+6=0$ 和 $2x^2+5x+2=0$ 的解都不正确。仔细分析后不难发现,程序第 8 行和第 9 行的代码是错误的。由于缺少了括号,导致运算优先级错误,从而使得求解结果错误。这样的错误就是典型的运算逻辑错误。

【例 11-5】 实现如下分段函数:

$$f(n) = \begin{cases} -1 & n < 0 \\ 0 & 0 \leqslant n \leqslant 100 \\ 1 & n > 100 \end{cases}$$

**程序 11-12** 逻辑错误示例

```
1    import math
2
3    def step(n):
4        if n < 0:
5            return -1
6        elif n < 100:
7            return 0
8        else:
9            return 1
10
11   if __name__ == '__main__':
12       print("step(%d) = %d" % (0, step(0)))
13       print("step(%d) = %d" % (100, step(100)))
```

运行结果:

程序测试与调试

```
step(0) = 0
step(100) = 1
```

程序 11-12 的错误是明显的，$f(100)$ 应该是 0 而不是 $-1$。显然，程序中第 6 行代码中的比较运算符"<"应该改为"<="。这样的错误就是典型的分支条件计算错误而导致的程序分支逻辑的错误。

相比运行错误而言，逻辑错误的隐蔽性更强。以程序 11-11 而言，整个程序只有在 $f(100)$ 这一个"点"上是错误的。如果测试用例没有覆盖这个点，这个问题就很难发现。如果程序投入实际运行后，这个点很小概率会被触及到，那这个错误有可能会长期存在而不被发现。大型程序由于逻辑非常复杂，类似这样的错误是难免的，总有一定的存在概率。大型程序几乎都是"带病运行"的，只是这些"病"很少发生，几乎不影响运行，所以一直未被发现。一旦发现，将通过补丁程序进行修正。

# 11.4 程序调试的常用方法

错误的发生对于程序设计来讲是在所难免的。几乎没有哪个程序员能够做到编写代码不出错。既然错误不可避免，那么定位错误就成为一项保障程序正确性的重要任务。定位错误的过程通常称为程序调试。

## 11.4.1 利用输出

代码调试的最基本的办法是插入可靠的、真实的输出语句。当输出语句数量庞大且不易于管理时，在输出语句中恰当使用记录系统，这可以说是一个等效的好方案。许多编程语言中都配备了现成的类库，例如在 Python 中构建的记录库。

输出语句是程序员检查数据值和变量类型最快、最简单和最直接的方式。高效的输出语句能够帮助程序员通过一段代码来跟踪数据流，并快速识别 bug 源头。虽然先进的调试工具有很多，但是如果想调试一段代码，输出语句的方法应该是程序员最先考虑的方法。

## 11.4.2 单步调试与断点

单步调试是指程序开发中，为了找到程序的错误，通常采用的一种调试手段。单步调试允许程序员一步一步地跟踪程序执行的流程，根据变量的值，找到错误的原因。

pdb 是 Python 自带的一个模块，为 Python 程序提供了一种交互的源代码调试功能。它支持在源码行间设置断点和单步执行、检查堆栈帧、列出源代码列表，以及在任何堆栈帧的上下文中运行任意 Python 代码。

使用 pdb 模块调试程序的第一步是让解释器在适当的时候进入调试工具。程序员可以采用不同的方法达到这个目的，具体取决于起始条件和所要调试的内容。启动 pdb 模块主要有三种方式，即命令行执行方式、解释器执行方式和程序执行方式。

### 1. 命令行执行方式

启动 pdb 模块的最直接的方式是通过命令行运行。这种方式又称为外部启动方式，是在 Python 解释器的外部启动 pdb 模块，pdb 模块被启动后通常称为调试器。命令格式如下：

```
python - m pdb xxx.py
```

其中，xxx.py 是被调试的程序名称。这种启动方式是在操作系统的命令行窗口中进行的。不同的操作系统有不同的开启命令行窗口的方法，具体需参考对应操作系统的参考文档。

调试器启动以后，就可以使用调试命令来调试程序。下方列出的是调试器可使用的命令。大多数命令可以缩写为一个或两个字母。如 h(elp)表示可以输入 h 或 help 来获取帮助信息。调试器命令须严格遵守大小写和缩写规则，如 h(elp)表示可以输入 h 或 help，但不能输入 he、hel、H、Help 或 HELP 等。命令中的参数必须用空格符或制表符分隔。在命令语法中，可选参数括在方括号([ ])中，使用时请勿输入方括号。命令语法中的多个可选项由竖线(|)分隔。输入一个空白行将重复最后输入的命令。

调试器无法识别的命令将被认为是 Python 语句，并在正在调试的程序的上下文中执行。Python 语句也可以用感叹号(!)作为前缀。这是检查正在调试的程序的有效方法，甚至可以修改变量或调用函数。当此类语句发生异常，将打印异常名称，但调试器的状态不会改变。

调试器支持别名。所谓别名，就是重新命名一条命令。通常对于常用的较长的命令，可以定义较短的别名来简化调试过程，提高调试的效率。别名可以有参数，使得别名在不同的上下文中具有一定程度的适应性。在一行中可以输入多个命令，以分号对(；；)分隔。不能使用单个分号(；)，因为单分号用于分隔传递给 Python 解释器的一行中的多条语句。命令切分方式使用最简单的匹配方式，总是在第一个分号对处将输入切分开，即使它位于带引号的字符串中。

存在于用户主目录或当前目录中的.pdbrc 文件，是调试器的自启动文件。调试器启动时，会自动将其读入并执行，等同于在调试器提示符下输入该文件。这对于建立别名非常有效。若两个目录中都存在.pdbrc 文件，则首先读取主目录中的文件，且本地文件可以覆盖其中定义的别名。

(1) h(elp) [command]。

不带参数时，显示可用的命令列表。参数为 command 时，打印有关该命令的帮助。help pdb 显示完整文档，即 pdb 模块的文档字符串。由于 command 参数必须是标识符，因此要获取！的帮助必须输入 help exec。

(2) w(here)。

打印堆栈回溯，最新一帧在底部。有一个箭头指向当前帧，该帧决定了大多数命令的上下文。

(3) d(own) [count]。

在堆栈回溯中，将当前帧向下移动 count 级(默认为 1 级)，移向更新的帧。

(4) u(p) [count]。

在堆栈回溯中，将当前帧向上移动 count 级(默认为 1 级)，移向更老的帧。

(5) b(reak) [([filename：]lineno | function) [, condition]]。

如果带有 lineno 参数，则在当前文件相应行处设置一个断点。如果带有 function 参数，则在该函数的第一条可执行语句处设置一个断点。行号可以加上文件名和冒号作为前缀，以在另一个文件(可能是尚未加载的文件)中设置一个断点。另一个文件将在 sys. path 范围内搜索。注意,每个断点都分配有一个编号,其他所有断点命令都引用该编号。如果第二个参数存在,它应该是一个表达式,且它的计算值为 True 时断点才起作用。如果不带参数执行,将列出所有中断,包括每个断点、命中该断点的次数、当前的忽略次数以及关联的条件(如果有)。

(6) tbreak [([filename:]lineno | function) [, condition]]。

临时断点,在第一次命中时会自动删除。它的参数与 break 相同。

(7) cl(ear) [filename: lineno | bpnumber [bpnumber …]]。

如果参数是 filename:lineno,则清除此行上的所有断点。如果参数是空格分隔的断点编号列表,则清除这些断点。如果不带参数,则清除所有断点,但会先提示确认。

(8) disable [bpnumber [bpnumber …]]。

禁用断点,断点以空格分隔的断点编号列表给出。禁用断点表示它不会导致程序停止执行,但是与清除断点不同,禁用的断点将保留在断点列表中并且可以(重新)启用。

(9) enable [bpnumber [bpnumber …]]。

启用指定的断点。

(10) ignore bpnumber [count]。

为指定的断点编号设置忽略次数。如果省略 count,则忽略次数将设置为 0。忽略次数为 0 时断点将变为活动状态。如果为非零值,在每次达到断点,且断点未禁用,且关联条件计算值为 True 的情况下,该忽略次数会递减。

(11) condition bpnumber [condition]。

为断点设置一个新 condition,它是一个表达式,且它的计算值为 True 时断点才起作用。如果没有给出 condition,则删除现有条件,也就是将断点设为无条件。

(12) commands [bpnumber]。

为编号是 bpnumber 的断点指定一系列命令,命令内容将显示在后续的几行中。输入仅包含 end 的行来结束命令列表。

要删除断点上的所有命令,可以输入 commands 并立即以 end 结尾,也就是不指定任何命令。

如果不带 bpnumber 参数,commands 作用于最后一个被设置的断点。可以使用断点命令来重新启动程序。只需使用 continue 或 step 命令或其他可以恢复运行的命令。如果指定了某个继续运行程序的命令(目前包括 continue、step、next、return、jump、quit 及它们的缩写)将终止命令列表(就像该命令后紧跟着 end)。因为在任何时候继续运行下去,即使是简单的 next 或 step,都可能会遇到另一个断点,该断点可能具有自己的命令列表,这导致要执行的列表含糊不清。如果在命令列表中加入 silent 命令,那么在该断点处停下时就不会打印常规信息。如果希望断点打印特定信息后继续运行,这可能是理想的方法。如果没有其他命令来打印一些信息,则看不到已达到断点的迹象。

(13) s(tep)。

执行当前行,在第一个可以停止的位置停下。

（14）n(ext)。

继续运行，直到运行到当前函数的下一行，或当前函数返回为止。next 和 step 之间的区别在于，step 进入被调用函数内部并停止，而 next 则运行被调用函数，仅在当前函数的下一行停止。

（15）unt(il)［lineno］。

如果不带参数，则继续运行，直到行号比当前行大时停止。如果带有行号，则继续运行，直到行号大于或等于该行号时停止。在这两种情况下，当前帧返回时也将停止。在 Python 3.2 版更改为允许明确给定行号。

（16）r(eturn)。

继续运行，直到当前函数返回。

（17）c(ont(inue))。

继续运行，仅在遇到断点时停止。

（18）j(ump) lineno。

设置即将运行的下一行。仅可用于堆栈最底部的帧。它可以往回跳，再次运行已经运行过的代码，也可以往前跳，忽略不想运行的代码。需要注意的是，不是所有的跳转都是允许的，例如，不能跳转到 for 循环的中间或跳出 finally 子句。

（19）l(ist)［first［, last］］。

列出当前文件的源代码。如果不带参数，则列出当前行周围的 11 行，或继续前一个列表。如果用.作为参数，则列出当前行周围的 11 行。如果带有一个参数，则列出那一行周围的 11 行。如果带有两个参数，则列出所给范围中的代码；如果第二个参数小于第一个参数，则将其解释为列出行数的计数。当前帧中的当前行用—＞标记。如果正在调试异常，且最早抛出或传递该异常的行不是当前行，则那一行用＞＞标记。

（20）ll｜longlist。

列出当前函数或帧的所有源代码。

（21）a(rgs)。

打印当前函数的参数列表。

（22）p expression。

在当前上下文中运行 expression 并打印它的值。print()也可以使用，但它不是一个调试器命令，它执行 Python 的 print()函数。

（23）pp expression。

与 p 命令类似，输出结果比盘命令美观。

（24）whatis expression。

打印 expression 的类型。

（25）source expression。

尝试获取给定对象的源代码并显示出来。

（26）display［expression］。

如果表达式的值发生改变则显示它的值，每次将停止执行当前帧。若不带表达式则列出当前帧的所有显示表达式。

（27）undisplay［expression］。

不再显示当前帧中的表达式。若不带表达式则清除当前帧的所有显示表达式。

（28）interact。

启动一个交互式解释器（使用 code 模块），它的全局命名空间将包含当前作用域中的所有全局和局部名称。

（29）alias［name［command］］。

创建一个标识为 name 的别名来执行 command。执行的命令不可加上引号。可替换形参可通过％1、％2 等来标识，而％＊会被所有形参所替换。如果没有给出命令，则会显示 name 的当前别名。如果没有给出参数，则会列出所有别名。别名允许嵌套并可包含能在 pdb 提示符下合法输入的任何内容。内部 pdb 命令可以被别名所覆盖。在别名取消之前，这样的命令都将被隐藏。别名会递归地应用到命令行的第一个单词；行内的其他单词不会受影响。

（30）unaliasname。

删除指定的别名。

（31）!statement。

在当前堆栈帧的上下文中执行 statement。感叹号可以被省略，除非语句的第一个单词与调试器命令重名。要设置全局变量，可以在同一行上为赋值命令添加 global 语句。

（32）run［args …］或 restart［args …］。

重启被调试的 Python 程序。如果提供了参数，它会用 shlex 来拆分且拆分结果将被用作新的 sys. argv。历史、中断点、动作和调试器选项将被保留。restart 是 run 的一个别名。

（33）q(uit)。

退出调试器。被执行的程序将被中止。

（34）debug code。

进入一个对代码参数执行步进的递归调试器。该参数是指当前环境中执行的任意表达式或语句。

（35）retval。

打印函数最后一次返回的返回值。

### 2. 解释器执行方式

本质上，pdb 调试器是 Python 提供的一个包。如果在 Python 解释器的交互式环境下运行调试工具，可以使用 pdb 包的 run()或者 runeval()等方法。pdb 模块定义了下列函数。

（1）pdb. run(statement, globals＝None, locals＝None)。

在调试器控制范围内执行 statement(以字符串或代码对象的形式提供)。调试器提示符会在执行代码前出现，可以设置断点并输入 continue，也可以使用 step 或 next 逐步执行语句(上述所有命令在后文有说明)。可选参数 globals 和 locals 指定代码执行环境，默认时使用__main__模块的字典(可参阅内置函数 exec()或 eval()的说明)。

（2）pdb. runeval(expression, globals＝None, locals＝None)。

在调试器控制范围内执行 expression(以字符串或代码对象的形式提供)。runeval()返回时将返回表达式的值。本函数在其他方面与 run()类似。

（3）pdb. runcall(function, ＊args, ＊＊kwds)。

使用给定的参数调用 function(以函数或方法对象的形式提供，不能是字符串)。

runcall()返回的是所调用函数的返回值。调试器提示符将在进入函数后立即出现。

（4）pdb. set_trace( * , header＝None)。

在调用本函数的堆栈帧处进入调试器。用于硬编码一个断点到程序中的固定点处，即使该代码不在调试状态（如断言失败时）。如果传入 header，它将在调试开始前被打印到控制台。

（5）pdb. post_mortem(traceback＝None)。

进入 traceback 对象的事后调试。如果没有给定 traceback，默认使用当前正在处理的异常之一。未给定 traceback 时，必须存在正在处理的异常。

（6）pdb. pm()。

在 sys. last_traceback 中查找 traceback，并进入其事后调试。run()和 set_trace()都是别名，用于实例化 Pdb 类和调用同名方法。

（7）class pdb. Pdb(completekey＝'tab', stdin＝None, stdout＝None, skip＝None, nosigint＝False, readrc＝True)。

Pdb 是调试器类。completekey、stdin 和 stdout 参数都会传递给底层的 cmd. Cmd 类，可参考相应的描述。如果给出 skip 参数，则它必须是一个迭代器，可以迭代出 glob-style 样式的模块名称。如果遇到匹配上述样式的模块，调试器将不会进入来自该模块的堆栈帧。默认情况下，当发出 continue 命令时，Pdb 将为 SIGINT 信号设置一个处理程序（SIGINT 信号是用户在控制台按 Ctrl＋C 组合键时发出的）。这使用户可以按 Ctrl＋C 组合键再次进入调试器。如果希望 Pdb 不要修改 SIGINT 处理程序，可将 nosigint 设置为 True。readrc 参数默认为 True，它控制 Pdb 类是否从文件系统加载.pdbrc 文件。

### 3. 程序执行方式

程序执行方式是 import pdb 之后，直接在代码需要调试的地方添加一行 pdb. set_trace()，以设置一个断点，程序会在 pdb. set_trace()暂停并进入 pdb 调试环境。可以用 pdb 命令查看变量的值，或者进行其他调试操作。

# 习题

1. 编写程序判断用户输入的一个字符串是否是字母回文串，这里的字母回文串是一个回文串，但是有两个特殊条件：

   （1）非字母符号直接忽略，也就是只观察字母符号；

   （2）大小写不区分。例如 ab1A。是一个字母回文串。

2. 用黑盒法对第 1 题的程序进行测试，画出自己的测试用例表格。

3. 用白盒法对第 1 题的程序进行测试，画出自己的测试用例表格。

4. 学习使用 unittest 模块，对第 1 题的程序进行单元测试。

程序测试与调试

# 第 12 章 　 常用计算思维实现

计算思维是运用计算机科学的基础概念进行问题求解的思维方法。它包括了涵盖计算机科学之广度的一系列思维活动。计算思维吸取了问题解决所采用的一般数学思维方法、现实世界中巨大复杂系统的设计与评估的一般工程思维方法,以及复杂性、智能、心理、人类行为的理解等的一般科学思维方法。

计算思维是一种思维过程的体现。与许多概念一样,计算思维在学术界存在一定的共识,但也有不少争议。在取得共识的层面,多数研究者都认可计算思维包含分解、抽象、算法、调试和泛化等关键要素。本章介绍枚举思维、贪心思维、二分思维、递归思维、分治思维、动态规划等常用的计算方法及其求解问题的过程。

## 12.1　枚举思维

在数学和计算机科学理论中,列出一个有穷集合中所有成员的方法或过程称为枚举或穷举。枚举在日常生活中很常见,例如集合{"January","February","March","April","May","June","July","August","September","October","November","December"}就是对月份的一个枚举。

【例 12-1】 寻找 1000 以内所有的回文素数。

**程序 12-1**　寻找 1000 以内所有的回文素数

```
1    # 寻找 1000 以内所有的回文素数
2    import math
3
4    def prime(n):
5        return 0 not in [n % s for s in range(2, int(math.sqrt(n)) + 1)]
6
7    def palindrome(n):
8        return n == int(str(n)[::-1])
9
10   def print_list(lst, line):
11       count = 0
12       for item in lst:
13           print("{0:5}".format(item), end = "")
14           count += 1
15           print() if count % line == 0 else None
16
17   if __name__ == '__main__':
```

```
18        result = []
19        for seed in range(2, 1001):
20            if palindrome(seed) and prime(seed):
21                result.append(seed)
22        print_list(result, 5)
```

程序 12-1 的第 19 行就是用来枚举 2～1000 的所有整数。将这些整数逐个通过 palindrome() 函数和 prime() 函数判断,满足既是回文数又是素数的整数被加入 result 列表中。枚举过程可以确保所有符合条件的整数全部添加到 result 列表中。其实,prime() 函数中对 $n$ 是否为素数的判断方法也是枚举思想的体现。在 prime() 函数中,把 $n$ 与 $2 \sim \sqrt{n}$ 的所有整数相除的余数放到列表中。这个过程,枚举了所有可能是 $n$ 因数的整数。

【例 12-2】 谁是参与者。发生一起事件,共有 5 位知情人,他们分别进行了叙述。a 说是 b 和 c 一起干的;b 说不是他干的;c 说是 a 干的,或者是 b 干的;d 说不是 a 干的,也不是 d 干的;e 说不是他干的。已知 5 位知情人中有一个人说的话不正确。是哪些人参与了这起事件?

程序 12-2　谁是参与者

```
1    # 谁是参与者
2
3    for combination in range(32):
4        lst = list(map(int, str("{0:0>5b}".format(combination))))
5        a, b, c, d, e = lst
6
7        r = 0
8        r += b and c              # a 说
9        r += not b                # b 说
10       r += (a or b)             # c 说
11       r += not a and not d      # d 说
12       r += not e                # e 说
13       if r == 4:
14           print("可能的组合:", lst)
```

运行结果:

```
可能的组合: [0, 1, 1, 0, 0]
```

程序 12-2 的基本思想是把 5 个知情人参与这件事情的可能的所有组合方式都找到,然后逐个判断每种组合方式是不是满足题目中给定的条件。第一个关键问题是明确一共有多少种可能的组合。每位知情人是否参与了这件事情,都有"参与"或"未参与"两种状态,所以 5 个知情人可能的组合方式一共有 $2^5$ 种。程序中第 3 行构造了迭代次数为 32 的循环,正是基于这个原因。第二个关键问题是如何得到每种组合状态下各位知情人是否参与了这件事情的状态。

程序 12-2 中把迭代变量通过字符串格式化方法转换为二进制位串,然后再通过 map() 函数将 5 个二进制位映射成整数 0 或 1,分别赋值给 5 个变量。将 $0 \sim 2^n - 1$ 范围内所有整数都转换为二进制形式,可以枚举 $n$ 个二进制位 0 和 1 状态的所有可能的组合。如果把一个二进制位对应一位知情人,把 0 视为"未参与",把 1 视为"参与",那么就枚举了 5 个知情人参与此事的所有可能的组合。程序中第 8~12 行是计算根据题目中的表述,有几句话是正确的。第 13 行判断如果有 4 句话是正确的,那么就找到了一种可能的组合。

## 12.2 贪心思维

贪心算法(又称贪婪算法)是指在对问题求解时,总是做出在当前看来是最好的选择。也就是说,不从整体最优上加以考虑,算法得到的是在某种意义上的局部最优解。贪心算法不是对所有问题都能得到整体最优解。

贪心算法没有固定的算法框架,算法设计的关键是贪心策略的选择。贪心策略必须具备无后效性,即某个状态以后的过程不会影响以前的状态,只与当前状态有关。因此,对所贪心策略一定要分析其是否满足无后效性。

【例 12-3】 平分纸牌。有 $n$ 堆纸牌,编号分别为 $0,2,\cdots,n-1$。每堆有若干张纸牌,纸牌总数必为 $n$ 的倍数。可以在任一堆上取若干张纸牌移动。移牌的规则为:在 0 号堆上取的纸牌,只能移到 1 号堆上;在 $n-1$ 号堆上取的纸牌,只能移到 $n-2$ 号堆上;在其他堆上取的纸牌,可以移到相邻左边或右边的堆上。现在要求找出一种移动方法,用最少的移动次数使每堆上纸牌数都一样多。

例如,$n=5$,5 堆纸牌张数分别为 9、10、2、8、1。移动 4 次可以达到目的:从 0 号堆移动 3 张纸牌到 1 号堆;从 1 号堆移动 7 张纸牌到 2 号堆;从 2 号堆移动 3 张纸牌到 3 号堆;从 3 号堆移动 5 张纸牌到 4 号堆。移动完成后,每堆纸牌为 6 张。

程序 12-3 平分纸牌

```
1    # 平分纸牌
2    import random
3
4    # 随机生成纸牌堆,堆数为 3~8,每堆 1~10 张牌不等
5    n = random.randint(3, 8)
6    cards = [random.randint(1, 10) for i in range(n - 1)]
7    cards.append(n - sum(cards) % n)
8
9    print("初始状态:")
10   print(cards, "\n")
11
12   print("移动过程:")
13   count = 0
14   while True:
15       # 计算每堆需要移动的纸牌的数量
16       moving = [cards[i] - sum(cards) // n for i in range(n)]
17
18       # 计算每堆牌左右一共差多少张牌
19       delta = [(sum(moving[:i]), sum(moving[i + 1:])) for i in range(n)]
20
21       # 确定需要移牌的堆号
```

```
22          index = -1
23          for i in range(n):
24              if delta[i][0] == 0 and delta[i][1] == 0:
25                  continue
26              elif delta[i][0] <= 0 and delta[i][1] <= 0:
27                  index = i
28                  break
29
30          #没有再需要移牌的堆,移动结束
31          if index == -1:
32              break
33
34          #需要向前移
35          if delta[i][0]:
36              count += 1
37              cards[i-1] += -delta[i][0]
38              cards[i] += delta[i][0]
39              print("第%d步:[%d]<--(%d)--<[%d]," % (count, i-1, -delta[i][0],
    i), "\t移动后:", cards)
40
41          #需要向后移
42          if delta[i][1]:
43              count += 1
44              cards[i+1] += -delta[i][1]
45              cards[i] += delta[i][1]
46              print("第%d步:[%d]>--(%d)-->[%d]," % (count, i, -delta[i][1], i+
    1), "\t移动后:", cards)
47
48  print("\n移动步数 = %d" % count)
```

运行结果:

```
初始状态:
[2, 3, 4, 8, 3, 1, 7]

移动过程:
第1步:[2]<--(3)--<[3], 移动后: [2, 3, 7, 5, 3, 1, 7]
第2步:[3]>--(1)-->[4], 移动后: [2, 3, 7, 4, 4, 1, 7]
第3步:[1]<--(3)--<[2], 移动后: [2, 6, 4, 4, 4, 1, 7]
第4步:[0]<--(2)--<[1], 移动后: [4, 4, 4, 4, 4, 1, 7]
第5步:[5]<--(3)--<[6], 移动后: [4, 4, 4, 4, 4, 4, 4]

移动步数 = 5
```

程序 12-3 用随机函数生成牌堆数 $n$ 和每堆牌的张数 cards,然后来求解平分纸牌的问题。大多数情况下不是移动一次就可以完成的,因此,解决这个问题的关键是每次移动前确

常用计算思维实现

定移动哪一堆牌和移动多少张。程序中第 14～47 行完成移牌的过程。第 14 行构造的是一个永真循环,原因是移动之前不知道要移动多少次才能完成。这个循环由第 31 行的分支决定是否结束。

程序 12-3 中第 16 行在每次移动前计算出每堆牌的张数和应有张数之间的差值。第 19 行计算每堆牌的左边和右边的堆中缺牌或多牌的总张数。第 22～28 行确定本次需要移动牌的堆号。确定的方法是找出一个堆,它的左边和右边都不多牌,且至少有一边是缺牌的。如果找不到需要移牌的堆了,第 32 行就终止移牌的过程。第 35～48 行是按照规则并根据实际需要分别向左右移牌。运行结果展示了移动的每个步骤。

【例 12-4】 快递员送货。快递员接受了投递一批货物的任务。每样货物都有一定的重量和配送收益。快递员的送货车辆有载重量的上限。如果允许快递员挑选并配送一车货物,快递员应该挑选哪些货物配送才能获得尽可能多的收益呢?

程序 12-4　快递员送货

```
1    #快递员送货
2    import random
3
4    #配送
5    def dispatch(mw, glst, sort_key, sort_direction):
6        ret, bef = [], 0
7        temp = sorted(glst, key = sort_key, reverse = sort_direction)
8        for item in temp:
9            if item[0] < mw:
10               ret.append(item)
11               bef += item[1]
12               mw -= item[0]
13        return ret, bef
14
15
16   #随机生成货物的重量和配送收益
17   max_weight = 15
18   goods_num = 8
19   goods = [(random.randint(1, 5), random.randint(1, 5)) for i in range(goods_num)]
20   print(goods)
21
22   #策略1:最小重量优先
23   print(dispatch(max_weight, goods, lambda x:x[0], False))
24
25   #策略2:最大收益优先
26   print(dispatch(max_weight, goods, lambda x:x[1], True))
27
28   #策略3:收益/重量比最大优先
29   print(dispatch(max_weight, goods, lambda x:x[1]/x[0], True))
```

运行结果:

```
[(1, 1), (4, 5), (2, 1), (1, 1), (5, 4), (3, 3), (5, 5), (5, 1)]
([(1, 1), (1, 1), (2, 1), (3, 3), (4, 5)], 11)
([(4, 5), (5, 5), (5, 4)], 14)
([(4, 5), (1, 1), (1, 1), (3, 3), (5, 5)], 15)
```

程序 12-4 用随机函数生成了货物的重量和配送收益,存放在 goods 列表中。列表中每个元素是一个元组,代表一样货物。元组的 0 号元素是货物重量,1 号元素是配送收益。程序中 dispatch()函数选择需要配送的货物,基本思想是从货物列表中分多次选择货物装车,每次只选一样货物,直到送货车的剩余运力不能装下任何货物为止。本例需要解决的关键问题是每次选哪样货物装车才能尽可能获得较高的收益。

程序 12-4 中给出了三种选择的策略,分别是最小重量优先、最大收益优先和收益/重量比最大优先。程序中分别按照上述三种策略,以 lambda()函数的方式给出了对货物列表进行排序的比较函数。dispatch()函数根据给定的排序策略遍历货物列表,每次选择一样货物。当配送车的运力余量大于当前货物重量时,就把该货物装车,并累计收益值。

从程序 12-4 的运行结果可以看出,不同的选择策略会得到不同的收益。多数情况下,收益/重量比最大优先原则能得到最好的结果,但是并非每次都是最好的结果。所以,贪心策略得到的并不一定是全局最优解。

# 12.3 二分思维

二分思维是一个应用很广泛的思想,通常用于在有序的数据集中寻找某个特定的对象,又称为二分搜索(binary search)、折半搜索(half-interval search)、对数搜索(logarithmic search)。搜索过程从数据集的中间元素开始,如果中间元素正好是要查找的元素,则搜索过程结束;如果要查找元素大于或小于中间元素,则在数据集大于或小于中间元素的那一半中进行下一次查找,并且同样从中间元素开始比较。如果查询的范围不断收缩直至为空,则代表要查找的元素不存在。这种搜索算法每一次比较都使搜索范围缩小一半,它能将查找效率从 $O(n)$ 优化到 $O(\log n)$,效率非常高。

【例 12-5】 猜数游戏。甲乙二人进行猜数游戏。甲写下一个最大不超过 max_num 的整数 $n$,乙来猜这个数是多少。乙每猜一次,甲都会如实报告乙猜的数是大了还是小了。乙继续猜。乙需要猜多少次能猜对这个整数?

程序 12-5 猜数游戏

```
1   #猜数游戏
2   import random
3
4   #生成一个随机数
5   max_num = 50000
6   n = random.randint(1, max_num)
7   upper_bound = max_num
8   lower_bound = 1
9
10  #开始猜数
```

```
11    #开始猜数
12    count = 0
13    print("被猜数:%d" % n)
14    while upper_bound > lower_bound:
15        guess = (upper_bound + lower_bound) // 2
16        count += 1
17        print("%2d:%8d%8d%8d" % (count, lower_bound, upper_bound, guess))
18        if guess > n:
19            upper_bound = guess
20        elif guess < n:
21            lower_bound = guess
22        else:
23            break
24    print("实猜数:%d" % guess)
```

运行结果:

```
被猜数:33974
 1: 0 50000 25000
 2: 25000 50000 37500
 3: 25000 37500 31250
 4: 31250 37500 34375
 5: 31250 34375 32812
 6: 32812 34375 33593
 7: 33593 34375 33984
 8: 33593 33984 33788
 9: 33788 33984 33886
10: 33886 33984 33935
11: 33935 33984 33959
12: 33959 33984 33971
13: 33971 33984 33977
14: 33971 33977 33974
实猜数:33974
```

程序 12-5 默认最大整数为 50 000,记为 max_num。程序使用变量 lower_bound 和 upper_bound 来确定猜数的范围的下界和上界,分别被初始化为 0 和 max_num。被猜数是随机生成的。猜数的过程就是不断调整 guess、lower_bound 和 upper_bound 的过程。程序第 15 行显示,猜数的过程每次都猜 lower_bound 和 upper_bound 的中间值。第 16～21 行是调整的过程。如果猜数比被猜数大,说明被猜数在下界到猜数之间,则令 upper_bound 为猜数,即把搜索范围缩小到原来的一半。反之类似。当猜数等于被猜数时,第 22 行的条件成立,猜数过程结束。

程序运行结果中所列的 4 列内容分别是猜数的次数、本次猜数的下界、本次猜数的上界和本次的猜数。由于 50 000 介于 $2^{15}\sim2^{16}$,因此猜数的次数不会大于 16。

**【例 12-6】** 二分数据检索。已知一个整数列表 table 和一个整数 key,key 是否存在于 table 中?

**程序 12-6** 二分数据检索

```
1      # 二分数据检索
2      import random
3
4      def bin_search(table, key):
5          table.sort()
6          upper_bound = len(table) - 1
7          lower_bound = 0
8          count = 0
9          print("被检索值:%d" % key)
10         while upper_bound >= lower_bound:
11             index = (upper_bound + lower_bound) // 2
12             count += 1
13             print("%2d:%8d%8d%8d%8d" % (count, lower_bound,
14     upper_bound, index, table[index]))
15             if table[index] == key:
16                 return True
17             if table[index] > key:
18                 upper_bound = index - 1
19             else:
20                 lower_bound = index + 1
21         return False
22
23     if __name__ == '__main__':
24         # 生成一个随机数表
25         max_num = 50000
26         lst = [random.randint(1, max_num) for i in range(20)]
27         print(lst)
28         print("-" * 40)
29
30         # 查找一个存在的值
31         n = lst[random.randint(0, 19)]
32         print("存在" if bin_search(lst, n) else "不存在")
33         print("-" * 40)
34
35         # 查找一个不存在的值
36         n = lst[0]
37         while n in lst:
38             n = random.randint(1, max_num)
39         print("存在" if bin_search(lst, n) else "不存在")
```

运行结果：

```
[16235, 17023, 29036, 31706, 34474, 1722, 43180, 18281, 45562, 46147, 33739, 17723, 2265,
41127, 8312, 40286, 42243, 49435, 39669, 13037]
----------------------------------------
被检索值:8312
 1:       0      19       9 31706
 2:       0       8       4 16235
```

常用计算思维实现

```
3:       0      3     1 2265
4:       2      3     2 8312
存在
-------------------------------------------------

被检索值:38914
1:       0     19     9 31706
2:      10     19    14 41127
3:      10     13    11 34474
4:      12     13    12 39669
不存在
```

程序 12-6 对一个包含 20 个整数的随机列表进行二分检索。第 31 行令 $n$ 为列表中某一个值,第 32 行调用 bin_search() 函数,模拟列表中包含被检索值的搜索过程。第 36~38 行令 $n$ 为一个列表中不存在的值。第 39 行调用 bin_search() 函数,模拟列表中不包含被检索值的搜索过程。

运行结果分别显示了上述两种情况的搜索过程。结果中所列的 5 列内容分别是搜索的次数、本次搜索的下界、本次搜索的上界、本次被搜索值的位置和本次被搜索的值。运行结果显示了搜索范围是如何快速收缩到很小范围内的。

# 12.4 递归思维

函数调用自身的编程技巧称为递归。递归作为一种算法在程序设计语言中广泛应用。一个过程或函数在其定义或说明中有直接或间接调用自身的一种方法,它通常把一个大型复杂的问题层层转换为一个与原问题相似的规模较小的问题来求解,递归策略只需少量的程序就可描述出解题过程所需要的多次重复计算,大大地减少了程序的代码量。递归的能力在于用有限的语句来定义对象的无限集合。一般来说,递归需要有边界条件、递归前进段和递归返回段。当边界条件不满足时,递归前进;当边界条件满足时,递归返回。

【例 12-7】 求列表最大值。

给定一个无序的整数列表,用递归函数 recur_max() 求出其中的最大值。基本思路:如果该列表中仅有 1 个元素,则该元素就是最大值,recur_max() 函数返回该最大值。如果该列表中多于一个元素,则用 recur_max() 函数求出原列表中去除 0 号元素后的子列表的最大值。子列表最大值和原列表 0 号元素中较大的值为原列表的最大值。也就是说,当列表元素多于 1 个时,调用 recur_max() 函数时,在函数返回之前,需要再次调用 recur_max() 函数求子列表的最大值,这样就形成了函数调用自身的情况。

图 12-1 演示了求列表[51,96,9,−7,89]最大值的递归过程。其中,虚线框表示对 recur_max() 函数的递归调用。第 1 次调用 recur_max() 函数时的输入是列表[51,96,9,−7,89];第 1 次递归调用 recur_max() 函数时的输入是列表[96,9,−7,89],剥离了第一个元素 51。以此类推。到第 4 次递归调用 recur_max() 函数时,输入列表是[−7],仅有一个元素,可以直接求解并返回,返回值即为−7。然后将第 4 次递归调用的返回值−7 和第 3 次递归调用时剥离的 89 进行比较,返回较大的值 89。同理逐层返回,直至与第 1 次调

用剥离的 51 进行比较,返回 96。返回过程中,每次只要比较两个元素的大小,这是一个非常容易求解的问题。这样就通过递归方法,把求解较复杂问题分解为重复多次求解简单问题的过程。

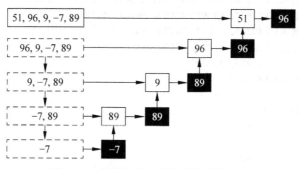

图 12-1　求列表最大值的递归过程示意

**程序 12-7　求列表最大值**

```
1   # 求列表最大值
2   import random
3
4   def recur_max(table):
5       if len(table) == 1:
6           return table[0]
7       else:
8           ret = recur_max(table[1:])
9           return table[0] if table[0]> ret else ret
10
11  def recur_max_process(table, turn):
12      turn += 1
13      print("第 %d 层调用 -> " % turn, "输入:", table)
14      if len(table) == 1:
15          print("第 %d 层返回 <- " % turn, "输出:", table[0], " *** ")
16          return table[0]
17      else:
18          ret = recur_max_process(table[1:], turn)
19          result = table[0] if table[0]> ret else ret
20          print("第 %d 层返回 <- " % turn, "输出:", result)
21          return result
22
23  if __name__ == '__main__':
24      # 生成一个随机数表
25      max_num = 50000
26      lst = [random.randint(1, max_num) for i in range(8)]
        print("原始列表:", lst)
27      print("最大值 = %d" % recur_max_process(lst, 0))
```

运行结果:

常用计算思维实现

```
原始列表：[40109, 37652, 39878, 21877, 40365, 22669, 36227, 45152]
第 1 层调用 -> 输入：[40109, 37652, 39878, 21877, 40365, 22669, 36227, 45152]
第 2 层调用 -> 输入：[37652, 39878, 21877, 40365, 22669, 36227, 45152]
第 3 层调用 -> 输入：[39878, 21877, 40365, 22669, 36227, 45152]
第 4 层调用 -> 输入：[21877, 40365, 22669, 36227, 45152]
第 5 层调用 -> 输入：[40365, 22669, 36227, 45152]
第 6 层调用 -> 输入：[22669, 36227, 45152]
第 7 层调用 -> 输入：[36227, 45152]
第 8 层调用 -> 输入：[45152]
第 8 层返回 <- 输出：45152 ***
第 7 层返回 <- 输出：45152
第 6 层返回 <- 输出：45152
第 5 层返回 <- 输出：45152
第 4 层返回 <- 输出：45152
第 3 层返回 <- 输出：45152
第 2 层返回 <- 输出：45152
第 1 层返回 <- 输出：45152
最大值 = 45152
```

程序 12-7 中包含 recur_max() 和 recur_max_process() 两个函数。这两个函数的功能是相同的。recur_max_process() 函数可以输出递归函数运行的中间过程，recur_max() 函数只求最大值，不输出中间结果。此例旨在帮助读者通过对比两个函数，掌握如何观察递归函数的执行过程。

程序 12-7 中第 5 行是递归函数的边界条件。边界条件通常被放置在递归函数开始的位置，否则将形成"递而不归"的局面。第 8 行开始递归的前进，再次调用 recur_max() 函数。调用的参数是 table 的切片，去除了 table 的 0 号元素。第 9 行则是递归的返回，取 table 的 0 号元素和去除 0 号元素后的子列表的最大值中较大的值。

recur_max_process() 函数在递归的入口处和出口处增加了输出语句。从运行结果中可以清晰地看出递归的全过程。输入列表中有 8 个元素。递归层层深入，每次都减少一个元素，直至递归第 8 层。此时，输入列表中只有一个元素了，直接就可以返回。第 8 层返回的后面加上" *** "作为标记。通过观察这个标记可以看出，虽然 recur_max_process() 函数有两个 return 语句用于返回，但是递归函数边界条件中的返回语句，即第 21 行语句，只用到 1 次。运行结果显示，边界条件在递归到达边界时发挥了作用。

【例 12-8】 汉诺塔问题。相传在古印度圣庙中，有一种被称为汉诺塔（Hanoi）的游戏。有三根柱子（编号为 A、B、C），在 A 柱自下而上、由大到小按顺序放置 64 个金盘。游戏的目标：把 A 柱上的金盘全部移到 C 柱上，并仍保持原有顺序叠好。操作规则：每次只能移动一个盘子，并且在移动过程中三根柱子上都始终保持大盘在下，小盘在上，操作过程中盘子可以置于 A、B、C 任一柱子上。

汉诺塔问题是用递归方法求解的一个典型问题。图 12-2 是有 3 个盘子的汉诺塔问题移动盘子的过程。期间，严格遵守了汉诺塔问题移动盘子的规则。如果盘子数量增加，很难直接写出移动盘子的每一步，但是可以利用下面的方法来解决。设移动盘子数为 $n$，为了将这 $n$ 个盘子从柱杆移动到 C 柱，可以做以下三步：

（1）以 C 柱为中介，从 A 柱将 1 至 $n-1$ 号盘移至 B 柱；

（2）将 A 柱中剩下的第 $n$ 号盘直接移至 C 柱；

（3）以 A 柱为中介，从 B 柱将 1 至 $n-1$ 号盘移至 C 柱。

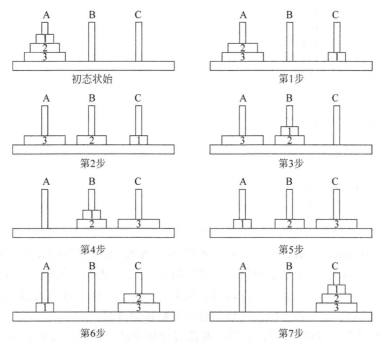

图 12-2　汉诺塔问题示意

　　这样问题就解决了。但是，在实际操作中，只有第（2）步可直接完成，而第（1）步和第（3）步又成为新的移动问题。以上操作的实质是把移动 $n$ 个盘子的问题转换为移动 $n-1$ 个盘子。事实上，上述方法同样适用于移动 $n-1$ 个盘子。依据上法，可解决 $n-1$ 个盘子从 A 杆移到 B 杆和从 B 杆移到 C 杆的问题。依据该原理，层层分解，即可将原问题转换为解决移动 $n-2,n-3,\cdots,3,2$，直到移动 1 个盘子的操作。而移动 1 个盘子的操作是可以直接完成的，这是汉诺塔递归问题的边界条件。至此，汉诺塔移动的问题就解决了。

**程序 12-8**　汉诺塔问题

```
1    #汉诺塔问题
2    def move(plate, c1, c2):
3        print("[ % s] ->- ( % d) ->- [ % s]" % (c1, plate, c2))
4
5    def hanoi(plates, c1, c2, c3):
6        if len(plates) == 1:
7            move(plates[0], c1, c3)
8            return
9        else:
10           hanoi(plates[:-1], c1, c3, c2)
11           move(plates[-1], c1, c3)
12           hanoi(plates[:-1], c2, c1, c3)
13
14   if __name__ == '__main__':
15       hanoi([k + 1 for k in range(4)], "a", "b", "c")
```

常用计算思维实现

运行结果：

```
[a] ->- (1) ->- [b]
[a] ->- (2) ->- [c]
[b] ->- (1) ->- [c]
[a] ->- (3) ->- [b]
[c] ->- (1) ->- [a]
[c] ->- (2) ->- [b]
[a] ->- (1) ->- [b]
[a] ->- (4) ->- [c]
[b] ->- (1) ->- [c]
[b] ->- (2) ->- [a]
[c] ->- (1) ->- [a]
[b] ->- (3) ->- [c]
[a] ->- (1) ->- [b]
[a] ->- (2) ->- [c]
[b] ->- (1) ->- [c]
```

　　程序 12-8 中 hanoi()函数递归求解汉诺塔问题,参数 plates 是列表,其中按增序存放了 $1\sim n$ 共 $n$ 个整数,代表 $n$ 个盘子的编号。编号越大,盘子越大。本例中为了便于演示,设盘子数为 4。程序中第 6 行为边界条件,直接移动 1 个盘子。移动过程通过 move()函数输出。运行结果展示了 4 个盘子的汉诺塔问题的完整移动过程。

　　程序 12-8 显示了汉诺塔的移动过程,并没有计算移动的次数。如果不需要知道移动过程,仅仅想了解 $n$ 个盘子的汉诺塔问题需要移动盘子的次数,同样可以通过一个递归程序很容易地计算出来。

　　【**例 12-9**】　求 $n$ 个盘子的汉诺塔问题所需移动盘子的次数。

　　**程序 12-9**　汉诺塔移动次数问题

```
1     #汉诺塔移动次数问题
2
3     def hanoi(n):
4         if n == 1:
5             return 1
6         else:
7             return 2 * hanoi(n - 1) + 1
8
9     if __name__ == '__main__':
10        print("{0}个盘子需要移动{1}次".format(2, hanoi(2)))
11        print("{0}个盘子需要移动{1}次".format(3, hanoi(3)))
12        print("{0}个盘子需要移动{1}次".format(4, hanoi(4)))
13        print("{0}个盘子需要移动{1}次".format(64, hanoi(64)))
```

运行结果：

```
2 个盘子需要移动 3 次
3 个盘子需要移动 7 次
4 个盘子需要移动 15 次
64 个盘子需要移动 18446744073709551615 次
```

程序 12-9 通过 hanoi() 递归函数计算 $n$ 个盘子的汉诺塔问题需要移动的次数。当 $n=1$ 时，可以直接移动，需要移动 1 次，可以直接返回而不需要继续分解，是递归的边界条件。当 $n>1$ 时，需要先移走上面的 $n-1$ 个盘子，移动次数为 hanoi($n-1$)。然后直接移动剩下的最后一个盘子，需要移动 1 次。最后移回上面的 $n-1$ 个盘子，移动次数为 hanoi($n-1$)。所以，当 $n>1$ 时，$n$ 个盘子的汉诺塔问题的移动次数是 $2\times$hanoi($n-1$)$+1$。

运行结果可以看出，$n$ 个盘子的汉诺塔问题的移动次数是 $2^n-1$。当 $n=64$ 时，移动次数是个很大的数字。所以，汉诺塔问题只是一个传说。

递归方法求解问题时，将一个较复杂问题逐层降解成复杂性相对较低的问题，往往可以使求解的思路变得简单。通常，一个问题可以用递归方法求解，也可以不用递归方法求解。使用递归方法，只是简化了问题的求解思路，但并不是唯一的方法。

【例 12-10】 求 $n$ 的阶乘。

**程序 12-10** 求阶乘

```
1   # 递归求阶乘
2   def fac1(n):
3       if n == 1:
4           return 1
5       else:
6           return n * fac1(n - 1)
7
8   # 非递归求阶乘
9   def fac2(n):
10      s = 1
11      for i in range(2, n + 1):
12          s *= i
13      return s
14
15  if __name__ == '__main__':
16      print("递归法：% d" % fac1(10))
17      print("累乘法：% d" % fac2(10))
```

运行结果：

递归法：3628800
累乘法：3628800

程序 12-10 中，fac1() 函数是递归方法求阶乘，边界条件是当 $n=1$ 时可以直接求解，否则，通过 $n!=n\times(n-1)!$ 的转换，将 $n$ 阶乘问题降解为 $n-1$ 阶乘问题。fac2() 函数是非递归求解，通过一个迭代过程，将 s 依次与 $2,3,\cdots,n-1,n$ 相乘，从而得到 $n$ 的阶乘。两个函数所用的解题方法截然不同，但是结果是完全相同的。

# 12.5　分治思维

分治即分而治之的意思。其基本思想是将较大规模、较难直接解决的问题分解成较小规模、较容易直接解决的问题来求解。分治方法一般由三个步骤构成。

（1）分解（divide）：将原问题分解为若干个规模较小、相互独立、与原问题形式相同的子问题；

（2）解决（conquer）：若子问题规模较小而容易被解决则直接解，否则递归地解各个子问题；

（3）合并（combine）：将各个子问题的解合并为原问题的解。

满足如下四个条件的问题，可考虑使用分治方法求解：

（1）该问题的规模缩小到一定的程度就可以容易地解决；

（2）该问题可以分解为若干个规模较小的相同问题，即该问题具有最优子结构性质；

（3）利用该问题分解出的子问题的解可以合并为该问题的解；

（4）该问题所分解出的各个子问题是相互独立的，即子问题之间不包含公共的子问题。

上述的第（1）条特征是绝大多数问题都可以满足的，因为问题的计算复杂性一般是随着问题规模的增加而增加。第（2）条特征是应用分治法的前提，它也是大多数问题可以满足的，此特征反映了递归思想的应用。第（3）条特征是关键，能否利用分治法完全取决于问题是否具有第（3）条特征，如果具备了第（1）条和第（2）条特征，而不具备第（3）条特征，则可以考虑贪心法或动态规划法。第（4）条特征涉及分治法的效率，如果各子问题是不独立的，则分治法要做许多不必要的工作，重复地解公共的子问题，此时虽然可用分治法，但一般用动态规划法较好。

**【例 12-11】** 归并排序。

归并排序是建立在归并操作上的一种排序算法。该算法将已有序的子序列合并，得到完全有序的序列。即先使每个子序列有序，然后再把子序列排列成一个有序的序列。若将 $n$ 个有序列表合并成一个有序列表，称为 $n$ 路归并。比较常见的是二路归并。

**程序 12-11** 归并排序

```
1    #归并排序
2    import random
3
4    def merge(left, right):
5        ret = []
6        idx1, idx2 = 0, 0
7        end1, end2 = len(left), len(right)
8        while idx1 < end1 or idx2 < end2:
9            if idx1 < end1 and idx2 < end2:
10               if left[idx1] <= right[idx2]:
11                   ret.append(left[idx1])
12                   idx1 += 1
13               else:
14                   ret.append(right[idx2])
15                   idx2 += 1
16           elif idx1 >= end1:
17               ret.extend(right[idx2:])
18               idx2 = end2
19           elif idx2 >= end2:
20               ret.extend(left[idx1:])
21               idx1 = end1
```

```
22          return ret
23
24    def sort(lst):
25        if len(lst) <= 1:
26            return lst
27        else:
28        mid = len(lst)//2
29        return merge(sort(lst[:mid]), sort(lst[mid:]))
30
31    if __name__ == '__main__':
32        max_num = 50000
33        lst = [random.randint(1, max_num) for i in range(8)]
34        print(lst)
35        print(sort(lst))
```

运行结果：

```
[37904, 10838, 31013, 32765, 23019, 21121, 26260, 47860]
[10838, 21121, 23019, 26260, 31013, 32765, 37904, 47860]
```

程序 12-11 中第 24～29 行完成归并排序的过程。归并排序算法的基本思路是将一个序列分割成 $n$ 个子序列，$n$ 通常取 2。如果子序列都是有序的，则通过归并方法将子序列合并成一个有序的序列。如果不能确定序列是有序的，则继续分解子序列，重复上述过程。可以看出，这个过程是递归的。当子序列长度不超过 1 时，是递归的边界条件。因为这个子序列一定是有序的，满足归并的条件。

程序中第 4～22 行的 merge() 函数实现二路归并。二路归并的基本思路是：通过两个下标指示变量 idx1 和 idx2 分别迭代访问两个子序列的元素。如果两个子序列都有元素可以访问，即两个子序列都未迭代结束，则将两个子序列中当前被访问元素的值较大的那个元素拼接到总序列中；如果某个子序列的元素都迭代完了，则把另一个子序列剩余的所有元素拼接到总序列中。

【例 12-12】 最大子序列和问题。已知一个整数序列，求子序列之和的最大值，不要求得到子序列。子序列要求是连续的，因此也可以称其为连续子序列最大和问题。

如果序列较长，子序列的组合会非常多，很难一下子理出解题的头绪。可以考虑用分治法把问题降成较小规模的问题。基本思路：把序列分为两部分，并分别求最大子序列和。最大子序列可能出现在左半部分，或者右半部分，或者是两者之间。如果出现在左半部分或者右半部分，那问题就解决了。如果出现在两者之间，先对左半部分求以最后一个数字为结尾的最大序列和，然后对右半部分以第一个数字开始的最大序列和，将两者加起来即是。

**程序 12-12** 最大子序列和（分治法）

```
1    #最大子序列和(分治法)
2    import random
3
4    def submax(lst, start, end):
5        if start == end:
6            return lst[start]
```

```
7              else:
8                  mid = (start + end) // 2
9                  left = submax(lst, start, mid )
10                 right = submax(lst, mid + 1, end )
11                 midleft = lst[mid]
12                 midright = lst[mid + 1]
13             group = 0
14             for i in range(mid, start - 1, -1):
15                 group += lst[i]
16                 if group > midleft:
17                     midleft = group
18             group = 0
19             for i in range(mid + 1, end + 1):
20                 group += lst[i]
21                 if group > midright:
22                     midright = group
23             return max([left, right, midleft + midright])
24
25     if __name__ == '__main__':
26         max_num = 10
27         lst = [random.randint( - max_num, max_num) for i in range(8)]
28         print(lst)
29         print(submax(lst, 0, len(lst) - 1))
```

运行结果：

```
[ - 2, - 2, 4, - 8, 10, 4, 0, 10]
24
```

程序 12-12 中的 submax()函数求 lst 列表中从 start 位置到 end 位置的片段中的最大子序列和。submax()函数是递归的。序列只有一个元素是递归的边界条件，此时可以直接得到最大子序列和，即为该元素本身。程序第 9 行和第 10 行分别递归调用 submax()函数，求出左半子序列和右半子序列中的最大子序列和。第 13~17 行求出以左半子序列最后一个元素结尾的最大子序列和，第 18~22 行求出以右半子序列第一个元素开头的最大子序列和，两者相加为处于左、右半序列"接缝"部位的最大子序列和。第 23 行在三个子序列和中求出最大值即为整个序列的最大子序列和。

# 12.6  动态规划

动态规划(dynamic programming,DP)是运筹学的一个分支，是求解决策过程最优化的过程。动态规划的应用极其广泛，包括工程技术、经济、工业生产、军事以及自动化控制等领域。动态规划自问世以来，在经济管理、生产调度、工程技术和最优控制等方面得到了广泛的应用，例如最短路线、库存管理、资源分配、设备更新、排序、装载等问题，用动态规划法比用其他方法求解更为方便。

若要用动态规划法解一个给定问题,需要解其不同部分(即求出子问题的解),再合并子问题的解以得出原问题的解。通常许多子问题非常相似,为此动态规划法试图仅仅解决每个子问题一次,从而减少计算量:一旦某个给定子问题的解已经算出,则将其存储起来,以便下次需要同一个子问题解时直接查表。这种做法在重复子问题的数目关于输入的规模呈指数增长时特别有用。

能采用动态规划法求解的问题的一般要具有三个性质。

(1) 最优化原理。如果问题的最优解所包含的子问题的解也是最优的,就称该问题具有最优子结构,即满足最优化原理。

(2) 效性。即某阶段状态一旦确定,就不受这个状态以后决策的影响。也就是说,某状态以后的过程不会影响以前的状态,只与当前状态有关。

(3) 有重叠子问题。即子问题之间是不独立的,一个子问题在下一阶段决策中可能被多次使用到。该性质并不是动态规划适用的必要条件,但是如果没有这条性质,动态规划法同其他方法相比就不具备优势。

动态规划所处理的问题是一个多阶段决策问题,一般由初始状态开始,通过对中间阶段决策的选择,达到结束状态。这些决策形成了一个决策序列,同时确定了完成整个过程的一条活动路径。

【例 12-13】 数字三角问题。在图 12-3(a)所示的数字三角中寻找一条从顶点到底边的路径,使得路径上所经过的数字之和最大。路径的每一步都只能往左下或右下走。求出最大的路径值即可,不必给出路径。

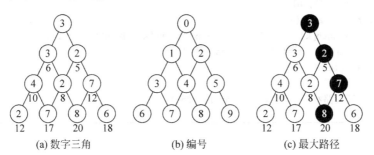

图 12-3 动态规划法解数字三角问题示意

很显然,这个问题有一个很容易理解的解决方法,那就是枚举法。把数字三角中所有的路径全部枚举出来,即能求出数字和最大的路径。但是,枚举法会做很多"无用功",因为本题只需求最大数字和,而无须知道具体的路径。动态规划方法可以简化这个问题的求解思路。

为了便于表述,将图 12-3(a)中的节点按图 12-3(b)的方式进行编号。根据题意可知,每条路径是从节点 0 出发,向着底边的方向逐层向下的。按照这个方向,从节点 0 出发逐层向下行走。到达节点 1 时,只有唯一的路径"0-1",路径长度为 6。到达节点 2 时,也只有唯一的路径"0-2",路径长度 5。到达节点 3 时,也只有唯一的路径"0-1-3",路径长度为 10。到达节点 4 的情况就不同了。显然,从节点 0 到达节点 4 有两条路径,即"0-1-4"和"0-2-4",这两条路径的长度是不同的,分别是 3+3+2=8 和 3+2+2=7。那么,很容易理解,凡是从节点 0 出发,通过节点 4 继续向下发展的路径中,到达节点 4 的时候的路径长度最大是 8。

所以,7 无须记录,可以被舍去。

通过观察可以看出,每个节点最多来源于两个方向的路径输入,即左上方向和右上方向。通过上面的分析,不难为每个节点求出到达此节点时最大可能的路径长度,即取该节点左上方向节点的最大路径值与右上方向节点的最大路径值中较大的值与该节点值相加。对于位于每一行两端的节点则更简单,只有唯一的方向来源。据此,可以为每个节点计算出到达底该节点时的最大路径长度。图 12-3(a)中每个节点下方的数字即是此含义。

**程序 12-13　数字三角问题**

```
1    #数字三角问题
2    import random
3
4    tri = []
5    n = 4
6    for i in range(1, n + 1):
7        tri.append([random.randint(1, 10) for k in range(i)])
8
9    print(tri)
10
11   length = [0] * n
12   length[0] = tri[0][0]
13   print(length)
14
15   for i in range(1, n):
16       for k in range(i, 0, -1):
17           length[k] = tri[i][k] + max(length[k], length[k - 1])
18       length[0] = tri[i][0] + length[0]
19       print(length)
20
21   print("最大路径值 = %d" % max(length))
```

运行结果:

```
[[3], [3, 2], [4, 2, 7], [2, 7, 8, 6]]
[3, 0, 0, 0]
[6, 5, 0, 0]
[10, 8, 12, 0]
[12, 17, 20, 18]
最大路径值 = 20
```

程序 12-13 中第 4~7 行使用随机函数模拟生成了一个 4 行的数字三角,存放在列表 tri 中。具体方法是通过第 6、7 行的迭代。在每一轮迭代中,为 tri 列表增加一个元素,而这个元素又是通过生成式生成的一个列表。随着变量 i 的变化,生成式在每一轮迭代中生成的列表长度是逐次增加的。这样生成的列表可以模拟一个数字三角。

程序第 11 行初始化一个 length 列表,长度为底边节点数,用于记录到达每个节点时的最大路径长度。length 列表中 0 号元素初始化为顶点的值,表示从顶点出发时,路径的最大长度就是顶点的值。其余元素初始化为 0。

程序第 15～17 行是一个嵌套的迭代过程。外层迭代遍历数字三角的行,内层迭代遍历每行的节点,逐层逐节点标记到达该节点的最大路径值。遍历每层时,是从最右边的节点逐个向左边递推的。这样在计算某个节点的最大路径时,上层左上方向和右上方向两个节点的最大路径值还没有被覆盖。这样设计就可以用一维列表来保存每个节点的最大路径。最终保留的是底边所有元素的最大路径值。其中的最大值即为本例的解。

【例 12-14】 纸币组合问题。已知有若干种面额的纸币,如果要购买确定金额的商品,共有多少种组合方式可以支付该商品?例如,已有 1 元和 2 元面额的纸币,要支付价值 4 元的商品,共有三种组合方式:1 元 4 张、2 元 2 张、1 元 2 张加 2 元 1 张。

该问题的求解思路和数字三角问题其实是一样的。已知两种面额的纸币,考虑分两步来支付,先用面额 1 元的纸币,再用面额 2 元的纸币。使用面额 1 元的纸币,有 5 种可能性,分别是使用 0 张 1 元纸币到 4 张 1 元纸币,对应得到支付后剩余未支付的金额,分别是 4 元到 0 元。然后对应剩余未支付的金额,再考虑使用面额 2 元的纸币。图 12-4 是支付过程的示意图。图 12-4 中顶点为需要支付的总金额。第二层节点是分别使用 0～4 张 1 元纸币所支付的金额,节点旁边所标记的数字是剩余未支付的金额。第三层节点分别是使用 0～2 张2 元纸币后剩余未支付的金额,节点下方标记的数字是剩余未支付的金额。其中"×"表示超出了应付金额。显然,从第三层节点中标记数字为 0 的个数即为可能支付的组合数。

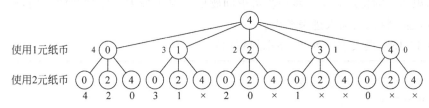

图 12-4　动态规划法解纸币组合问题示意

**程序 12-14　货币组合问题**

```
1    #货币组合问题
2    import random
3
4    bill = [1, 2, 5]
5    remains = [4]
6
7    count = 0
8    for money in bill:
9        step = []
10       for item in remains:
11           num = item // money + 1
12           step.extend([item - money * k for k in range(0, num)])
13       count += step.count(0)
14       print(step)
15       remains = [item for item in step if item > 0]
16   print("组合方式 = %d" % count)
```

运行结果:

常用计算思维实现

```
[4, 3, 2, 1, 0]
[4, 2, 0, 3, 1, 2, 0, 1]
[4, 2, 3, 1, 2, 1]
组合方式 = 3
```

例 12-14 中第 5 行 remains 列表中初始化了未支付的金额。支付未开始时,未支付的金额只有一种可能,就是需要支付的总金额。当支付开始以后,根据支付情况的不同,剩余未支付的金额会有多种可能。第 8 行迭代 bill 列表的元素。bill 列表中存放的是已知货币的面额。迭代过程中的 step 列表用来存放本次迭代中支付对应面额的纸币时,剩余未支付金额的可能的值。如:第一轮使用 1 元纸币支付时,可能支付的张数由 num 变量决定,分别是 0~4 张,支付结束后,剩余未支付的金额分别是 4~0 元。step 的值即为[4, 3, 2, 1, 0],如运行结果第 1 行所示。count 变量记录本轮迭代是 step 中 0 的个数。0 代表一次成功的支付。然后将 step 中大于零的值存入 remains 列表中,由下一轮面额纸币来支付。累计每轮支付时 steps 中 0 的个数即为本题的解。

【例 12-15】 用动态规范法求解最大子序列和问题。

在例 12-12 中,用分治法求解了最大子序列和问题。在本例中,使用动态规划法来求解。动态规划法的特点总是一步一步考虑问题的。对于最大子序列和的问题,则是从数列的头开始,逐个将元素加入进来考虑。

**程序 12-15** 最大子序列和(动态规划法)

```
1    # 最大子序列和(动态规划法)
2    import random
3
4    def sub_sum(lst):
5        mmax = lst[0]
6        msum = lst[0]
7        for idx in range(1, len(lst)):
8            msum = max([msum + lst[idx], lst[idx]])
9            mmax = msum if msum > mmax else mmax
10           print(mmax)
11       return mmax
12
13   if __name__ == '__main__':
14       max_num = 10
15       lst = [random.randint(-max_num, max_num) for i in range(8)]
16       print(lst)
17       print("最大子序列和 = %d" % sub_sum(lst))
```

运行结果:

```
[-2, -2, 4, -8, 10, 4, 0, 10]
-2
4
4
```

```
10
14
14
24
最大子序列和 = 24
```

程序 12-15 演示了用动态规划法求最大子序列和的过程。初始状态仅考虑第一个元素,最大子序列和即为第一个元素的值。当后续元素加入时,如果加入的元素 $a_i$ 比当前最大子序列 $lst_i$ 的和与 $a_i$ 的和还要大,则说明当前最大子序列和是负的,那么以 $a_i$ 元素开始的子序列的和在任何情况下都大于拼接上 $lst_i$ 以后子序列的和,所以当前子序列就不用考虑了,应该从 $a_i$ 重新来累计最大子序列和。这是动态规划法求最大子序列和的关键。代码第 8、9 行体现了这个核心思想。

# 习题

1. 搬砖问题。有三种人参与搬砖,男人一次搬 4 块,女人一次搬 2 块,小孩两人搬 1 块。合计 36 人去搬 36 块砖,一次搬完没人空手,编写程序计算男人、女人、小孩的数量。

2. 寻找勾股数。编写程序,找出 1~100 的所有勾股数,要求如下:
   (1) 不重复,例如(3,4,5)和(5,4,3)就算重复。
   (2) 所有的勾股数输出时第 1~3 个数字按照从小到大顺序排列输出。
   (3) 一行打印 5 组勾股数。

3. 有一个列表 lst 包含 4 个整型元素,分别存储了 1 元、2 元、5 元、10 元的纸币数量,要用这些纸币凑出 $m$ 元,至少要用多少张纸币?

4. 假设有一个背包可容纳 50kg 的重量,现在有三种物品的信息如表 12-1 所示。

表 12-1  三种物品的信息

| 编　　号 | 重量/kg | 价值/元 |
| --- | --- | --- |
| 1 | 10 | 60 |
| 2 | 20 | 100 |
| 3 | 30 | 120 |

每种物品都是以 kg 为单位装纳,例如物品 3 可以只拿 25kg,如何分配每种物品的重量,使得背包所装物品的价值最大?

5. 编写程序,让用户输入一个正整数,用二分法求该整数的平方根,结果保留到小数点后 3 位。

6. 有一个列表 lst 按照从小到大的顺序存储了 $n$ 个互不相等的正整数,让用户输出一个整数 num,如果 num 在 lst 中存在则返回它的序号。否则返回它应该插入的序号,所谓应该插入的序号,就是插入后整个列表继续保持从小到大排序。

7. 有一个列表 lst 包含了 $n$ 个正整数,用递归法编写程序实现对该列表进行从小打大冒泡排序。

8. 编写程序,用递归法判断一个字符串是否是回文串。

9. 有一个列表 lst 存储了 $n$ 个正整数,编写程序找出其中的众数。所谓众数是指出现次数超过 lst 长度的一半的数。本题可以假设一定存在众数,可考虑用分治法来解决该问题。

10. 有一个列表 lst 存储了 $n$ 个正整数,基于分治思想编写程序实现二路归并排序算法,从而对该列表从小到大排序。

11. 有一个列表 lst 存储了 $n$ 个整数,找到一个具有最大和的连续子列表(子列表最少包含一个元素),返回其该字列表的最大和的值。

12. 有一个列表 lst 存储了 $n$ 个正浮点数,它的第 $i$ 个元素 lst[$i$] 表示一个软件公司的股票第 $i$ 天的价格。只能买入 1 次,然后选择后面的一个日期卖出。编写程序,输出可以盈利的最大值,如果不能盈利则输出 0。

# 第 13 章　NumPy、Pandas 和 Matplotlib

Python 语法简单但是应用领域极广,有一个重要原因是它拥有海量的第三方库,这些库极大地拓展了 Python 的使用场合。本章主要介绍三个库,分别是 NumPy、Pandas 和 Matplotlib。它们设计精良、功能强大,是数据处理、分析和统计的利器,被戏称为 Python"三剑客"。

## 13.1　NumPy

NumPy 即 Numeric Python 的缩写,是一个优秀的开源科学计算库,并已经成为 Python 科学计算生态系统的重要基石。NumPy 提供了丰富的数学函数、强大的多维数组对象以及优异的运算性能。尽管 Python 作为流行的编程语言非常灵活易用,但它本身并非为科学计算量身定做,在开发效率和执行效率上均不适合直接用于数据分析,尤其是大数据的分析和处理。幸运的是,NumPy 为 Python 插上了翅膀,在保留 Python 语言优势的同时大大增强了科学计算和数据处理的能力。

NumPy 与 SciPy、Matplotlib、SciKits 等其他众多 Python 科学计算库很好地结合在一起,共同构建了一个完整的科学计算生态系统。甚至可以毫不夸张地讲,NumPy 是使用 Python 进行数据分析的一个必备工具。

### 13.1.1　NumPy 数组对象

NumPy 中的 ndarray 是一个多维数组对象,该对象由两部分组成。

(1) 实际的数据。

(2) 描述这些数据的元数据。大部分的数组操作仅仅修改元数据部分,而不改变底层的实际数据。下面通过具体的例子来演示 NumPy 对象数组的基本特性和使用方法。

【例 13-1】　用 arrange()函数和 array()函数创建一维或多维数组。

程序 13-1　创建多维数组

```
1    #创建多维数组
2
3    import numpy as np
4
5    a = np.arange(10)
6    b = np.arange(5, 24, 2) + 1
7    c = np.array([a, b])
8    d = b.reshape(2, 5)
9    print("a:", a)
10   print("b:", b)
```

```
11    print("c:", c)
12    print("d:", d)
13    print("a.shape:", a.shape)
14    print("b.shape:", b.shape)
15    print("c.shape:", c.shape)
16    print("d.shape:", d.shape)
17    print("a.type :", type(a))
18    print("c.type :", type(c))
19    print("d.type :", type(d))
```

运行结果：

```
a: [0 1 2 3 4 5 6 7 8 9]
b: [ 6 8 10 12 14 16 18 20 22 24]
c: [[ 0 1 2 3 4 5 6 7 8 9]
 [ 6 8 10 12 14 16 18 20 22 24]]
d: [[ 6 8 10 12 14]
 [16 18 20 22 24]]
a.shape: (10,)
b.shape: (10,)
c.shape: (2, 10)
d.shape: (2, 5)
a.type : <class 'numpy.ndarray'>
c.type : <class 'numpy.ndarray'>
d.type : <class 'numpy.ndarray'>
```

程序 13-1 的第 5 行和第 6 行代码使用 NumPy 中的 arange() 函数来创建一维数组。arange() 函数的参数含义与 range() 是一样的，不同之处在于 arange() 函数生成的多维数组可以在生成时直接进行计算。本例第 6 行在生成的一维数组的同时，在每个元素上都加了 1。

第 7 行代码使用 array() 函数生成的是一个二维数组。在 NumPy 中，除了一维数组用 arange() 函数生成以外，二维及以上维度的数组都使用 array() 函数生成。事实上，arange() 方法与 reshape() 方法搭配也可以得到多维数组。本例第 8 行代码演示了 reshape() 方法的使用。

第 17～19 行代码显示，不管是 arange() 函数、array() 函数还是 reshape() 方法生成的数组，其类型都是 ndarray 类型的对象。多维数组 ndarray 是 NumPy 的核心数据类型。

【例 13-2】 使用 reshape()、ravel()、transpose() 和 resize() 方法修改 NumPy 数组的维度。

**程序 13-2** 改变数组维度

```
1    # 改变数组维度
2
3    import numpy as np
4
5    a = np.arange(12)
6    a = a.reshape(3,4)
```

```
7    print("a(3,4):\n", a)
8
9    b = a.ravel()
10   print("b:\n", b)
11
12   c = a.transpose()
13   print("c:\n", c)
14
15   a.resize(4, 3)
16   print("a(4,3):\n", a)
```

运行结果：

```
a(3,4):
[[ 0 1 2 3]
 [ 4 5 6 7]
 [ 8 9 10 11]]
b:
[ 0 1 2 3 4 5 6 7 8 9 10 11]
c:
[[ 0 4 8]
 [ 1 5 9]
 [ 2 6 10]
 [ 3 7 11]]
a(4,3):
[[ 0 1 2]
 [ 3 4 5]
 [ 6 7 8]
 [ 9 10 11]]
```

对多维数组进行操作时,可以使用 ravel() 方法对多维数组进行展平操作,通过 reshape() 方法传递一个元素是正整数的元组来设置数组的维度,使用 transpose() 方法对多维数组进行转置,使用 resize() 方法改变多维数组的维度。方法 resize() 和 reshape() 的功能一样,但 resize() 会直接修改所操作的数组,而 reshape() 则是生成一个新数组。因此,程序 13-2 的第 6 行代码需要进行赋值,而第 15 行代码则不需要进行赋值。

【例 13-3】 使用 hstack()、vstack()、dstack()、column_stack() 和 row_stack() 等方法对 NumPy 数组进行组合。

程序 13-3　数组的组合

```
1    # 数组的组合
2
3    import numpy as np
4
5    a = np.arange(6)
6    b = np.arange(6) * 2
7    print("a:", a)
8    print("b:", b)
9
```

```
10    c = np.hstack((a, b))
11    print("c:", c)
12
13    d = np.vstack((a, b))
14    print("d:\n", d)
15
16    e = np.dstack((a, b))
17    print("e:\n", e)
18    print("e.shape:", e.shape)
19
20    f = np.column_stack((a, b))
21    print("f:\n", f)
22    print("f.shape:", f.shape)
23
24    g = np.row_stack((a, b))
25    print("g:\n", g)
26    print("g.shape:", g.shape)
```

运行结果：

```
a: [0 1 2 3 4 5]
b: [ 0 2 4 6 8 10]
c: [ 0 1 2 3 4 5 0 2 4 6 8 10]
d:
[[ 0 1 2 3 4 5]
 [ 0 2 4 6 8 10]]
e:
[[[ 0  0]
  [ 1  2]
  [ 2  4]
  [ 3  6]
  [ 4  8]
  [ 5 10]]]
e.shape: (1, 6, 2)
f:
[[ 0  0]
 [ 1  2]
 [ 2  4]
 [ 3  6]
 [ 4  8]
 [ 5 10]]
f.shape: (6, 2)
g:
[[ 0 1 2 3 4 5]
 [ 0 2 4 6 8 10]]
g.shape: (2, 6)
```

NumPy 数组有水平组合、垂直组合和深度组合等多种组合方式。可以使用 hstack() 方法进行水平组合,通过 vstack()方法完成垂直组合,借助 dstack()方法实现深度组合,利用 column_stack()方法做到按列组合,基于 row_stack()方法达到按行组合等。程序 13-3 分别展示了上述方法的使用例子。

NumPy 数组既然可以组合,也就可以分割。NumPy 数组可以进行水平、垂直或深度分割,相关的方法有 hsplit()、vsplit()、dsplit()和 split()等。读者可自行查阅文档学习,此处不再赘述。

## 13.1.2 NumPy 的数据类型

Python 支持的数据类型有整型、浮点型以及复数型,但这些类型不足以满足科学计算的需求,因此 NumPy 添加了很多其他的数据类型。在实际应用中,需要不同精度的数据类型,它们占用的内存空间也是不同的。在 NumPy 中,大部分数据类型名是以数字结尾的,这个数字表示其在内存中占用的位数。表 13-1 列出了 NumPy 中支持的数据类型。

表 13-1　NumPy 中支持的数据类型

| 类　　型 | 描　　述 |
| --- | --- |
| bool | 用一位存储的布尔类型(值为 True 或 False) |
| inti | 由所在平台决定其精度的整数(一般为 int32 或 int64) |
| int8 | 整数,范围为 $-128\sim127$ |
| int16 | 整数,范围为 $-32\,768\sim32\,767$ |
| int32 | 整数,范围为 $-2^{31}\sim2^{31}-1$ |
| int64 | 整数,范围为 $-2^{63}\sim2^{63}-1$ |
| uint8 | 无符号整数,范围为 $0\sim255$ |
| uint16 | 无符号整数,范围为 $0\sim65\,535$ |
| uint32 | 无符号整数,范围为 $0\sim2^{32}-1$ |
| uint64 | 无符号整数,范围为 $0\sim2^{64}-1$ |
| float16 | 半精度浮点数(16 位)。用 1 位表示正负号,5 位表示指数,10 位表示尾数 |
| float32 | 单精度浮点数(32 位)。用 1 位表示正负号,8 位表示指数,23 位表示尾数 |
| float64 或 float | 双精度浮点数(64 位)。用 1 位表示正负号,11 位表示指数,52 位表示尾数 |
| complex64 | 复数,分别用两个 32 位浮点数表示实部和虚部 |
| complex128 或 complex | 复数,分别用两个 64 位浮点数表示实部和虚部 |

NumPy 可以使用字符编码来表示数据类型,这是为了兼容 NumPy 的前身 Numeric。表 13-2 列出了字符编码对应表。

表 13-2　字符编码对应表

| 类　　型 | 字符编号 |
| --- | --- |
| 整数 | i |
| 无符号整数 | u |
| 单精度浮点数 | f |
| 双精度浮点数 | d |

续表

| 类 型 | 字符编号 |
|---|---|
| 布尔值 | b |
| 复数 | D |
| 字符串 | S |
| Unicode 字符串 | U |
| void(空) | V |

程序 13-4 展示了如何设置多维数组元素的数据类型和如何获取多维数组元素的数据类型。Numpy 允许对多维数组元素的数据类型进行转换。值得注意的是,非必要情况下,不建议进行元素数据类型转换,因为转换过程中有可能引入误差而导致后续运算的结果出现偏差,甚至出现错误。

**程序 13-4**　NumPy 的数据类型

```
1    # NumPy 的数据类型
2
3    import numpy as np
4
5    a = np.arange(5)
6    b = np.arange(5, dtype = np.float32)
7    c = np.arange(5, dtype = "D")
8
9    print("a:", a)
10   print("b:", b)
11   print("c:", c)
12   print("a.dtype:", a.dtype)
13   print("b.dtype:", b.dtype)
14   print("c.dtype:", c.dtype)
15
16   d = b.astype("int32")
17   print("b:", b)
18   print("d:", d)
19   print("d.dtype:", d.dtype)
```

运行结果:

```
a: [0 1 2 3 4]
b: [0. 1. 2. 3. 4.]
c: [0.+0.j 1.+0.j 2.+0.j 3.+0.j 4.+0.j]
a.dtype: int32
b.dtype: float32
c.dtype: complex128
b: [0. 1. 2. 3. 4.]
d: [0 1 2 3 4]
d.dtype: int32
```

程序 13-4 的第 16 行代码对数组 b 的元素类型进行转换。从执行结果中可以看出,astype()方法不会改变原数组对象,而是通过返回值的形式得到一个新数组。

## 13.1.3 数据文件读写

NumPy 中的 savetxt()函数可以将多维数组中的数据写到文本文件中保存,loadtxt()
函数可以将数据从文件中读取出来,存放在多维数组中,如程序 13-5 所示。

**程序 13-5** 读写数据文件

```
1    #读写数据文件
2
3    import numpy as np
4
5    a = np.arange(24)
6    a.shape = (4, 6)
7    print("a:\n", a)
8    np.savetxt("data.csv", a, delimiter = ",", fmt = " % i")
9
10   b,c = np.loadtxt('data.csv',delimiter = ',',usecols = (2,3),
11   unpack = True)
12   print("b:\n", b)
13   print("c:\n", c)
```

运行结果:

```
a:
[[ 0 1 2 3 4 5]
 [ 6 7 8 9 10 11]
 [12 13 14 15 16 17]
 [18 19 20 21 22 23]]
b:
[ 2. 8. 14. 20.]
c:
[ 3. 9. 15. 21.]
```

程序 13-5 的第 8 行代码展示了如何通过 savetxt()函数将一个二维的数组写入 CSV 文
件中。在调用 savetxt()时,可以指定文件名、需要保存的数组名、分隔符以及存储浮点数的
格式等参数。图 13-1 显示了所得到的文件内容的存储结构。程序第 10、11 行代码则展示
了如何通过 loadtxt()函数从 CSV 文件中读出内容,并存到多维数组中。

| A | B | C | D | E | F | G |
|---|---|---|---|---|---|---|
| 0 | 1 | 2 | 3 | 4 | 5 | |
| 6 | 7 | 8 | 9 | 10 | 11 | |
| 12 | 13 | 14 | 15 | 16 | 17 | |
| 18 | 19 | 20 | 21 | 22 | 23 | |

图 13-1 生成的 data.csv 文件的内容

在程序 13-5 中使用英文标点逗号作为分隔符,生成的是标准的 CSV 文件。格式字符
串以一个百分号开始,接下来是一个可选的标志字符:一表示结果左对齐,0 表示左端补 0,
+表示输出符号(正号+或负号-)。第三部分为可选的输出宽度参数,表示输出的最小位

数。第四部分是精度格式符,以"."开头,后面跟一个表示精度的整数。最后是一个类型指定字符。表 13-3 列出了 savetxt()函数可用的类型指定字符。

表 13-3　savetxt()函数可用的类型指定字符

| 字符 | 含　义 |
|---|---|
| c | 单个字符 |
| d 或 i | 十进制有符号整数 |
| e 或 E | 科学记数法表示的浮点数 |
| f | 浮点数 |
| g 或 G | 自动在 e、E 和 f 中选择合适的表示法 |
| o | 八进制有符号整数 |
| s | 字符串 |
| u | 十进制无符号整数 |
| x 或 X | 十六进制无符号整数 |

函数 savetxt()和 loadtxt()可以很方便地存取多维数组,但是也有局限性,即只能存取一维和二维数组。如果是二维以上的数组,需要转换维度后才能存取。

【例 13-4】　使用 savetxt()函数保存二维以上的多维数组,使用 loadtxt()函数读取保存的多维数组。

程序 13-6　保存和还原多维数组

```
1   #保存和还原多维数组
2
3   import numpy as np
4
5   a = np.arange(24)
6   a.shape = (2, 3, 4)
7   print("a:\n", a)
8
9   '''
10  此处可对 a 数组进行运算
11  '''
12
13  #将数组变形后写入文件
14  a.shape = (24, 1)
15  np.savetxt("data.csv", a, delimiter = ",", fmt = "%i")
16
17  #读取文件中的数组,并变形成需要的形态
18  b = np.loadtxt('data.csv', delimiter = ',', usecols = (0,),
19  unpack = True)
20  b.shape = (3, 8)
21  print("b:\n", b)
```

运行结果:

```
a:
[[[ 0 1 2 3]
  [ 4 5 6 7]
```

```
  [ 8 9 10 11]]

[[12 13 14 15]
  [16 17 18 19]
  [20 21 22 23]]]
b:
[[ 0. 1. 2. 3. 4. 5. 6. 7.]
 [ 8. 9. 10. 11. 12. 13. 14. 15.]
 [16. 17. 18. 19. 20. 21. 22. 23.]]
```

程序 13-6 展示了如何将一个 2×3×4 数组存储到 CSV 文件中。第 14 行代码首先将数组变形为一维数组,然后第 15 行代码把数组保存到文件中。第 18、19 行代码直接以一维数组的形式把数组完整地读取出来,然后再变形成需要的形式。这种处理方式是一种简单实用的存取多维数组的方法。

## 13.1.4　简单统计

NumPy 提供了很多统计函数,用于计算数组的最小元素、最大元素、平均值、中位数、方差等,可以很方便地构建普通的统计程序。

【例 13-5】　已知如图 13-2 所示的分数表,保存在 score.csv 文件中。求总分的最小值、最大值、平均值、中位数和方差。

| A | B | C | D | E |
| --- | --- | --- | --- | --- |
| 学号 | 姓名 | 总分 | 选择题 | 编程题 |
| 2021407001 | 张* | 75 | 13 | 62 |
| 2021407002 | 李* | 95 | 17 | 78 |
| 2021407003 | 王* | 70 | 10 | 60 |
| 2021407004 | 章* | 97 | 17 | 80 |
| 2021407005 | 马* | 49 | 11 | 38 |
| 2021407006 | 陈* | 98 | 18 | 80 |
| 2021407007 | 毛* | 78 | 14 | 64 |
| 2021407008 | 刘* | 97 | 17 | 80 |
| 2021407009 | 许* | 92 | 12 | 80 |
| 2021407010 | 何* | 81 | 10 | 71 |

图 13-2　已知的分数表

通过图 13-2 可以看出,这张分数表与之前处理过的数据表有所不同。这张表有一行表头信息,并不是只有数据。loadtxt() 函数提供了一个 skiprows 参数,可以在读取数据时跳过表头信息。

**程序 13-7**　简单统计

```
1   #简单统计
2
3   import numpy as np
4   a = np.loadtxt('score.csv', delimiter = ',', skiprows = 1,
5   usecols = (2,), unpack = True)
6   print("a :", a)
7   print("最大值:", np.max(a))
8   print("最小值:", np.min(a))
```

| 9 | `print("平均值:", np.mean(a))` |
| 10 | `print("中位数:", np.median(a))` |
| 11 | `print("方差 :", np.var(a))` |

运行结果：

```
a : [75. 95. 70. 97. 49. 98. 78. 97. 92. 81.]
最大值: 98.0
最小值: 49.0
平均值: 83.2
中位数: 86.5
方差 : 225.95999999999998
```

从运行结果中可以看出，median() 函数返回的结果并没有在数据表中出现过。原因就在于对于长度为偶数的数组，中位数的值应该等于中间那两个数的平均值，也就是 92 和 81 的平均值 86.5。

## 13.1.5 矩阵与线性代数

在 NumPy 中，矩阵是 ndarray 的子类，可以由专用的字符串格式来创建。与数学概念中的矩阵一样，NumPy 中的矩阵也是二维的。矩阵在线性代数中大量使用。线性代数是数学的一个重要分支。numpy.linalg 模块包含了线性代数相关的函数。使用这个模块，可以方便地计算逆矩阵、求特征值、解线性方程组以及求解行列式等。

### 1. 创建矩阵

程序 13-8 中使用两种方法创建矩阵。

**程序 13-8    创建矩阵**

| 1 | `# 创建矩阵` |
| 2 | |
| 3 | `import numpy as np` |
| 4 | |
| 5 | `a = np.mat(np.arange(1, 10).reshape(3, 3))` |
| 6 | `print("a:\n", a)` |
| 7 | `print("a.T:\n", a.T)` |
| 8 | |
| 9 | `b = np.mat("0 1 2; 1 0 3; 4 -3 8")` |
| 10 | `print("b.I:\n", b.I)` |

运行结果：

```
a:
[[1 2 3]
 [4 5 6]
 [7 8 9]]
a.T:
[[1 4 7]
 [2 5 8]
```

```
[ 3 6 9]]
b.I:
[[ - 4.5 7. - 1.5]
[ - 2. 4. - 1. ]
[ 1.5 - 2. 0.5]]
```

程序 13-8 第 5 行代码从一个多维数组创建矩阵。第 9 行代码从一个字符串创建矩阵。在创建矩阵的字符串中,矩阵的行与行之间用分号隔开,行内的元素之间用空格隔开。通过矩阵的转量属性和递矩阵属性,还可以得到转置矩阵和逆矩阵。

**2. 求逆矩阵**

程序 13-9 展示了求逆矩阵的另一种方法,即通过 numpy. linalg 模块中的 inv() 函数来计算。矩阵 $A$ 与其逆矩阵 $A^{-1}$ 相乘后会得到一个单位矩阵。

**程序 13-9** 求逆矩阵

```
1    #求逆矩阵
2
3    import numpy as np
4
5    a = np.mat("0 1 2; 1 0 3; 4 -3 8")
6    print("a:\n", a)
7    b = np.linalg.inv(a)
8    print("b:\n", b)
9    print("a * b:\n", a * b)
```

运行结果:

```
a:
[[ 0 1 2]
 [ 1 0 3]
 [ 4 -3 8]]
b:
[[ - 4.5 7. - 1.5]
 [ - 2. 4. - 1. ]
 [ 1.5 - 2. 0.5]]
a * b:
[[1. 0. 0.]
 [0. 1. 0.]
 [0. 0. 1.]]
```

程序 13-9 第 9 行代码对所求得的逆矩阵进行了验证。

**3. 求特征值和特征向量**

特征值(eigenvalue)即方程 $Ax = ax$ 的根,是一个标量。其中,$A$ 是一个二维矩阵,$x$ 是一个一维向量。特征向量(eigenvector)是关于特征值的向量。在 numpy. linalg 模块中,eigvals() 函数可以计算矩阵的特征值,而 eig() 函数可以返回一个包含特征值和对应的特征向量的元组。程序 13-10 展示了 eig() 函数的使用方法。

**程序 13-10** 求特征值和特征向量

```
1    ♯求特征值和特征向量
2
3    import numpy as np
4
5    a = np.mat("0 1 2; 1 0 3; 4 -3 8")
6    print("a:\n", a)
7    b, c = np.linalg.eig(a)
8    print("b:\n", b)
9    print("c:\n", c)
```

运行结果：

```
a:
[[ 0 1 2]
 [ 1 0 3]
 [ 4 -3 8]]
b:
[ 7.96850246 -0.48548592 0.51698346]
c:
[[ 0.26955165 0.90772191 -0.74373492]
 [ 0.36874217 0.24316331 -0.65468206]
 [ 0.88959042 -0.34192476 0.13509171]]
```

### 4. 解线性方程组

矩阵可以对向量进行线性变换，这对应于数学中的线性方程组。numpy.linalg 中的 solve() 函数可以求解形如 $Ax = b$ 的线性方程组，其中 $A$ 为系数矩阵，$b$ 为结果数组，$x$ 是未知变量数组。程序 13-11 中用 dot() 函数求两个矩阵的点积，验证求解方程的结果是否正确。特别提醒一点，求解结果尽量不要进行数据类型转换，以免引入错误。

**程序 13-11  解线性方程组**

```
1    ♯解线性方程组
2
3    import numpy as np
4
5    a = np.mat("23 35 7 41; 19 -6 43 28; 20 36 50 36; -4 -8 14 31")
6    print("a:\n", a)
7    b = np.array([143, -62, 156, -227])
8    print("b:\n", b)
9    x = np.linalg.solve(a, b)
10   print("x:\n", x)
11   print("dot(a, x):\n", np.dot(a, x))
12   x_int = x.astype("int32")
13   print("x_int:\n", x_int)
```

运行结果：

```
a:
[[ 23 35  7 41]
 [ 19 − 6 43 28]
 [ 20 36 50 36]
 [ − 4 − 8 14 31]]
b:
[ 143 − 62 156 − 227]
x:
[ 6.00000000e + 00 6.00000000e + 00 3.56371994e − 16 − 5.00000000e + 00]
dot(a, x):
[[ 143. − 62. 156. − 227.]]
x_int:
[ 6 5 0 − 5]
```

程序 13-11 第 13 行代码演示了转换可能带来的错误。

#### 5. 计算矩阵的行列式

行列式(determinant)是与方阵相关的一个标量值,在数学中得到广泛应用。程序 13-12 展示了使用 numpy. linalg 模块中的 det()函数可以计算矩阵的行列式的方法。

**程序 13-12** 计算矩阵的行列式

```
1   #计算矩阵的行列式
2
3   import numpy as np
4
5   a = np.mat("3 3 7; − 6 4 8; 2 6 5")
6   print("a:\n", a)
7   b = np.linalg.det(a)
8   print("|a| = ", b)
```

运行结果:

```
a:
[[ 3 3 7]
 [−6 4 8]
 [ 2 6 5]]
|a| = − 254.0
```

# 13.2 Pandas

Pandas 主要是面向数据分析任务,它是一个基于 NumPy 的第三方扩展库。Pandas 最初被开发出来的目的是作为金融数据分析工具,发展到现在功能日益强大,提供了高效的操作数据集所需的函数和方法,在数据处理领域应用极广。

Pandas 中的各种数据类型大小皆可变,都可以方便地删除或插入,在数据运算大小不一致时会自动对齐,而且能够方便地对数据集进行拆分或组合操作,也支持灵活地将其他 Python 和 Numpy 数据结构中不同类型的数据转换为 Pandas 数据,可以便捷地从数据集中取出子集,提供便捷、高效的重新定义数据集形状和转置功能。

Pandas 主要提供了 Series、DataFrame 和 Panel 三种数据类型，分别对应一维、二维和三维的数据。

通过如下命令可以安装 Pandas。

```
pip install pandas
```

使用 Pandas 之前，需要使用 import 导入 Pandas，而且通常使用别名 pd。

```
>>> import pandas as pd
```

## 13.2.1 Series

Series 是 Pandas 中的一维数据结构，兼具有列表和字典的优点。每个元素可以是异构的，元素本身之间是线性的。它还提供了一组索引与元素对应，从而通过索引访问元素，这个索引的值可以理解成每个元素的标签。因此也可以把 Series 看成一种特殊的字典，其中每一个元素索引的值（标签）可以看成字典的键，每个元素的内容可以看成字典的值。

### 1. Series 创建

有多种方式创建 Series。最容易创建的方式是基于字典，此时会直接把字典的每个键转换为索引，对应的值转换为每个元素的值。程序 13-13 显示了基于字典创建 Series，由于源数据字典 dict1 中每个元素的值所属于的类型不一致，因此 s1 的 dtype 是对象 object。

**程序 13-13** 基于字典创建 Series

```
1    #基于字典创建 Series
2
3    import pandas as pd
4
5    dict1 = {"name":"王老虎","age":18,"weight":65.5}
6    s1 = pd.Series(dict1)
7    print(s1)
```

运行结果：

```
name 王老虎
age 18
weight 65.5
dtype: object
```

如果已经有一个列表或者 NumPy 数组，那么基于它们创建 Series 时可以指定 index，如果不指定 index，系统会为每个元素自动分配从 0 开始依次增加的序号作为 index。程序 13-14 基于列表和 NumPy 数组创建 Series，同时通过 range() 函数给每个元素指定了一个索引，此时根据运行结果可以看到 s1 的 dtype 是 64 位整型，s2 的 dtype 是 float64。

**程序 13-14** 基于列表和数组创建 Series

```
1    #基于列表和 NumPy 数组创建 Series
2
3    import pandas as pd
```

```
4    import numpy as np
5
6    lst = [2, 3, 5, 7, 11]
7    s1 = pd. Series(data = lst, index = range(1, 6))
8    print(s1)
9
10   s2 = pd. Series(data = np. random. uniform(1, 5, 4), index = np. arange(4))
11   print(s2)
```

运行结果：

```
1    2
2    3
3    5
4    7
5    11
dtype: int64
0    3.647463
1    2.560757
2    1.160594
3    3.301467
dtype: float64
```

也可以基于标量创建 Series，程序 13-15 产生了一个 index 为字符串、值全部为 0 的 Series 对象。

**程序 13-15**　基于标量创建 Series

```
1    # 基于标量创建 Series
2
3    import pandas as pd
4    s3 = pd. Series(0, index = ["Tom", "Jerry", "Mike"])
5    print(s3)
```

运行结果：

```
Tom      0
Jerry    0
Mike     0
dtype: int64
```

### 2. 访问 Series 元素

可以把 Series 看成列表，通过下标序号访问元素。也可以把 Series 看成字典，通过对应项的索引（键）来访问。程序 13-16 显示了两种方法的使用。

**程序 13-16**　基于下标和索引访问 Series 元素

```
1    # 基于下标和索引访问 Series 元素
2
3    import pandas as pd
4
```

```
5    areaCode = pd.Series(data = ["010","021","022"],index = ["北京","上海","天津"])
6    print(areaCode[2])              #当成列表通过下标访问
7    print(areaCode["天津"])          #看成字典通过索引(键)访问
```

运行结果：

```
022
022
```

因为程序 13-16 的 areaCode 的索引本身已经蕴含了信息,所以通过此方法访问的元素具有更加好的可读性。

Series 的下标一定是从 0 开始的整数,但如果 index 的取值也是整数,此时显然将会引发二义性。Pandas 在这种情况下将会以 index 的值为准。程序 13-17 显示无法通过索引访问 Series 的元素。

**程序 13-17**　基于下标和索引访问 Series 元素遇到的二义性

```
1    #基于下标和索引访问 Series 元素遇到的二义性
2
3    import pandas as pd
4
5    testS1 = pd.Series(data = ["one","two","three"],index = [1,2,3])
6    print(testS1[1])               #此处的 1 是 index 中的值而不是下标
7    print(testS1[0])               #因为 index 中没有 0,所以这里会出错
```

运行结果：

```
one
Traceback (most recent call last):
  File "C:\Users\xxzhu\AppData\Local\Programs\Python\Python38\lib\site - packages\pandas\
core\indexes\base.py", line 3080, in get_loc
return self._engine.get_loc(casted_key)
  File "pandas\_libs\index.pyx", line 70, in pandas._libs.index.IndexEngine.get_loc
  File "pandas\_libs\index.pyx", line 101, in pandas._libs.index.IndexEngine.get_loc
  File "pandas\_libs\hashtable_class_helper.pxi", line 1625, in pandas._libs.hashtable.
Int64HashTable.get_item
  File "pandas\_libs\hashtable_class_helper.pxi", line 1632, in pandas._libs.hashtable.
Int64HashTable.get_item
KeyError: 0
```

为了解决程序 13-17 中的二义性问题,Series 提供了两个访问元素的方法：loc()和 iloc()。其中,loc()利用 index 的标签访问元素;iloc()利用下标访问元素。程序 13-18 显示了基于它们访问 Series 的元素。

**程序 13-18**　通过 loc()和 iloc()访问 Series 元素

```
1    #通过 loc()和 iloc()访问 Series 元素
2
3    import pandas as pd
```

```
4
5    testS1 = pd.Series(data = ["one","two","three"],index = [1,2,3])
6    print(testS1.loc[1])
7    print(testS1.iloc[0])
```

运行结果：

```
one
one
```

### 3. Series 遍历

Series 的遍历主要包括遍历索引、值和索引值对三种情况。通过 Series 的 values 属性可以得到它的全部值，通过 index 属性可以得到所有的索引。此外，类似字典，通过 items() 方法得到逐个索引值对。

程序 13-19　Series 的遍历

```
1    # Series 的遍历
2
3    import pandas as pd
4
5    testS1 = pd.Series(data = ["one","two","three"],index = ['一','二','三'])
6    print("值的遍历结果:")
7    for val in testS1.values:
8        print(val)
9
10   print("索引的遍历结果:")
11   for idx in testS1.index:
12       print(idx)
13
14   print("索引值对的遍历结果:")
15   for idx,val in testS1.items():
16       print(idx,":",val)
```

运行结果：

```
值的遍历结果:
one
two
three
索引的遍历结果:
一
二
三
索引值对的遍历结果:
一 : one
二 : two
三 : three
```

### 4. Series 添加元素

因为 Pandas 可以类似字典访问元素来实现读取或者赋值,和字典类似,如果访问使用的键在 index 中不存在,此时就是向 Pandas 对象中添加了元素。

**程序 13-20** Series 添加元素

```
1   # Series 添加元素
2
3   import pandas as pd
4
5   testS1 = pd.Series(data = ["one","two","three"],index = ['一','二','三'])
    testS1['零'] = "zero"
6   print(testS1)
```

运行结果:

```
一      one
二      two
三      three
零      zero
dtype: object
```

### 5. 删除元素

可以通过 Series 的 drop()函数实现删除元素,drop()函数的参数是需要删除元素的 index 键值,该函数返回删除元素后的 Series 对象。

**程序 13-21** Series 删除元素

```
1   # 删除元素
2
3   import pandas as pd
4
5   testS1 = pd.Series(data = ["one","two","three"],index = ['一','二','三'])
6   testS1 = testS1.drop('一')
7   print(testS1)
```

运行结果:

```
二      two
三      three
dtype: object
```

### 6. 修改元素

因为 Series 的元素的值本身是可以修改的,所以可以通过任意一种访问元素的方式得到元素,并将该元素写在赋值运算符的左侧实现修改元素。

## 13.2.2 DataFrame

DataFrame 是一个二维的数据结构,非常像 Excel 中的一个 sheet。它的列可以是异构的，也就是列之间类型不必相同。它是最常用的 Pandas 对象，像 Series 一样可以接收多种输入，例如列表、字典、Series 等。和 Series 相比，在初始化对象时除了提供 data 和 index 之外，还添加了 column 信息，通俗来讲它们三者是数据、行名和列名。

DataFrame 的基本操作主要包括创建、增加、删除、修改、查找、取指定几列（视图）、取满足条件的行（筛选）、拆分、按列拼接和汇总。上述操作都是数据库的常规操作，因此甚至可以把 DataFrame 理解成是 Pandas 对数据库表的一种实现方式。

### 1. DataFrame 的创建

为了便于用户使用，Pandas 提供了多种创建 DataFrame 的方法，下面挑选一些最常见方法进行简要介绍。

因为 DataFrame 可以看成由一个或者多个 Series 组合而成，所以非常顺理成章的创建方式是基于 Series。

**程序 13-22** 基于 Series 创建 DataFrame

```
1    # 基于 Series 创建 DataFrame
2
3    import pandas as pd
4
5    s1 = pd.Series(['壹','贰','叁'], index = ['一','二','三'])
6    s2 = pd.Series(['one', 'two', 'three'], index = ['一','二','三'])
7
8    df = pd.DataFrame({'chinese':s1,'english':s2})
9    print(df)
```

运行结果：

```
   chinese english
一     壹      one
二     贰      two
三     叁      three
```

程序 13-22 中首先准备了两个 Series 对象 s1 和 s2，然后用它们组成 DataFrame 对象 pd。从结果可以看出，构建的 df 每一行通过 index 得到了一个标签，每一列也有一个标签。

既然 DataFrame 是二维构造的，那么通过二维数组创建 DataFrame 对象也是一种非常容易理解的方式。

**程序 13-23** 基于二维数组创建 DataFrame

```
1    # 基于二维数组创建 DataFrame
2    import numpy as np
3    import pandas as pd
4
5    temp = np.random.randint(60,100,(4,3))  # 利用随机数初始化二维数组
6    df = pd.DataFrame(temp, index = ['Tom', 'Jerry', 'Mike', 'Tina'],
7                        columns = ['Math', 'Python', 'English'])
8
9    print(df)
```

运行结果：

|        | Math | Python | English |
|--------|------|--------|---------|
| Tom    | 78   | 88     | 90      |
| Jerry  | 85   | 77     | 75      |
| Mike   | 66   | 99     | 90      |
| Tina   | 80   | 64     | 64      |

DataFrame 的每一行可以看成一条记录,每条记录又有多个字段。因此,如果有一个字典,其中每个元素也都是一个字典,那么也可以非常方便地创建 DataFrame 对象。

**程序 13-24** 基于字典的字典创建 DataFrame

```
1   # 基于字典的字典创建 DataFrame
2   import numpy as np
3   import pandas as pd
4
5   data = {'Tom':{'Math':88,'Python':84,'English':83},
6           'Jerry':{'Math':78,'Python':95,'English':67},
7           'Mike':{'Math':76,'Python':75},
8           'Tina':{'Math':95,'Python':94,'English':99}
9           }
10
11  df = pd.DataFrame(data,columns = ['Tom','Jerry','Mike','Tina'])
12
13  print(df)
14  print("转置后:")
15  print(df.T)
```

运行结果:

|         | Tom | Jerry | Mike | Tina |
|---------|-----|-------|------|------|
| Math    | 88  | 78    | 76.0 | 95   |
| Python  | 84  | 95    | 75.0 | 94   |
| English | 83  | 67    | NaN  | 99   |

转置后:

|       | Math | Python | English |
|-------|------|--------|---------|
| Tom   | 88.0 | 84.0   | 83.0    |
| Jerry | 78.0 | 95.0   | 67.0    |
| Mike  | 76.0 | 75.0   | NaN     |
| Tina  | 95.0 | 94.0   | 99.0    |

因为原始数据 data 字典中并没有提供 Mike 的英语成绩,所以在得到的 DataFrame 中对应的元素值缺失,此时 Pandas 用 NaN 表示缺失值。此外,程序 13-24 的第 15 行代码通过转置实现了 DataFrame 对象的行列互换。

**2. 访问 DataFrame 的元素**

可以有很多种方式访问指定的元素,下面首先介绍利用成员运算符访问的方式,第一步利用成员运算符得到 DataFrame 的一个列,再利用 index 的值得到一个元素。

**程序 13-25** 基于成员运算符访问 DataFrame 的元素

```
1    #基于属性运算符访问 DataFrame 的元素
2
3    import pandas as pd
4
5    s1 = pd.Series(['壹','贰','叁'],index = ['一','二','三'])
6    s2 = pd.Series(['one','two','three'],index = ['一','二','三'])
7
8    df = pd.DataFrame({'Chinese':s1,'English':s2})
9
10   print(df.Chinese.一)
11   print(df.English.一)
```

运行结果:

```
壹
one
```

也可以利用两次方括号运算符来访问 DataFrame 的元素,如果说成员运算符充分地展示了面向对象的思想,那么两次方括号运算符就体现了 DataFrame 的二维特性。

**程序 13-26**　基于两次方括号运算符访问 DataFrame 的元素

```
1    #基于两次方括号运算符访问 DataFrame 的元素
2
3    import pandas as pd
4
5    s1 = pd.Series(['壹','贰','叁'],index = ['一','二','三'])
6    s2 = pd.Series(['one','two','three'],index = ['一','二','三'])
7
8    df = pd.DataFrame({'Chinese':s1,'English':s2})
9
10   print(df["Chinese"]["一"])
11   print(df["English"]["一"])
```

运行结果:

```
壹
one
```

也可以使用 loc()方法访问 DataFrame 的元素,此时只需要使用一次方括号。但是值得注意的是,此时先访问行标签,再访问列标签。

**程序 13-27**　基于 loc()访问 DataFrame 的元素

```
1    #基于 loc()访问 DataFrame 的元素
2
3    import pandas as pd
4
5    s1 = pd.Series(['壹','贰','叁'],index = ['一','二','三'])
6    s2 = pd.Series(['one','two','three'],index = ['一','二','三'])
7
```

```
8    df = pd.DataFrame({'Chinese':s1,'English':s2})
9
10   print(df.loc["一","Chinese"]) #注意行列标签的顺序
11   print(df.loc["一","English"]) #注意行列标签的顺序
```

运行结果：

```
壹
one
```

当然也可以使用 iloc()访问 DataFrame 的元素,该方法和 loc()类似,只是把标签换成了行列的序号。

**程序 13-28  基于 iloc()访问 DataFrame 的元素**

```
1    #基于 iloc()访问 DataFrame 的元素
2
3    import pandas as pd
4
5    s1 = pd.Series(['壹','贰','叁'],index = ['一','二','三'])
6    s2 = pd.Series(['one','two','three'],index = ['一','二','三'])
7
8    df = pd.DataFrame({'Chinese':s1,'English':s2})
9
10   print(df.iloc[0,0])
11   print(df.iloc[0,1])
```

运行结果：

```
壹
one
```

### 3. 遍历 DataFrame

因为 DataFrame 是二维构造,所以遍历时可以按行也可以按列进行遍历。按行遍历有两种方法,第一种方法是利用 iterrows()方法将每一行迭代为一个(index,Series)对;第二种方法是通过 itertuples()方法将每一行迭代为一个元组,此时该行的标签将会作为元组的第 0 个元素一并返回。

**程序 13-29  按行遍历 DataFrame**

```
1    #按行遍历 DataFrame
2    import numpy as np
3    import pandas as pd
4
5    temp = np.random.randint(60,100,(4,3))
6    df = pd.DataFrame(temp,index = ['Tom','Jerry','Mike','Tina'],
7                      columns = ['Math','Python','English'])
8
9    print("使用(index,Series)对按行迭代")
10   print("姓名\tMath\tPython\tEnglish")
```

```
11    for idx,row in df.iterrows():
12    print(idx,row["Math"],row["Python"],row["English"],sep = '\t')
13
14    print("使用元组按行迭代")
15    for row in df.itertuples():
16    print(row[0],row[1],row[2],row[3],sep = '\t')
```

运行结果:

```
使用(index,Series)对按行迭代
姓名        Math        Python        English
Tom         65          76            94
Jerry       64          91            90
Mike        77          67            66
Tina        65          74            72
使用元组按行迭代
Tom         65          76            94
Jerry       64          91            90
Mike        77          67            66
Tina        65          74            72
```

按列遍历时利用 iteritems() 方法可以依次得到每个列名和包含该列所有元素的 Series 对象。

**程序 13-30　按列遍历 DataFrame**

```
1     # 按列遍历 DataFrame
2
3     import numpy as np
4     import pandas as pd
5
6     temp = np.random.randint(60,100,(4,3))
7     df = pd.DataFrame(temp,index = ['Tom','Jerry','Mike','Tina'],
                                columns = ['Math','Python','English'])
8
9     print("按列遍历")
10    for col,items in df.iteritems():
11        print(col,end = '\t')
12        for temp in items:
13            print(temp,end = '\t')
14        print()
```

运行结果:

```
按列遍历
Math      86      83      68      80
Python    77      83      75      62
English   72      78      69      67
```

*NumPy、Pandas 和 Matplotlib*

### 4. DataFrame 增加行

DataFramede 的 append()方法可用于增加一行或者多行,但是它的执行结果并不改变当前对象,而是返回增加数据后的 DataFrame 对象。

**程序 13-31**  DataFrame 增加行

```
1    # DataFrame 增加行
2
3    import numpy as np
4    import pandas as pd
5
6    temp = np. random. randint(60,100,(2,3))
7    df1 = pd. DataFrame(temp, index = ['Tom','Jerry'],
8              columns = ['Math','Python','English'])
9
10   temp = np. random. randint(60,100,(2,3))
11   df2 = pd. DataFrame(temp, index = ['Mike','Tina'],
12              columns = ['Math','
13              Python','English'])
14
15   df = df1. append(df2)
16
17   print("df1")
18   print(df1)
19
20   print("df2")
21   print(df2)
22
23   print("df")
24   print(df)
```

运行结果:

```
df1
        Math        Python       English
Tom     90          95           68
Jerry   70          65           78
df2
        Math        Python       English
Mike    79          81           73
Tina    82          66           69
df
        Math        Python       English
Tom     90          95           68
Jerry   70          65           78
Mike    79          81           73
Tina    82          66           69
```

从程序 12-31 运行结果看出 df1 和 df2 并没有任何变化,但二者的合并结果被赋值给了 df。

### 5. DataFrame 增加列

DataFrame 的 insert()方法可用于增加列,增加时需要指定位置、列名和值。

**程序 13-32**　DataFrame 通过 insert()增加列

```
1   #Data Frame 通过 insert()增加列
2
3   import numpy as np
4   import pandas as pd
5
6   temp = np. random. randint(60,100,(2,3))
7   df = pd. DataFrame(temp,index = ['Tom','Jerry'],
8                              columns = ['Math','Python','English'])
9   print("插入前")
10  print(df)
11
12  df. insert(0,'C++',0)
13
14  print("插入后")
15  print(df)
```

运行结果:

```
插入前
        Math        Python        English
Tom     62          66            78
Jerry   91          69            74
插入后
        C++         Math          Python        English
Tom     0           62            66            78
Jerry   0           91            69            74
```

也可以直接用 df 对象[新列名]＝值的方法增加列,此时增加的列在最后面。

**程序 13-33**　DataFrame 指定列名和值增加列

```
1   #DataFrame 指定列各和值增加列
2
3   import numpy as np
4   import pandas as pd
5
6   temp = np. random. randint(60,100,(2,3))
7   df = pd. DataFrame(temp,index = ['Tom','Jerry'],
8                              columns = ['Math','Python','English'])
9   print("插入前")
10  print(df)
11
12  df['C++'] = 0
13
14  print("插入后")
15  print(df)
```

运行结果：

插入前

|  | Math | Python | English |
|------|------|--------|---------|
| Tom | 98 | 95 | 88 |
| Jerry | 83 | 99 | 78 |

插入后

|  | Math | Python | English | C++ |
|------|------|--------|---------|-----|
| Tom | 98 | 95 | 88 | 0 |
| Jerry | 83 | 99 | 78 | 0 |

### 6. DataFrame 删除行和列

和 Series 一样，DataFrame 提供了 drop()方法用于删除，它可以删除行也可以删除列，删除时可以使用标签，也可以使用序号。其中，axis 参数的取值为 0 和 1，从而控制是删除行还是删除列。inplace 参数的默认值是 False，表示删除操作不影响当前对象，只影响返回结果，如果为 True 则表示从当前对象中删除。

**程序 13-34** DataFrame 删除指定行和列

```
1   # DataFrame 删除指定行和列
2
3   import numpy as np
4   import pandas as pd
5
6   temp = np.random.randint(60,100,(4,3))
7   df = pd.DataFrame(temp,index = ['Tom','Jerry','Mike','Tina'],
8                       columns = ['Math','Python','English'])
9   print("删除前")
10  print(df)
11
12  df.drop('Tom',axis = 0,inplace = True)          # 删除标签为 Tom 的行
13
14  df.drop('English',axis = 1,inplace = True)       # 删除列名为 English 的列
15
16  df.drop(df.index[1],axis = 0,inplace = True)    # 删除第 1 行
17
18  print("删除后")
19  print(df)
```

运行结果：

删除前

|  | Math | Python | English |
|------|------|--------|---------|
| Tom | 65 | 75 | 81 |
| Jerry | 90 | 72 | 84 |
| Mike | 97 | 65 | 88 |
| Tina | 84 | 65 | 90 |

删除后

|  | Math | Python |
|------|------|--------|
| Jerry | 90 | 72 |
| Tina | 84 | 65 |

## 7. DataFrame 筛选指定行

从数据中筛选出满足条件的行是数据处理的基本常规操作,可以很方便地在 loc 的方括号中描述出条件,从而得到结果。

**程序 13-35** 利用 loc 和条件筛选指定行

```
1    # 利用 loc 和条件筛选指定行
2
3    import numpy as np
4    import pandas as pd
5
6    temp = np.random.randint(60,100,(4,3))
7    df = pd.DataFrame(temp, index = ['Tom','Jerry','Mike','Tina'],
8                             columns = ['Math','Python','English'])
9
10   print('原始数据')
11   print(df)
12
13   print('Math 和 Python 都大于 80')
14   df1 = df.loc[(df['math']> 80) & (df['Python']> 80)]
15   print(df1)
16
17   print('Math 和 Python 有一门大于 90')
18   df2 = df.loc[(df['Math']> 90) | (df['Python']> 90)]
19   print(df2)
```

运行结果:

```
原始数据
        Math        Python      English
Tom     94          84          69
Jerry   77          95          80
Mike    60          84          83
Tina    81          69          60
Math 和 Python 都大于 80
        Math        Python      English
Tom     94          84          69
Math 和 Python 有一门大于 90
        Math        Python      English
Tom     94          84          69
Jerry   77          95          80
```

## 8. DataFrame 筛选指定列

在数据处理时有时列很多,但只需要关心指定的一些列,此时在 df 的方括号中用列表描述需要的列,就可以直接得到结果。

**程序 13-36   DataFame 筛选指定列**

```
1    # DataFrame 筛选指定列
2
3    import numpy as np
4    import pandas as pd
5
6    temp = np.random.randint(60,100,(4,3))
7    df = pd.DataFrame(temp,index = ['Tom','Jerry','Mike','Tina'],
8                        columns = ['Math','Python','English'])
9
10   print('原始数据')
11   print(df)
12
13   print('只要 Math 和 Python 两列')
14   print(df[['Math','python']])
```

运行结果：

```
原始数据
        Math        Python      English
Tom     65          61          78
Jerry   60          61          86
Mike    63          70          94
Tina    65          67          71
只要 Math 和 Python 两列
        Math        Python
Tom     65          61
Jerry   60          61
Mike    63          70
Tina    65          67
```

## 9. DataFrame 的统计

DataFrame 提供了强大的数据统计功能，表 13-4 中列出了常见的统计方法。

**表 13-4   常见的统计方法**

| 方　　法 | 说　　明 |
|---|---|
| count() | 统计元素数量 |
| min() | 得到最小值 |
| max() | 得到最大值 |
| idxmin() | 最小值的位置 |
| idxmax() | 最大值的位置 |
| sum() | 求和 |
| mean() | 均值 |
| median() | 中位数 |
| mode() | 众数 |
| var() | 方差 |
| std() | 标准差 |

计算 Python 成绩的最高分、最低分、平均值和方差的代码如程序 13-37 所示。

**程序 13-37　计算 Python 成绩的最高分、最低分、平均值和方差**

```
1    # 计算 Python 成绩的最高分、最低分、平均值和方差
2
3    import numpy as np
4    import pandas as pd
5
6    temp = np.random.randint(60,100,(4,3))
7    df = pd.DataFrame(temp,index = ['Tom','Jerry','Mike','Tina'],
                             columns = ['Math','Python','English'])
8
9    print('原始数据')
10   print(df)
11
12   print('Python 最高分\t',df['Python'].max())
13   print('Python 最低分\t',df['Python'].min())
14   print('Python 平均分\t',df['Python'].mean())
15   print('Python 方差\t',df['Python'].var())
```

运行结果：

```
原始数据
          Math        Python        English
Tom       64          95            77
Jerry     95          64            65
Mike      73          79            93
Tina      81          93            60
Python 最高分        95
Python 最低分        64
Python 平均分        82.75
Python 方差         206.91666666666666
```

### 10. DataFrame 分组和聚合

类似数据库的 SQL 中的汇总功能，DataFrame 可以利用 GroupBy 对数据进行分组，在分组的基础进而可以用 agg() 方法进行聚合统计。

【例 13-6】　设有一个 CSV 文件，名称为 consume.csv，其中存储了一批学生食堂卡的消费记录，CSV 文件有三列：第一列是学号；第二列是消费金额；第三列是消费时间。图 13-3 显示了该文件的部分数据。现在需要统计每个学生的消费总额，并找出消费次数在 10 次以上且平均消费低于 5 元的学生信息。

| | A | B | C |
|---|---|---|---|
| 1 | id | amount | time |
| 2 | 2027406001 | 3.5 | 2021/9/1 12:29 |
| 3 | 2027405001 | 8.3 | 2021/9/1 12:37 |
| 4 | 2027405003 | 7.2 | 2021/9/1 12:02 |
| 5 | 2027405005 | 5.9 | 2021/9/1 12:53 |
| 6 | 2027405004 | 4.6 | 2021/9/1 12:35 |
| 7 | 2027405005 | 1.6 | 2021/9/1 12:42 |
| 8 | 2027405006 | 3 | 2021/9/2 12:30 |
| 9 | 2027405005 | 2.9 | 2021/9/2 12:30 |
| 10 | 2027405003 | 6.8 | 2021/9/2 12:44 |
| 11 | 2027405006 | 7.1 | 2021/9/2 12:40 |
| 12 | 2027405001 | 9.3 | 2021/9/2 12:01 |
| 13 | 2027405004 | 6.5 | 2021/9/2 12:10 |
| 14 | 2027405002 | 7 | 2021/9/2 12:17 |
| 15 | 2027405002 | 2.5 | 2021/9/3 12:27 |
| 16 | 2027405006 | 2.9 | 2021/9/3 12:14 |
| 17 | 2027405006 | 1.6 | 2021/9/3 12:27 |
| 18 | 2027405001 | 5.2 | 2021/9/3 12:07 |
| 19 | 2027405005 | 7.3 | 2021/9/3 12:15 |
| 20 | 2027405003 | 7 | 2021/9/3 12:36 |

图 13-3　消费清单记录

*NumPy、Pandas 和 Matplotlib*

**程序 13-38** 计算学生消费金额平均值并排序

```
1   #计算学生消费金额平均值并排序
2
3   import numpy as np
4   import pandas as pd
5
6   data = pd.read_csv("consume.csv")
7
8   print("数据条目数:",len(data))
9
10  print("前 5 条数据为")
11  print(data.head())
12
13  aggInfo = data[['id','amount']].groupby(['id']).agg('mean')
14
15  print(aggInfo.sort_values('amount',ascending = False))
```

运行结果:

```
数据条目数: 175
前 5 条数据为
          id amount              time
    0  2027406001      3.5   2021/9/1 12:29
    1  2027405001      8.3   2021/9/1 12:37
    2  2027405003      7.2   2021/9/1 12:02
    3  2027405005      5.9   2021/9/1 12:53
    4  2027405004      4.6   2021/9/1 12:35
                 amount
id
2027405001    5.982759
2027405003    5.506897
2027405002    5.251724
2027405006    5.034483
2027405004    5.034483
2027405005    4.572414
2027406001    3.500000
```

### 13.2.3　Panel

Panel 可以看作一个三维数组,也可以把它理解为包含了多个 DataFrame 的数据结构,它同样支持元素异构。限于篇幅,这里不展开介绍,具体的使用可以参阅官方文档。

## 13.3　Matplotlib

Matplotlib 是一个 Python 中的数学绘图库,可以使用它来制作简单的图表,如折线图和散点图,本节会详细介绍并展示更多 Matplotlib 的功能。在正式开始之前,需要导入相关的包:

```
import matplotlib.pyplot as plt
import numpy as np
```

本节程序中将以 plt 作为 matplotlib.pyplot 的别名,以 np 作为 numpy 的别名。

## 13.3.1 基本概念

使用 Matplotlib 绘图需要明确三个基本概念——画布、坐标系和坐标轴:

(1) 画布(figure):既然要绘图,自然就需要画布来承载图像。

(2) 坐标系(axes):画布可以分为多个区域(子图),而每个区域都可以画图,通过坐标系可以标定画图的区域。

(3) 坐标轴(axis):坐标系中有了确定的坐标轴才能最终进行绘图,当然并不是所有图像都需要坐标轴,如饼图。

### 1. 图表基本元素

为了让图表具有更好的可读性,可以向图表中添加如标题(title)、标签(label)、图例(legend)等信息,并且可以通过对数轴的刻度(tick)和显示范围(lim)进行设置,让坐标轴及其边界更精确。

程序 13-39 绘制正余弦函数图像

```
1   # 绘制正余弦函数图像
2   x = np.linspace( - np.pi, np.pi, 256, endpoint = True)
3   y1 = np.sin(x)
4   y2 = np.cos(x)
5   #添加标题
6   plt.title("Functions $ \sin x $ and $ \cos x $")
7   #设置坐标轴标签
8   plt.xlabel(" $ x $ ")
9   plt.ylabel(" $ y $ ")
10  #设置坐标轴数值显示的范围
11  plt.xlim( - 3.5, 3.5)
12  plt.ylim( - 1.0, 1.0)
13  #设置坐标轴刻度值
    plt.xticks([ - np.pi, - np.pi / 2, 0, np.pi / 2, np.pi],[r'$ - \pi$', r'$ -
14  \frac{\pi}{2} $ ', r'$ 0 $ ', r'$ \frac{\pi}{2} $ ', r'$ \pi $'])
15  plt.yticks([ - 1, 0, + 1], [r'$ -1 $ ', r'$ 0 $ ', r'$ 1 $'])
16  # 添加图例
17  plt.plot(x, y1, linestyle = ' - .', label = '$ \sin x $ ')
18  plt.plot(x, y2, linestyle = ' - ', label = '$ \cos x $ ')
19  plt.legend(loc = 'upper right')        #在右上角显示图例
20  plt.show()
```

运行结果如图 13-4 所示。

程序 13-39 绘制了正余弦函数在[−π,π]区间上的图像,第 6~9 行添加了图表和坐标轴的标题,文本内容中被 $ $ 包裹的字符串代表 LaTex 数学公式,Matplotlib 具有广泛的文本支持,也包括对数学表达式的支持。

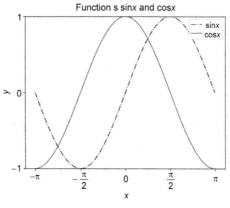

图 13-4　正余弦曲线

第 11 行和第 12 行设置了坐标轴的数值显示范围,虽然 Matplotlib 会自动选择合适的坐标轴上下限,但有时自定义坐标轴上下限效果会更好,此处,将 $x$ 和 $y$ 轴的上下限分别设置成了函数的定义域和值域。

第 17 和第 18 行使用 plt.plot()绘制了两条线(Matplotlib 最常用的绘图函数,后面会详细介绍)。在单个坐标轴上显示多条线时,创建图例去区分线条是很有效的方法。创建图例的方法有很多种,此处采用的是最简单的办法。在 plt.plot()函数中用 label 参数为每条线设置一个标签,再通过 plt.legend()显示图例。

第 20 行,plt.show()用于最终显示图表,Matplotlib 默认不会自动显示图形,需要手动调用 plt.show(),plt.show()会启动一个事件循环(eventloop),并找到所有当前可用的图形对象,然后打开一个或多个交互式窗口显示图形。

**2．两种编程接口**

在查看文档和示例时,会发现有不同的编码风格,为了避免阅读不同风格的程序时造成的困扰,有必要先简单介绍下 Matplotlib 库提供的两种风格的 API。下面以一个简单例子,体验一下使用两种编程接口的异同。

**程序 13-40　面向对象编程接口**

```
1   x = np.arange(1, 100)
2   #创建一个空白的画布
3   fig = plt.figure()
4   #将画布分割成 2 行 2 列,按先左右后上下的顺序,选定第 1 块的位置
5   ax1 = fig.add_subplot(2, 2, 1)
6   #绘制图像
7   ax1.plot(x, x)
8   ax2 = fig.add_subplot(2, 2, 2)
9   ax2.plot(x, - x)
10  ax3 = fig.add_subplot(2, 2, 3)
11  ax3.plot(x, x ** 2)
12  ax4 = fig.add_subplot(2, 2, 4)
13  ax4.plot(x, np.log(x))
14  plt.show()
```

**程序 13-41**　Pyplot 编程接口

```
1    x = np.arange(1, 100)
2    #与 add_subplot()效果完全一致,当画布中只有一个坐标系(子图)时,该步可以省略
3    plt.subplot(2, 2, 1)
4    #调用 plot() 时,会隐式地创建 Figure 和 Axes 对象
5    plt.plot(x, x)
6    plt.subplot(2, 2, 2)
7    plt.plot(x, - x)
8    plt.subplot(2, 2, 3)
9    plt.plot(x, x ** 2)
10   plt.subplot(2, 2, 4)
11   plt.plot(x, np.log(x))
12   plt.show()
```

二者的运行结果相同,如图 13-5 所示。

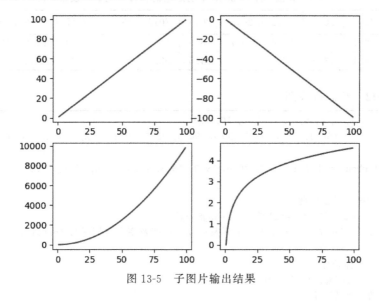

图 13-5　子图片输出结果

程序 13-40 是面向对象的编程接口(object-based),在使用面向对象的编程接口时,需要显式地创建画布以及坐标系实例,再通过坐标系实例来绘图。

程序 13-41 是 Pyplot 编程接口(state-based),Pyplot 编程接口封装了底层的绘图函数,提供了一种绘图环境,当调用 plt.plot()函数绘制图形时,画布以及坐标系等对象会被隐式创建。

这两种风格是等效的,运行结果也是一样的,都是被官方支持的,唯一需要注意的是,要避免在代码中混合使用这两种编码风格。本节后续示例程序将采用 Pyplot 编程接口。

## 13.3.2　折线图

plt.plot()函数用于绘制折线图,是 Matplotlib 的 Pyplot 编程接口中最常用的绘图函数。除折线图外还有散点图、柱状图、条形图、直方图等,接下来也会逐一介绍。

plt.plot()函数常用的调用格式如下:

第13章

```
plot(x, y, format_string, **kwargs)
plot(x, y, format_string, x2, y2, format_string2, …, **kwargs)
```

- x，y：即数据点的水平和垂直坐标。x 值是可选的，默认为 $[0, \cdots, N-1]$，$N$ 等于 y 中数据的数量。
- format_string：可选格式字符串，用于设置图形属性（如颜色、标记和线型），例如"红色""圆圈"可表示为"ro"。格式字符串只是快速设置基本行属性的缩写，相应的设置都可以由 kwargs 参数控制，如 'ro'，若由 kwargs 参数控制则为 color = 'red'，marker = 'o'。
- kwargs：可选参数，用于设置图形属性和其他一些辅助特性，如线标签（图例）。

【例 13-7】 根据工信部发布的《2020 年通信业统计公报》[①]，我国 2010—2020 年固定电话和移动电话普及率情况如表 13-5 所示，请用折线图展示。

表 13-5 我国 2010—2020 年固定电话和移动电话普及率情况 单位：部/百人

| 年 份 | 2010 | 2011 | 2012 | 2013 | 2014 | 2015 | 2016 | 2017 | 2018 | 2019 | 2020 |
|---|---|---|---|---|---|---|---|---|---|---|---|
| 固定电话 | 22.1 | 21.3 | 20.6 | 19.7 | 18.3 | 16.8 | 15.0 | 13.9 | 13.8 | 13.6 | 13.0 |
| 移动电话 | 64.4 | 73.6 | 82.5 | 90.8 | 94.5 | 92.5 | 95.6 | 102 | 112.2 | 114.4 | 113.9 |

**程序 13-42 绘制折线图**

```
1    x = [1, 2, 3, 4, 5, 6, 7, 8, 9, 10, 11]
2    y_mobile = [64.4, 73.6, 82.5, 90.8, 94.5, 92.5, 95.6, 102, 112.2, 114.4, 113.9]
3
4    y_telephone = [22.1, 21.3, 20.6, 19.7, 18.3, 16.8, 15.0, 13.9, 13.8, 13.6, 13.0]
5
6    #处理中文显示问题
7    plt.rcParams["font.family"] = "FangSong"
8    plt.title("2010 - 2020 年固定电话及移动电话普及率发展情况", fontsize = 16)
9
10   #设置坐标轴标签
11   plt.ylabel("部/百人", fontSize = 14)
12   #设置 x 轴刻度值
13   x_ticks = ["2010 年", "2011 年", "2012 年", "2013 年", "2014 年", "2015 年", "2016 年",
14   "2017 年", "2018 年", "2019 年", "2020 年"]
15
16   plt.xticks(x, x_ticks)
17   #设置 y 轴显示数值范围
18   plt.ylim(0, 125)
19   for i in range(0, len(x)):
20       #添加注释文本
21       plt.text(x[i], y_telephone[i] + 2, y_telephone[i], horizontalalignment = 'center')
```

---

① 《2020 年通信业统计公报》：见 https://wap.miit.gov.cn/gxsj/tjfx/txy/art/2021/art_057a331667154aaaa6767018dfd79a4f.html。

| | |
|---|---|
| 22 | |
| 23 |         plt.text(x[i], y_mobile[i] + 2, y_mobile[i], horizontalalignment = 'center') |
| 24 | |
| 25 | #绘制图像,设置图例 |
| 26 | plt.plot(x, y_mobile, linestyle = '－.', label = '移动电话') |
| 27 | plt.plot(x, y_telephone, linestyle = '－', label = '固定电话') |
| 28 | #在左上角显示图例 |
| 29 | plt.legend(loc = 'upper left') |
| 30 | plt.show() |

运行结果如图 13-6 所示。

图 13-6　折线图示例

程序 13-42 绘制了我国近 10 年固定电话和移动电话普及率情况的折线图,第 7 行,关于中文显示的问题,如果直接向 title() 中传入中文,会发现中文在图中会以一个个方框显示,这是因为默认使用的字体不支持中文的正常显示,需要修改 plt.rcParams['font.family'] 属性,重新设置图表的全局字体,也可以在需要显示中文的图表元素添加一个属性 fontproperties＝ 'SimHei'。

第 21～24 行,向图表中添加注释文本,前两个参数表示生成的坐标,第三个参数表示注释文本内容,其中第二个参数的"＋2"是为了调整纵向位置,避免注释文本与坐标点重合。

第 26 行和第 27 行,绘制图像,将两条线的线条风格分别指定点画线和实线,并没有指定颜色的情况下,此时,Matplotlib 会自动为多条线设置不同的颜色(循环使用一组默认的颜色)。

## 13.3.3　定制图形风格

程序 13-43 的运行结果在数据的展示上没有太大问题,能从图中得到完整且有价值的信息,但是它的可读性看起来并不好,也不是那么美观,下面对它进行风格的定制。

**程序 13-43**　定制图形风格

```
1    x = [1, 2, 3, 4, 5, 6, 7, 8, 9, 10, 11]
2    y_mobile  = [64.4, 73.6, 82.5, 90.8, 94.5, 92.5, 95.6, 102, 112.2, 114.4, 113.9]
3
4    y_telephone = [22.1, 21.3, 20.6, 19.7, 18.3, 16.8, 15.0, 13.9, 13.8, 13.6, 13.0]
5
6    #设置全局字体,黑体
7    plt.rcParams["font.family"] = "SimHei"
8    #添加标题,设置背景色为#3c7f99,字体为16号,加粗,白色
9    plt.title("2010 - 2020 年固定电话及移动电话普及率发展情况", fontsize = 16,
10   backgroundcolor = '#3c7f99', fontweight = 'bold', color = 'white')
11
12   #添加 y 轴标签
13   plt.ylabel("部/百人", fontSize = 14)
14   x_ticks = ["2010 年", "2011 年", "2012 年", "2013 年", "2014 年", "2015 年", "2016 年",
15   "2017 年", "2018 年", "2019 年", "2020 年"]
16
17   plt.xticks(x, x_ticks)
18   plt.ylim(0, 125)
19   #添加注释
20   for i in range(0, len(x)):
21       plt.text(x[i], y_telephone[i] + 2, y_telephone[i], horizontalalignment = 'center')
22       plt.text(x[i], y_mobile[i] + 2, y_mobile[i], horizontalalignment = 'center')
23   #设置背景网格,破折线,间隔为 1 个刻度
24   plt.grid(linestyle = '--', linewidth = 1)
25   #红色,点画线,瘦菱形
26   plt.plot(x, y_mobile, 'r-.d', label = '移动电话')
27   #青绿色,实线,原点
28   plt.plot(x, y_telephone, color = "cyan", linestyle = '-', marker = 'o', label = '固定电话')
29   plt.legend(loc = 'upper left')
30   plt.show()
```

运行结果如图 13-7 所示。

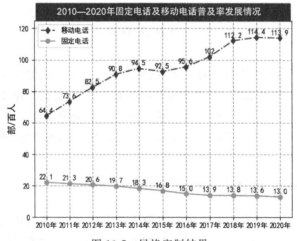

图 13-7  风格定制结果

程序 13-43 中的第 26 行和第 28 行依次使用了 format_string 参数和 kwargs 参数来控制图像风格,kwargs 和 format_string 是可以混合、替换使用的。以下两个调用可产生完全相同的结果。

```
#混合使用 fmt、kwargs 设置样式:绿色、点标记'O'、虚线;线宽为 2,点大小为 12
plot(x, y, 'go-- ', linewidth = 2, markersize = 12)
#使用 Line2D 特性设置样式:绿色、点标记为'O'、点之间连线为虚线;线宽为 2,点大小为 12
plot(x, y, color = 'green', marker = 'o', linestyle = 'dashed', linewidth = 2, markersize = 12)
```

对于 plot()函数的 kwargs 参数,使用 color、marker、linestyle 三个属性分别控制图形的颜色(点和线)、风格(线)和标记(点),线条和图形的标记缩写形式都非常直观。对于其他的图表元素也有类似的属性来定制风格,如第 9 行和第 10 行中,对 title 的风格设置就是通过 title 的 kwargs 参数。

## 13.3.4  散点图

使用 plt.scatter()函数可以绘制散点图。通过观察散点图上数据点的分布情况,可以推断出变量间的相关性。该函数常用的调用格式如下:

```
scatter(x, y, s, c, ** kwargs)
```

- x, y:标量或数组,必须参数,用于标定散点的坐标(x, y)。
- s:标量或数组,可选参数,用于设置散点的大小。
- c:颜色序列,可选参数,用于设置散点的颜色。
- kwargs:可选参数,用于设置一些辅助特性。

【例 13-8】  根据国家统计局数据库[①]、国家邮政管理局[②]公布的数据,我国 2013—2020 年快递业务件数与电商(实物)销售数据如表 13-6 所示,绘制散点图。

表 13-6  我国 2013—2020 年快递业务件数与电商(实物)销售数据

| 年　　份 | 2013 | 2014 | 2015 | 2016 | 2017 | 2018 | 2019 | 2020 |
|---|---|---|---|---|---|---|---|---|
| 快递业务件数/亿 | 91.9 | 139.6 | 207 | 312.8 | 400.6 | 507.1 | 616.9 | 740.5 |
| 电商(实物)销售额/万亿元 | 1.43 | 2.18 | 3.24 | 4.19 | 5.48 | 7.02 | 8.58 | 10.3 |

### 程序 13-44  绘制散点图

```
1  x = [91.9, 139.6, 207, 312.8, 400.6, 507.1, 616.9, 740.5]
2  y = [1.43, 2.18, 3.24, 4.19, 5.48, 7.02, 8.58, 10.31]
3  plt.rcParams["font.family"] = "SimHei"
4  plt.title("我国快递业务件数与电商(实物)销售额变化关系", fontsize = 16)
```

①  国家统计局数据库:见 https://data.stats.gov.cn/index.htm。
②  2020 年中国快递发展指数报告:见 http://www.spb.gov.cn/xw/dtxx_15079/202105/t20210508_3898077.html。

```
5    #设置标签
6    plt.xlabel("快递业务件数/亿", fontsize = 14)
7    plt.ylabel("电商(实物)销售额/万亿元", fontsize = 14)
8    plt.xlim(0, 800)
9    plt.ylim(0, 15)
10   #设置背景网格,破折线,间隔为 1 个刻度
11   plt.grid(linestyle = '--', linewidth = 1)
12   #设置注释
13   for i in range(0, len(x)):
14   plt.text(x[i], y[i] + 0.5, 2013 + i, horizontalalignment = 'center')
15   plt.scatter(x, y)
16   plt.show()
```

运行结果如图 13-8 所示。

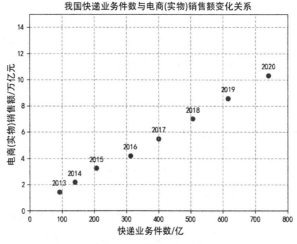

图 13-8　散点图示例

程序 13-44 运行结果中每个点的坐标值$(x,y)$分别表示快递业务件数和电商(实物)销售额,根据散点的分布情况,可以推断快递业务量与电商(实物)销售额是正相关的。

第 15 行使用 plt.scatter()函数绘制了散点图,事实上这个图像用 plt.plot()函数也能实现,只需要把 linestyle 设置称为空格,不显示线条,就实现了相同的效果。相对来说,plt.scatter()在创建散点图时具有更高的灵活性,plt.plot()具有更高的效率。因为 plt.scatter()对每个散点进行单独渲染,可以单独设置每个散点的属性,如大小、颜色;而 plt.plot()的散点是彼此"复制"的,所以选择 plt、plot()还是 plt、scatter()。需要综合考虑数据量大小和绘制需求。

## 13.3.5　柱状图

### 1. 垂直柱状图

使用 plt.bar()函数可以绘制垂直柱状图。该函数常用的调用格式如下:

```
bar(x, height, width, bottom, **kwargs)
```

- x：标量序列，每个"柱"对应的 x 的位置。
- height：标量或标量序列，"柱"的高度(纵向)。
- width：标量或类似数组，可选参数，"柱"的宽度(横向)，默认值为 0.8。
- bottom：标量或类似数组，可选参数，"柱"底部起始的 y 坐标，默认值为 0。
- align：对齐方式，可选参数，默认值为 center，即"柱"的中心与 x 位置对齐，edge 则表示将"柱"的左边缘与 x 位置对齐。
- kwargs：可选参数，用于设置一些辅助特性。

【例 13-9】 根据中国互联网络信息中心发布的第 47 次《中国互联网络发展状况统计报告》[①]，2016 年 12 月至 2020 年 12 月，我国总体网民规模如表 13-7 所示，请用柱状图展示。

表 13-7　2016 年 12 月至 2020 年 12 月我国网民规模变化数据

| 截止日期 | 2016.12 | 2017.12 | 2018.6 | 2018.12 | 2019.6 | 2020.3 | 2020.6 | 2020.12 |
| --- | --- | --- | --- | --- | --- | --- | --- | --- |
| 网民规模/万人 | 73 125 | 77 198 | 80 166 | 82 851 | 85 449 | 90 359 | 93 984 | 98 899 |

**程序 13-45　垂直柱状图**

```
1   x = [1, 2, 3, 4, 5, 6, 7, 8]
2   y = [73125, 77198, 80166, 82851, 85449, 90359, 93894, 98899]
3   plt.rcParams["font.family"] = "SimHei"
4   #设置标题
5   plt.title("近四年我国网民规模变化", fontsize = 18)
6   #设置 x 轴刻度
7   x_ticks = ["2016.12", "2017.12", "2018.6", "2018.12", "2019.6", "2020.3", "2020.6",
8   "2020.12"]
9   plt.xticks(x, x_ticks)
10  plt.ylim(0, 120000)
11  plt.ylabel("网民规模/万人)")
12  #添加注释，水平居中对齐
13  for i in range(0, 7):
14      plt.text(x[i], y[i] + 2000, y[i], horizontalalignment = 'center')
15  #绘制柱状图
16  plt.bar(x, y)
17  plt.show()
```

运行结果如图 13-9 所示。

程序 13-45 中用柱状图绘制了近四年我国网民规模的变化，$x$ 轴刻度表示截止日期，柱体高度表示网民规模，柱体默认会与 $x$ 轴刻度居中对齐。第 12~16 行，使用 bar() 函数绘制柱状图时，没有提供在柱状图上直接显示具体数值的参数，只能根据柱的高度观察大致的数值，所以有必要借助 plt.text 函数在每根柱的上方标记具体数值以便观察。

**2. 水平柱状图**

使用 plt.barh() 函数可以绘制条形图，或者说水平柱状图，函数常用的调用格式如下：

---

① 第 47 次《中国互联网络发展状况统计报告》: 见 http://cnnic.cn/hlwfzyj/hlwxzbg/hlwtjbg/202102/P020210203334633480104.pdf。

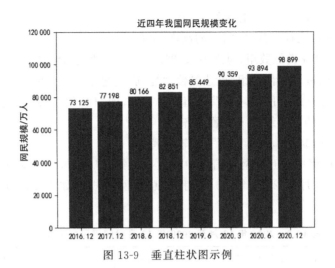

图 13-9　垂直柱状图示例

```
barh(y, width, height = 0.8, left = None, * , align = 'center', ** kwargs)
```

- y：标量序列，必需参数，每个"条"对应的 y 位置。
- width：标量或数组，必需参数，"条"的宽度（横向）。
- height：标量或标量序列，可选参数，"条"的高度（竖向），默认值为 0.8。
- left：标量或标量序列，可选参数，"条"的左侧起始 x 坐标，默认值为 0。
- align：对齐方式，可选参数，默认值为'center'，即"条"的中心与 y 位置对齐，'edge'则表示将"条"的左边缘与 y 位置对齐。
- kwargs：可选参数，用于设置一些辅助特性。

【例 13-10】　根据国家统计局公布的数据[①]，我国 2019 年各季度产业国内生产总值 (GDP)如表 13-8 所示，请思考如何用条形图的形式清晰地展示——数据。

表 13-8　我国 2019 年各季度产业国内生产总值数据　　　　　　单位：亿元

|  | 第一季度 | 第二季度 | 第三季度 | 第四季度 |
|---|---|---|---|---|
| GDP | 217 168.3 | 241 502.6 | 251 046.3 | 276 798.0 |
| 第一产业 | 8768.3 | 14 439.9 | 19 801.0 | 27 464.4 |
| 第二产业 | 80 596.7 | 95 923.7 | 96 420.1 | 107 730.1 |
| 第三产业 | 127 803.3 | 131 139.0 | 134 825.2 | 141 603.5 |

程序 13-46　绘制条形图

```
1  y = [1, 2, 3, 4]
2  gdp = [[217168.3, 241502.6, 251046.3, 276798.0],    # total
3         [8768.3, 14439.9, 19801.0, 27464.4],          # primary
4         [80596.7, 95923.7, 96420.1, 107730.1],        # secondary
5         [127803.3, 131139.0, 134825.2, 141603.5]]     # tertiary
```

---

① 国家统计局数据库：见 https://data.stats.gov.cn/easyquery.htm? cn=B01。

```
6    plt.rcParams["font.family"] = 'FangSong'
7    #设置每个子图的标题
8    title = ['2019年国内生产总值(亿元)', '第一产业(亿元)', '第二产业(亿元)', '第三产
9    (亿元)']
10   for i in range(0, 4):
11       #生成子图
12       plt.subplot(2, 2, i + 1)
13       plt.title(title[i])
14       plt.yticks([1, 2, 3, 4], ["第一季度", "第二季度", "第三季度", "第四季度"])
15   #绘制条形图
16   plt.barh(y, gdp[i], height = 0.5)
17   #添加注释,垂直居中对齐
18   for j in range(0, 4):
19       plt.text(gdp[i][j], y[j], gdp[i][j],verticalalignmen  t = 'center')
20
21   #调整子图布局,避免出现重叠情况
22   plt.tight_layout()
23   plt.show()
```

运行结果如图 13-10 所示。

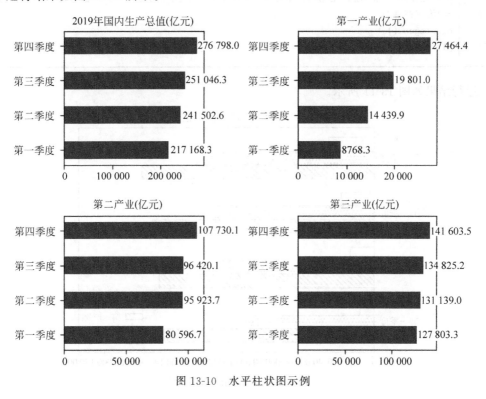

图 13-10　水平柱状图示例

当数据源存在多个需要展示的维度时,可以选择在多个子图上分别绘制,程序 13-46 的第 10 至 21 行,向画布中添加了四个子图,分别绘制了 GDP、第一产业、第二产业和第三产业的数据。需要注意的是第 18 行和第 19 行,因为是水平方向的柱状图,此处注释对齐使用

的是 verticalalignment='center'。第 22 行,图表在默认布局下,子图间可能会出现标题重叠的情况,使用 plt.tight_layout() 函数,重新调整图表布局,解决重叠情况。

此外,也可以采用复合条形图的形式。

**程序 13-47    绘制复合条形图**

```
1    y = [1, 2, 3, 4]
2    gdp = [[217168.3, 241502.6, 251046.3, 276798.0], #total
3            [8768.3, 14439.9, 19801.0, 27464.4], #primary
4            [80596.7, 95923.7, 96420.1, 107730.1], #secondary
5            [127803.3, 131139.0, 134825.2, 141603.5]] #tertiary
6    plt.rcParams["font.family"] = 'FangSong'
7    plt.title('2019年国内生产总值(亿元)')
8    plt.xlim(0, 180000)
9    plt.yticks([1, 2, 3, 4], ["第一季度", "第二季度", "第三季度", "第四季度"])
10   height = 0.25
11   #绘制条形图
12   plt.barh(y + height, gdp[1], height, color = "w", edgecolor = "k", label = '第一产业')
13   plt.barh(y, gdp[2], height, color = "w", edgecolor = "k", hatch = '...', label = '第二产业
14   ')
15   plt.barh(y - height, gdp[3], height, color = "w", edgecolor = "k", hatch = '////', label
16   = '第三产业')
17   plt.legend()
18   plt.show()
```

运行结果如图 13-11 所示。

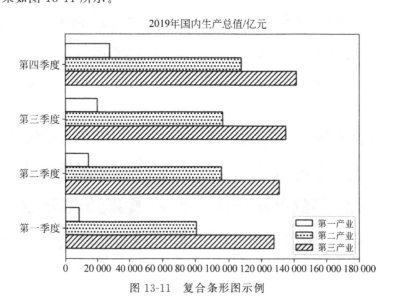

图 13-11    复合条形图示例

程序 13-47 使用复合式条形图绘制了我国 2019 年四个季度的分行业国内生产总值,第 12~18 行,通过绘制三组数据的条形图,实现了复合条形图的效果,这里需要手动设置好 plt.barh() 第一个参数 y 控制条的相对位置,避免出现重叠或者分离的情况;color 和

edgecolor 参数分别用于指定填充颜色和边框颜色；hatch 表示填充图案，字符串越长，图案就越密集。

除了以上两种方法，还可以采用堆积式条形图形式。

**程序 13-48　绘制堆积式条形图**

```
1   # 绘制堆积式条形图
2   y = [1, 2, 3, 4]
3   gdp = [[217168.3, 241502.6, 251046.3, 276798.0], # total
4          [8768.3, 14439.9, 19801.0, 27464.4], # primary
5          [80596.7, 95923.7, 96420.1, 107730.1], # secondary
6          [127803.3, 131139.0, 134825.2, 141603.5]] # tertiary
7   plt.rcParams["font.family"] = 'FangSong'
8   plt.title('2019 年国内生产总值(亿元)')
9   plt.yticks([1, 2, 3, 4], ["第一季度", "第二季度", "第三季度", "第四季度"])
10  height = 0.5
11  plt.barh(y, gdp[1], height, color = "w", edgecolor = "k", left = 0, label = '第一产业')
12  plt.barh(y, gdp[2], height, color = "w", edgecolor = "k", hatch = '...', left = gdp[1],
13  label = '第二产业')
14  plt.barh(y, gdp[3], height, color = "w", edgecolor = "k", hatch = '////', left = gdp[1] +
15  gdp[2], label = '第三产业')
16  plt.legend()
17  plt.show()
```

运行结果如图 13-12 所示。

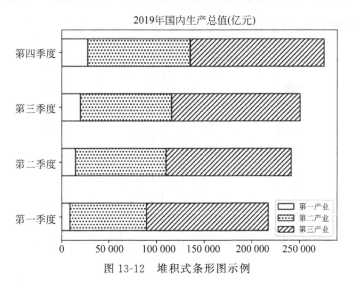

图 13-12　堆积式条形图示例

程序 13-48 使用堆叠式条形图绘制了我国 2019 年四个季度的分行业国内生产总值，第 11～16 行，通过 left 参数设置每个"条"的左侧起始 $x$ 坐标，使得三组数据的条形图按顺序自左向右排列在同一行，实现了堆叠效果。其实，还有另一种思路也行得通，通过 $y$ 参数控制条的宽度，让一个条覆盖在另一个条上，可以动手尝试一下。

## 13.3.6　直方图

plt.hist()函数用于绘制直方图,直方图本质上是一种统计图,将统计值的范围分段,即将整个值的范围分成一系列间隔,然后计算每个间隔中有多少值。函数常用的调用格式如下:

```
hist(x, bins, **kwargs)
hist(x)
```

- x:数组或序列输入值,必需参数,它接受一个数组或一系列不需要具有相同长度的数组。
- bins:直方图的柱数,即要分的组数,默认为 10。
- kwargs:可选参数,用于设置一些辅助特性。

【例 13-11】　通过 NumPy 生成满足正态分布的数据,并绘制直方图。

**程序 13-49　绘制直方图**

```
1   x = np.random.randn(10000)
2   #设置标题
3   plt.title("Gaussian Distribution Hist")
4   #绘制直方图
5   plt.hist(x, bins = 20, color = 'w', edgecolor = "k")
6   plt.show()
```

运行结果如图 13-13 所示。

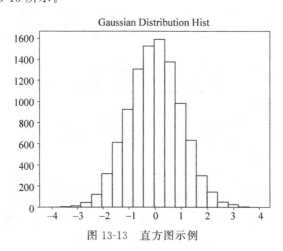

图 13-13　直方图示例

直方图和柱状图在展示效果上有些类似,但不要搞混。直方图的柱体之间没有空隙,而且直方图描述的是连续型数据的分布情况,而柱状图描述的是离散型数据的分布,这是二者的本质区别。

程序 13-49 绘制了一组满足正态分布的数据集的频次直方图,每一个柱表示一段统计区间,柱的高度表示每段区间内数据的样本数。第 1 行,借助 13.3.5 节中学习的 NumPy 生成了满足标准正态分布的 100 000 个数据;第 5 行中,使用 plt.hist()函数绘制直方图,

bins 表示将数据集分成 20 组, 即 20 个统计区间。如果只需要简单地计算每段区间的样本数, 并不想画图显示它们, 可以了解一下 np. histogram() 函数。

类似前面的堆积式和复合条形图, 也可以绘制具有多个数据集的直方图。

程序 13-50　绘制堆积式、复合式直方图

```
1   A = np.random.randn(1000)
2   B = np.random.randn(1000)
3   #选取第一个子图
4   plt.subplot(1, 2, 1)
5   #stacked = False,复合直方图
6
7   plt.hist([A, B], 10, stacked = False, color = ['w', 'k'], edgecolor = 'k', label = ['left',
8   'right'])
9   plt.legend()
10  #在第二个子图
11  plt.subplot(1, 2, 2)
12  # stacked = True,堆积直方图
13  plt.hist([A, B], 10, stacked = True, color = ['w', 'k'], edgecolor = 'k', label = ['lower',
14  'upper'])
15  plt.legend()
16  plt.show()
```

运行结果如图 13-14 所示。

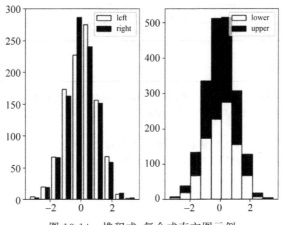

图 13-14　堆积式、复合式直方图示例

程序 13-50 绘制了两组满足正态分布的数据集的堆叠式和复合式直方图, 第 12 行, plt. hist() 函数在调用方式上与单数据集显著不同的是传递的 x 参数变成了二维列表, 其中每个列表表示一个数据集。当传递给 plt. hist() 函数的 stacked 参数为 True 时表示堆积直方图, 否则是复合直方图。通过绘制多组数据集的复合(堆叠)直方图, 可以直观地观察各组数据的分布特点和差异情况。

## 13.3.7　饼图

plt. pie() 函数用于绘制饼图。绘制饼图的数据由参数 x 提供, 每个饼图楔块的占比为

x/sum(x)。默认情况下,plt. pie()函数从 $x$ 轴开始逆时针绘制饼图楔块。ple. pie()函数常用的调用格式如下:

```
dt.pie(x, explode, labels, colors, autopct, ** kwargs)
dt.pie(x)
```

- x:标量序列,必需参数,其中元素决定饼图中楔块的大小。
- explode:数组,可选参数,无默认值,用于指定每个楔块偏移半径的百分比。
- labels:列表,可选参数,无默认值,为每个楔块提供标签的字符串序列。
- colors:数组,可选参数,为饼图指定循环所用的颜色参数序列。
- autopct:字符串或函数,可选参数,无默认值,用于使用数值标记楔块的字符串或函数。
- kwargs:可选参数,用于设置一些辅助特性。

【例 13-12】 根据我国第六次人口统计数据[①],我国各年龄段人数如表 13-9 所示,请用饼图展示。

表 13-9 我国第六次人口普查各年龄段人数

| 年龄段 | 人 数 |
| --- | --- |
| 0～19 岁 | 321 211 735 |
| 20～39 岁 | 443 590 532 |
| 40～59 岁 | 390 414 162 |
| 60～79 岁 | 156 605 094 |
| 80 岁及以上 | 77 813 876 |

程序 13-51 绘制饼图

```
1   x = np.array([321211735, 443590532, 390414162, 156605094, 77813876])
2   plt.rcParams["font.family"] = "SimHei"
3   #设置标题
4   plt.title("我国第六次人口普查年龄段分布情况")
5   #控制第二个饼图楔块弹出,即 20～39 岁弹出
6   explode = [0, 0.1, 0, 0, 0]
7
8   #设置饼图标签
9   labels = ["%d-%d岁" % (i, i + 19) for i in range(0, 79, 20)]
10  labels.append("80 岁及以上")
11
12  #绘制饼图
13  plt.pie(x, explode = explode, labels = labels, autopct = '%1.1f%%', shadow = True)
14  plt.show()
```

运行结果如图 13-15 所示。

---

① 中国第六次人口普查资料:见 http://www.stats.gov.cn/tjsj/pcsj/rkpc/6rp/indexch.htm。

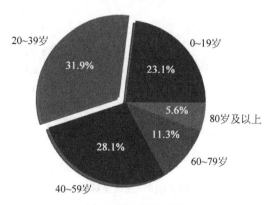

我国第六次人口普查年龄段分布情况

图 13-15　饼图示例

程序 13-51 绘制了我国第六次人口普查年龄段的饼图,通过饼图能直观地观察各年龄段的比例分布情况。第 13 行中 plt.pie() 函数的 explode 参数用于指定每个楔块偏移半径的百分比,第 6 行中设置的参数是只让一个楔块稍稍偏离圆心,就实现了一个突出最大占比楔块的视觉效果;labels 参数指定了每个楔块的标签,当楔块过多时可能会出现标签重叠的情况,可以尝试使用图例来标记;autopct 参数设置为每个楔块标记的占比保留 1 位小数;shadow 参数为楔块添加了视觉阴影效果。

## 13.3.8　三维绘图

Matplotlib 也可以绘制三维图像,本节将简单介绍最基本的三维图像的绘制。首先,需要导入 Matplotlib 自带的 mplot3d 工具箱子模块。

```
from mpl_toolkits import mplot3d
```

导入这个子模块之后,就可以在创建任意一个普通坐标轴的过程中加入 projection='3d'关键字,从而创建一个三维坐标轴。

**程序 13-52**　创建三维坐标轴

```
1    #创建一张画布
2    fig = plt.figure()
3    #创建一个三维坐标系
4    ax = plt.axes(projection = '3d')
5    #类似地,可以使用 subplot 方法画多个子图
6    #ax = fig.add_subplot(111,projection = '3d')
7    plt.show()
```

运行结果如图 13-16 所示。

### 1. 三维曲线和散点

最基本的三维图是由 $(x,y,z)$ 三维坐标点构成的线图或散点图。

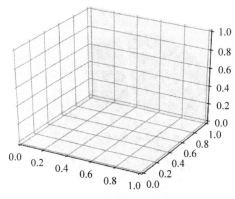

图 13-16　三维坐标轴

**程序 13-53　绘制三维曲线和散点**

```
1    #创建一张画布
2    fig = plt.figure()
3    #创建一个三维坐标系
4    ax = plt.axes(projection = '3d')
5    #设置标签
6    ax.set_xlabel('x')
7    ax.set_ylabel('y')
8    ax.set_zlabel('z')
9
10   #生成三维线的数据
11   zline = np.linspace(0, 15, 1000)
12   xline = np.sin(zline)
13   yline = np.cos(zline)
14   #绘制三维线
15   ax.plot3D(xline, yline, zline, 'gray')
16
17   #三维散点的数据
18   zdata = 15 * np.random.random(100)
19   xdata = np.sin(zdata) + 0.1 * np.random.randn(100)
20   ydata = np.cos(zdata) + 0.1 * np.random.randn(100)
21   #绘制三维散点
22   ax.scatter3D(xdata, ydata, zdata, cmap = 'Greens');
23
24   plt.show()
```

运行结果如图 13-17 所示。

程序 13-53 中绘制了一个三角螺旋线,并且在线的周围随机分布了一些散点,与前面介绍的普通二维图类似,第 15 行和第 22 行分别借助 ax.plot3D()与 ax.scatter3D()来绘制线图与散点图,可以发现图中不同区域的散点透明度并不相同,这并不是要设置的结果,在默认情况下,Matplotlib 会自动改变散点的透明度(近实远虚),以在平面上呈现出立体感。

**2. 三维曲面**

还可以使用 plot_surface()函数绘制三维曲面。

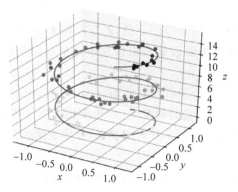

图 13-17　三维曲线和散点

**程序 13-54　绘制三维曲面**

```
1   fig = plt.figure()
2   ax = plt.axes(projection = '3d')
3   #生成三维数据
4   a = np.arange( - 5, 5, 0.5)
5   b = np.arange( - 5, 5, 0.5)
6   A, B = np.meshgrid(a, b)
7   Z = np.sin(np.sqrt(A ** 2 + B ** 2))
8   #设置标签
9   ax.set_xlabel('x')
10  ax.set_ylabel('y')
11  ax.set_zlabel('z')
12  #绘制曲面
13  ax.plot_surface(A, B, Z, rstride = 1, cstride = 1)
14  plt.show()
```

运行结果如图 13-18 所示。

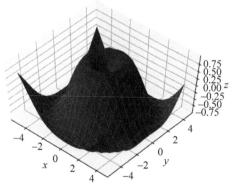

图 13-18　三维曲面示例

程序 13-54 绘制了一个中部环形区域和四角凸起的曲面,第 4～6 行首先生成了 $a$ 和 $b$
一对向量,接着借助 np.meshgrid() 生成了关于 $a$ 和 $b$ 的坐标矩阵 $A$ 和 $B$,可以理解为生成
了一个在 $x$ 轴与 $y$ 轴平面上的网格,$A$ 和 $B$ 两个矩阵中存储的数据就是网格中每个点所对

应 $x$ 坐标值和 $y$ 坐标值。

第 7 行生成了每个网格点所对应的 $z$ 值,$Z$ 矩阵和 $A$、$B$ 矩阵的维度相同。这几步在绘制三维图时非常重要,因为三维曲面就是根据这个网格的每个位置上对应着一个特定的 $z$ 值,然后将它绘制出来。

第 13 行通过 plot_surface() 函数绘制曲面,rstride、cstride 参数表示在横竖方向上的采样步长,在向量 $a$ 和 $b$ 的步长不变的情况下,采样步长越小绘图越精细。显然,另一种更有效的办法是在生成数据时缩小向量 $a$ 和 $b$ 的步长,让生成出来的网格变得更密集,曲面的精细程度自然就高了。

可以直接单击、拖曳图形,实现交互旋转效果,从不同方向观察图像。如果图表不能进行交互,检查一下开发工具是否禁用了 Matplotlib 的独立窗口显示。

# 习题

1. 首先基于列表编写程序产生 100 万个 $1\sim10\,000$ 的随机整数,并对它们从小到大排序;然后利用 NumPy 实现同样的功能,并对比二者消耗的时间。

2. 创建一个 $10\times10$ 的 ndarray 对象,并输出最大值、最小值和平均值。

3. 从网上下载 iris 数据集,利用 Pandas 读取其中的数据,显示其中共有几种花,计算出每种花的四个特征的平均值。

4. 利用 Matplotlib 绘制出 iris 数据集中数据的散点图,其中以第 1 个特征作为 $x$ 坐标,以第 2 个特征作为 $y$ 坐标。采用不同的形式表示每种类型的花,并在其中显示图例。

# 第14章　Python 图形用户界面

wxPython 是一款支持 Python 语言的开源跨平台 GUI 工具。wxPython 基于 wxWidgets，是 wxWidgets 的 Python 语言绑定版本，wxWidgets 采用 C++语言编写。基于 wxPython 可以简单、便捷地使用 Python 语言创建具有丰富功能的图形化界面程序。

wxPython 是 Python 平台中较为出色的 GUI 工具。首先，wxPython 是开源软件，其许可证较为宽松，可以适用于个人和商业项目；其次，wxPython 具有良好的跨平台特性，同时支持 Windows、Mac OS 和 Linux 操作系统；最后，采用 wxPython 的图形界面程序易于编写，源代码易于理解。

## 14.1　Hello World

在使用 wxPython 前，需要先安装 wxPython。下面使用 pip 安装最新版 wxPython，该版本适用于 Windows 和 Mac OS 环境。

```
pip install - U wxPython
```

安装完成后，可以在 Python 控制台中验证安装是否成功。

```
>>> import wx
>>> wx.VERSION_STRING
"4.04"
```

wxPython 的特点是易于编写和理解。下面通过 Hello World 程序了解 wxPython 的使用方式。程序在 Windows 系统下的运行结果如图 14-1 所示。

【例 14-1】　使用 wxPython 创建一个 Hello World 窗口。

程序 14-1　Hello World

```
1    #第一步,导入 wxPython
2    import wx
3    #第二步,创建程序实例
4    app = wx.App()
5    #第三步,创建一个窗口
6    frm = wx.Frame(None, title = "Hello World")
7    #第四步,显示界面
8    frm.Show()
9    #开始事件循环
10   app.MainLoop()
```

图 14-1　Hello World 运行结果

例 14-1 中仅有 5 条语句,除去第一条语句导入 wxPython 库,剩余 4 条语句完成了基本的窗口程序的构建。代码虽简单,但是其结构基本完整。下面介绍这几条语句的含义。

(1) app ＝ wx. App()。

每一个 wxPython 程序都是 wx. App 类的一个实例。wx. App()负责启动 wxPython 系统并初始化底层的 GUI 工具包,设置并获取整个应用程序属性,实现本地窗口系统主消息和事件循环,并将事件发送到窗口实例等。通常,当程序较为复杂时,可以自定义 App 类。

(2) frm ＝ wx. Frame(None, title＝"Hello World")。

wx. Frame 类用于创建窗口,以及设置窗口的属性。这个窗口就是人们熟知的程序窗口,不要被 Frame 单词的本意所迷惑。根据程序的复杂程度,可以利用 wx. Frame()创建一个或多个窗口,且正常情况下都需要通过继承的方式实现自定义窗口。

(3) frm. Show()。

Show()是 wx. Frame 提供的一个函数,用于显示窗口。Show()函数如果设置 show 参数为 False 或者调用 Hide()函数,可以将窗口隐藏。

(4) app. MainLoop()。

MainLoop()是 wx. App 提供的重要函数,用于处理主 GUI 事件循环。

Hello World 程序是一个非常简单的例子,没有安排实际功能。通常,一个普通的图形界面程序,还会安排若干 UI 控件和事件处理函数。下面将对此展开介绍。

## 14.2　wxPython UI 控件

wxPython 提供了很多 UI 控件类,根据控件的用途简单分为以下几类:窗口类控件、交互类控件和布局类控件等。受到篇幅限制,本节只对部分常用的控件展开介绍。

### 1. 窗口类控件

1) Frame

在 Hello World 程序中,已经简单了解了 Frame 的作用。在一般应用中,Frame 作为窗口容器,内部必定还需要放置所需的 UI 控件,并且这些控件还需要进行一些布局。所以在实际开发中,一般都是继承 wx. Frame 类,然后实现自定义的 Frame 类。

下面在 Hello World 程序的基础上进行一些简单修改,实现自定义 Frame,并且在 Frame 中添加 Hello World 文字。

【例 14-2】　用自定义 Frame 创建窗口,并显示文字。

程序 14-2　Frame 示例

| | |
|---|---|
| 1 | # 导入 wxPython |
| 2 | import wx |
| 3 | # 自定义 Frame |

```
4    class MyFrame(wx.Frame):
5        def __init__(self, parent, title):
6            wx.Frame.__init__(self, parent, title = title)
7            #在 Frame 内添加一个静态文本
8            txt = wx.StaticText(self, -1,"Hello World!")
9            #显示 Frame
10           self.Show()
11
12   #创建程序
13   app = wx.App()
14   #实例化 MyFrame
15   frm = MyFrame(None, "Hello World")
16   #开始事件循环
17   app.MainLoop()
```

运行结果如图 14-2 所示。

程序 14-2 的第 4～10 行,实现了一个 MyFrame
类,该类继承自 wx.Frame,并且重写了 __init__()方
法。在该类中,添加了一个 StaticText 静态文本控件,用
于显示 Hello World 字样。注意,第 10 行 self.Show()代
替了原来 Hello World 例子中的 frm.Show()。程序第
15 行,对 MyFrame 进行了实例化,而不是像 Hello
World 例子中实例化 wx.Frame 类。

图 14-2　Frame 示例程序
运行结果

Frame 的构造函数如下,相关参数说明如表 14-1
所示。

Frame(parent, id = ID_ANY, title = "", pos = DefaultPosition, size = DefaultSize, style =
DEFAULT_FRAME_STYLE, name = FrameNameStr)

表 14-1　Frame 构造函数的相关要参数说明

| 参　　数 | 数据类型 | 说　　明 |
|---|---|---|
| parent | wx.Window | 所在父窗口的对象 |
| id | wx.WindowID | 定义控件 ID,一般使用 ID_ANY 即可 |
| title | string | 窗口的标题,显示在窗口顶部的标题栏 |
| pos | wx.Point | 窗口的定位 |
| size | wx.Size | 窗口的尺寸 |
| style | long | 窗口的样式,例如 DEFAULT_FRAME_STYLE 表示默认窗口样式,CLOSE_BOX 表示显示关闭窗口按钮。如果不采用默认样式,则可以自由组合多个样式,样式值间用|隔开 |
| name | string | 内部名称 |

Frame 提供了一些常用的方法,便于设置或获取控件参数,相关说明如表 14-2 所示。

表 14-2　Frame 常用方法

| 方　　法 | 参数数据类型 | 说　　明 |
|---|---|---|
| SetMenuBar() | menuBar：wx.MenuBar | 在窗口中设置菜单栏 |
| SetStatusBar() | statusBar：wx.StatusBar | 在窗口中设置状态栏 |
| SetToolBar() | toolBar：wx.ToolBar | 在窗口中设置工具栏 |
| Centre() | — | 窗口居中显示 |
| Show() | show：Boolean | 显示或隐藏窗口 |
| SetSizer() | sizer：wx.Sizer | 将一个 Sizer 加入当前窗口 |

2）Dialog

Dialog 一般称作对话框。Dialog 通常用在父框架上弹出的简单交互对话框，例如确认对话框、提醒对话框等。下面通过一个实例来演示 Dialog 的基本特性和使用方法。

【例 14-3】　使用 Dialog 创建一个对话框。

程序 14-3　Dialog 示例

```
1    import wx
2    # 自定义 Dialog
3    class MyDialog(wx.Dialog):
4        def __init__(self, parent, title):
5            wx.Dialog.__init__(self, parent, title = title, size = ((200,100)))
6            # 在 Dialog 中添加 OK 和 Cancel 按钮
7            ok = wx.Button(self, wx.ID_OK, pos = (0,0), size = (50,25))
8            cancel = wx.Button(self, wx.ID_CANCEL, pos = (60,0), size = (50,25))
9            # 以模态方式显示对话框
10           self.ShowModal()
11
12   class MyFrame(wx.Frame):
13       def __init__(self, parent, title):
14           wx.Frame.__init__(self, parent, title = title, size = ((400,300)))
             # 先显示窗口
15           self.Show()
16           # 创建 Dialog
17           dialog1 = MyDialog(self, title = "Dialog")
18
19   app = wx.App()
20   frm = MyFrame(None, "Hello World")
21   app.MainLoop()
```

程序运行结果如图 14-3 所示。

在该例中，Dialog 通过 Frame 调用显示在最前面。程序第 17 行是创建 Dialog 的代码，创建时设置了标题和尺寸参数。Dialog 内放置了两个按钮，实现确定和取消功能，单击按钮后 Dialog 对话框会被关闭，代码中并没有编写对应的事件代码，这是因为两个按钮配置了特定的 ID(ID_OK、ID_CANCEL)。第 10 行代码利用 ShowModal() 将 Dialog 以模态方式显示，这是 Dialog 特有的显示方法。所谓模态就是当窗口显示时，父窗口会被锁定不能操作。在实际开发时，Dialog 通常需要通过一些事件触发才会弹出，而不是像本例中一样打开

图 14-3    Dialog 示例程序运行效果

窗口就直接显示。

Dialog 的构造函数如下,相关参数说明如表 14-3 所示。

```
Dialog (parent, id = ID_ANY, title = "", pos = DefaultPosition,
size = DefaultSize, style = DEFAULT_DIALOG_STYLE, name = DialogNameStr)
```

表 14-3    Dialog 构造函数的相关参数说明

| 参　　数 | 数据类型 | 说　　明 |
|---|---|---|
| parent | wx. Window | 所在父窗口的对象 |
| id | wx. WindowID | 定义控件 ID,一般使用 ID_ANY 即可 |
| title | string | 对话框的标题,显示在窗口顶部的标题栏 |
| pos | wx. Point | 对话框的定位 |
| size | wx. Size | 对话框的尺寸 |
| style | long | 对话框的样式,例如 DEFAULT_DIALOG_STYLE 表示默认样式,CLOSE_BOX 表示显示关闭窗口按钮。如果不采用默认样式,可以自由组合多个样式,样式值间用\|隔开 |
| name | string | 内部名称 |

Dialog 控件提供了一些常用的方法,便于设置或获取控件参数或特性,相关说明如表 14-4 所示。

表 14-4    Dialog 常用方法

| 方　　法 | 参数数据类型 | 说　　明 |
|---|---|---|
| ShowModal() | — | 以全局模态方式显示对话框 |
| ShowWindowModal() | — | 和 ShowModal() 的区别是模态只对父窗口有效 |
| Centre() | — | 窗口居中显示 |
| Show() | show: Boolean | 显示或隐藏窗口 |
| CreateButtonSizer() | flags: long | 创建带标准按钮的布局器,按钮可以是 OK、Cancel 等的一个或多个,用\|分割。 |
| CreatTextSizer() | text: string | 创建带纯文本的布局器 |
| SetSizer() | sizer: wx. Sizer | 将 Sizer 加入当前窗口 |

269

第 14 章

Python 图形用户界面

wx. Dialog 是最基本的对话框类，该类派生出很多子类，这些子类对话框具有一些预定义的功能，例如 wx. MessageDialog 默认创建一个单行或多行的静态文本框和一组标准按钮。

### 2. 交互类控件

1）静态文本控件 StaticText

StaticText 是一个单行或多行只读文本控件。这里的静态是指控件对操作用户不提供编辑功能。创建 StaticText 控件的基本方式如下。

```
wx.StaticText(self, - 1,"Hello World!")
```

在 Windows 7 下的运行结果如图 14-4 所示。

Hello World!

图 14-4　StaticText 运行结果

StaticText 的构造函数如下，相关参数说明如表 14-5 所示。

```
StaticText(parent, id = ID_ANY, label = "", pos = DefaultPosition,
          size = DefaultSize, style = 0)
```

表 14-5　StaticText 构造函数的相关参数说明

| 参　　数 | 数据类型 | 说　　明 |
| --- | --- | --- |
| parent | wx. Window | 所在父窗口的对象 |
| id | wx. WindowID | 定义控件 ID，一般使用 ID_ANY 即可 |
| label | string | 显示的文本 |
| pos | wx. Point | 控件在父窗口中的定位 |
| size | wx. Size | 控件尺寸 |
| style | long | 控件的样式，例如 ALIGN _ LEFT 表示文字左对齐，ALIGN_CENTRE_HORIZONTAL 表示水平居中对齐 |

StaticText 提供了一些常用的方法，便于设置或获取控件的参数或特性，相关说明如表 14-6 所示。

表 14-6　StaticText 常用方法

| 方　　法 | 参数数据类型 | 说　　明 |
| --- | --- | --- |
| SetLabel() | label：string | 以编程方式设置对象的标签 |
| GetLabel() | — | 返回对象的标签 |
| SetForeGroundColour() | color：wx. Colour | 设置标签的文字颜色 |
| SetBackGroundColour() | color：wx. Colour | 设置标签的背景 |
| SetFont() | font：wx. Font | 设置字体 |

2）文本框控件 TextCtrl

TextCtrl 是一个单行或多行文本编辑框控件。创建 TextCtrl 的基本方式如下。在

Windows 7 下的运行结果如图 14-5 所示。

```
wx.TextCtrl( self, wx.ID_ANY, "单行文本框",
        wx.DefaultPosition, wx.Size( 200, -1 ), 0)
wx.TextCtrl( self, wx.ID_ANY, "多行文本框\n 第二行\n 第三行",
        wx.DefaultPosition, wx.Size( 200,200 ), wx.TE_MULTILINE )
```

图 14-5　TextCtrl 运行结果

TextCtrl 的构造函数如下，相关参数说明如表 14-7 所示。

```
TextCtrl(parent, id = ID_ANY, label = "", pos = DefaultPosition,
        size = DefaultSize, style = 0, validator = DefaultValidator)
```

表 14-7　StaticText 构造函数的相关参数说明

| 参　　数 | 数据类型 | 说　　明 |
| --- | --- | --- |
| parent | wx. Window | 所在父窗口的对象 |
| id | wx. WindowID | 定义控件 ID |
| label | string | 显示的文本 |
| pos | wx. Point | 控件在父窗口的定位 |
| size | wx. Size | 控件尺寸 |
| style | long | 文本框的样式，例如 TE_MULTILINE 表示多行，TE_PASSWORD 表示密码输入样式，TE_LEFT 表示文字左对齐 |
| validator | wx. Validator | 指定验证器。验证器需要通过继承 Validator 类自定义实现 |

控件提供了一些常用的方法，便于设置或获取控件参数，相关说明如表 14-8 所示。

表 14-8　TextCtrl 常用方法

| 方　　法 | 参数数据类型 | 说　　明 |
| --- | --- | --- |
| SetValue() | value：string | 以编程方式设置对象的内容 |
| GetValue() | — | 返回对象的内容 |
| SetHint() | hint：string | 设置提示文字 |
| LoadFile() | filename：string | 从文件读取数据并加载到文本框中 |
| SaveFile() | filename：string | 将文本框的值存储到文件中 |

3) 按钮控件 Button

Button 是一个按钮控件。创建 Button 的基本方法如下列代码所示。在 Windows 7 下的运行结果如图 14-6 所示。

```
wx.Button( self, wx.ID_ANY, u"按钮", wx.DefaultPosition,
    wx.DefaultSize, 0 )
```

图 14-6　Button 运动结果

Button 的构造函数如下,相关参数说明如表 14-9 所示。

```
Button(parent, id = ID_ANY, label = "", pos = DefaultPosition,
    size = DefaultSize, style = 0, validator = DefaultValidator)
```

表 14-9　**Button 构造函数的相关参数说明**

| 参　　数 | 数据类型 | 说　　明 |
|---|---|---|
| parent | wx. Window | 所在父窗口的对象 |
| id | wx. WindowID | 定义控件 ID |
| label | string | 按钮文本 |
| pos | wx. Point | 按钮的定位 |
| size | wx. Size | 按钮的尺寸 |
| style | long | 按钮的样式,例如 BU_LEFT 表示按钮文字左对齐 |
| validator | wx. Validator | 指定验证器。验证器需要通过继承 Validator 类自定义实现 |

Button 常用的方法不多,主要是 SetLabel()方法,相关说明如表 14-10 所示。

表 14-10　**Button 常用方法**

| 方　　法 | 参数数据类型 | 说　　明 |
|---|---|---|
| SetLabel() | label：string | 以编程方式设置按钮的文字 |

### 3. 布局控件

wxPython 的布局通过一类称为 Sizer 的布局管理器控件来实现,这些 Sizer 都是从 wx. Sizer 抽象基类派生而来。每种 Sizer 都具有不同的布局特点,根据布局的需求选用合适的 Sizer 进行布局。Sizer 内部可以嵌套 Sizer。基本的 Sizer 包括 BoxSizer 和 GridSizer,其他例如 StaticBoxSizer、FlexGridSizer 等都是这两类 Sizer 的派生类。

创建一个 Sizer 的一般步骤如下:

(1) 在父对象中创建所需的 Sizer,父对象可以是窗口、容器甚至是 Sizer。

(2) 创建准备放置在 Sizer 内的子对象,包括各种窗口、交互控件、空白区域甚至是 Sizer 等。

(3) 使用 Sizer 的 Add()方法来将上面创建的子对象添加到 Sizer 中。

(4) 调用父窗口或容器的 SetSizer(sizer)方法完成布局。

Sizer 提供了一些通用方法,常用方法如表 14-11 所示。

表 14-11　Sizer 常用方法

| 方　　法 | 说　　明 |
|---|---|
| Add() | 将子对象添加到 Sizer 中进行布局 |
| AddMany() | 将多个子对象添加到 Sizer 中进行布局 |
| Detach() | 将子对象移除但不销毁 |
| Remove() | 将子对象移除且销毁 |
| Clear() | 清除所有子对象 |
| SetMinSize() | 设置最小尺寸 |

Add()方法是 Sizer 中最重要的一个方法,有以下几种常用的调用形式:

```
Add(self, window, proportion = 0, flag = 0, border = 0, userData = None)
Add(self, sizer, proportion = 0, flag = 0, border = 0, userData = None)
Add(self, width, height, proportion = 0, flag = 0, border = 0, userData = None)
```

第一种是将各类 window 对象加入 Sizer,即各类窗口、容器和交互控件。第二种是嵌套一个 Sizer。第三种是添加 Spacer(空隙)。Add()方法相关参数说明如表 14-12 所示。

表 14-12　Add()方法相关参数说明

| 参　　数 | 数据类型 | 说　　明 |
|---|---|---|
| window | wx. Window | 添加的 window 对象 |
| sizer | wx. Sizer | 添加的 Sizer 对象 |
| width | int | 添加的 Spacer 的宽度 |
| height | int | 添加的 Spacer 的高度 |
| proportion | wx. Size | BoxSizer 专用参数,子对象的缩放系数,0 表示大小固定,如果不为 0,则剩余空间按比例调整。例如,水平 BoxSizer 中有 3 个控件,其宽度大于 3 个控件默认大小。若 proportion 均设置为 1,则每个对象的宽度将扩展 Sizer 剩余空间的 1/3,最后控件占满整个 Sizer |
| flag | long | 对象的布局样式标记,标记主要描述了对齐方式、边框设置和尺寸设置。例如,ALIGN_LEFT 表示控件左对齐,LEFT 表示控件左侧显示边框,wx. EXPAND 表示控件自动扩展大小 |
| userData | wx. Validator | — |

1) BoxSizer

BoxSizer 是一个一维线性的布局管理器,即只能采用水平或垂直方向中的一种进行布局。下面通过一个示例来演示 BoxSizer 的基本使用方法。

【例 14-4】　使用 BoxSizer 进行简单布局。

程序 14-4　BoxSizer 示例

```
1    import wx
2    class MyFrame(wx.Frame):
3        def __init__(self, parent, title):
4            wx.Frame.__init__(self, parent, title = title)
```

```
5          # 创建垂直 BoxSizer
6          boxSizer1 = wx.BoxSizer(orient = VERTICAL)
7          # 创建 1 个按钮和 1 个水平 BoxSizer
8          bt1 = wx.Button(self,wx.ID_ANY,"按钮 1")
9          boxSizer2 = wx.BoxSizer()
10         # 创建 5 个按钮
11         bt2 = wx.Button(self,wx.ID_ANY,"按钮 2")
12         bt3 = wx.Button(self,wx.ID_ANY,"按钮 3")
13         bt4 = wx.Button(self,wx.ID_ANY,"按钮 4")
14         bt5 = wx.Button(self,wx.ID_ANY,"按钮 5")
15         bt6 = wx.Button(self,wx.ID_ANY,"按钮 6")
16         # 将按钮 bt2～bt6 添加到 boxSizer2
17         boxSizer2.Add(bt2,0,wx.ALIGN_TOP)
18         boxSizer2.Add(bt3,1,wx.EXPAND)
19         boxSizer2.Add(bt4,0,wx.ALIGN_CENTER)
20         boxSizer2.Add(bt5,2,wx.EXPAND)
21         boxSizer2.Add((60, 20), 0, wx.EXPAND)
22         boxSizer2.Add(bt6,0,wx.ALIGN_BOTTOM)
23         # 将 bt1 和 boxSizer2 添加到 boxSizer1
24         boxSizer1.Add(bt1,0,wx.EXPAND)
25         boxSizer1.Add(boxSizer2,1, wx.EXPAND)
26         # 将 boxSizer1 设置为窗口的 Sizer
27         self.SetSizer(boxSizer1)
28         # 显示窗口
29         self.Show()
30
31   app = wx.App()
32   frm = MyFrame(None, "BoxSizer")
33   app.MainLoop()
```

程序在 Windows 7 下的运行结果如图 14-7 所示。

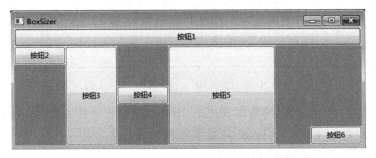

图 14-7　BoxSizer 示例程序运行结果

在该例的 MyFrame 窗口中,通过一个名为 boxSizer1 的 BoxSizer 进行垂直布局,程序第 6 行是创建 boxSizer1 的代码。boxSizer1 内包含 1 个按钮(按钮 1),并嵌套包含了另一个水平的 BoxSizer(boxSizer2)。boxSizer2 中又包含 5 个按钮(按钮 2～按钮 6)和 1 个位于按钮 5 与按钮 6 间的 Spacer。程序第 7～15 行实现上述所有控件的创建,第 17～25 行将控件添加到对应 Sizer,第 27 行设置 boxSizer1 为 MyFrame 的 Sizer。注意,boxSizer2 在添加控件时,为不同控件设置了不同的 proportion 和 flag 参数,在拖放窗口尺寸时,内部的按钮会根据 proportion 值进行缩放,按照 flag 值进行对齐。

BoxSizer 的构造函数如下。其中,orient 参数用于指定布局方向,默认值为 HORIZONTAL(水平),可以设置为 VERTICAL(垂直)。

```
BoxSizer(orient = HORIZONTAL)
```

BoxSizer 除包含 Sizer 的方法外,还有一些专有方法,常用方法如表 14-13 所示。

表 14-13　BoxSizer 常用方法

| 方　　法 | 参数数据类型 | 说　　明 |
|---|---|---|
| AddSpacer | size | 将子对象添加到 Sizer 中进行布局 |
| GetOrientation() | — | 获取布局方向 |
| SetOrientation() | orent:int | 设置布局方向为 VERTICAL 或 HORIZONTAL |

2) GridSizer

GridSizer 是一种二维布局管理器,布局时按照行和列进行划分,形成诸多网格。和 BoxSizer 相比,GridSizer 更加灵活。下面通过一个示例来演示 BoxSizer 的基本使用方法。

【例 14-5】　使用 GridSizer 进行简单布局。

程序 14-5　GridSizer 示例

```
1    import wx
2    from wx.core import VERTICAL, BoxSizer, GridSizer
3    class MyFrame(wx.Frame):
4        def __init__(self, parent, title):
5            wx.Frame.__init__(self, parent, title = title)
6            # 添加 3×3、间隙为(10,10)的 GridSizer
7            gridSizer1 = wx.GridSizer(3,3,10,10)
8            # 创建 11 个按钮和 1 个 Sizer
9            bt1 = wx.Button(self,wx.ID_ANY,"按钮 1")
10           bt2 = wx.Button(self,wx.ID_ANY,"按钮 2")
11           bt3 = wx.Button(self,wx.ID_ANY,"按钮 3")
12           bt4 = wx.Button(self,wx.ID_ANY,"按钮 4")
13           boxSizer1 = wx.BoxSizer(VERTICAL)
14           bt5 = wx.Button(self,wx.ID_ANY,"按钮 5")
15           bt6 = wx.Button(self,wx.ID_ANY,"按钮 6")
16           bt7 = wx.Button(self,wx.ID_ANY,"按钮 7")
17           bt8 = wx.Button(self,wx.ID_ANY,"按钮 8")
18           bt9 = wx.Button(self,wx.ID_ANY,"按钮 9")
19           bt10 = wx.Button(self,wx.ID_ANY,"按钮 10")
20           bt11 = wx.Button(self,wx.ID_ANY,"按钮 11")
21
22           # 按 bt5～bt7 添加到 boxSizer1
23           boxSizer1.Add(bt5,1,wx.EXPAND)
24           boxSizer1.Add(bt6,1,wx.EXPAND)
25           boxSizer1.Add(bt7,1,wx.EXPAND)
26           # 批量将按钮和 boxSizer1 添加到 gridSizer1
```

```
27          gridSizer1.AddMany([
28    (bt1,0,wx.EXPAND),(bt2,0,wx.EXPAND),(bt3,0,wx.EXPAND),
29    (bt4,0,wx.EXPAND),(boxSizer1,0,wx.EXPAND),(bt8,0,wx.EXPAND),
30    (bt9,0,wx.EXPAND),(bt10,0,wx.EXPAND),(bt11,0,wx.EXPAND),
31          ])
32          # 将 gridSizer1 设置为 Sizer
33          self.SetSizer(gridSizer1)
34          # 显示窗口
35          self.Show()
36
37    app = wx.App()
38    frm = MyFrame(None, "GridSizer")
39    app.MainLoop()frm = MyFrame(None, "BoxSizer")
40    app.MainLoop()
```

程序在 Windows 7 下的运行结果如图 14-8 所示。

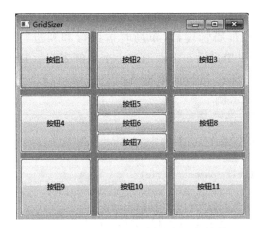

图 14-8　GridSizer 示例程序运行结果

在该例的 MyFrame 窗口中,通过一个名为 gridSizer1 的 GridSizer 进行布局,程序第 7 行是创建 GridSizer 的代码。gridSizer1 内包含 8 个按钮(按钮 1~按钮 4,按钮 8~按钮 11),并嵌套包含了另一个垂直布局的 BoxSizer(boxSizer1)。boxSizer1 中又包含 3 个按钮 (按钮 5~按钮 7)。程序第 9~20 行实现了上述所有控件的创建,第 23~31 行实现了将控件添加到对应 Sizer,第 39 行设置 boxSizer1 为 MyFrame 的 Sizer。注意,GridSizer 还设置了水平和垂直间隔,但间隔只会存在于网格间,网格和边框间是没有间隔的。

GridSizer 的构造函数如下,相关参数说明如表 14-14 所示。

```
GridSizer(cols, vgap, hgap)
GridSizer(cols, gap = Size(0,0))
GridSizer(rows, cols, vgap, hgap)
GridSizer(rows, cols, gap)
```

表 14-14　GridSizer 相关参数说明

| 参　　数 | 数据类型 | 说　　明 |
|---|---|---|
| cols | int | 网格的列数 |
| rows | int | 网格的行数 |
| vgap | int | 网格间的水平间隔 |
| hgap | int | 网格间的垂直间隔 |
| gap | wx. Size | 网格间的间隔 |

GridSizer 除包含 Sizer 的方法外,还有一些专有方法,常用方法如表 14-15 所示。

表 14-15　GridSizer 常用方法

| 方　　法 | 参数数据类型 | 说　　明 |
|---|---|---|
| SetCols() | cols：int | 设置布局的列数 |
| SetRows() | rows：int | 设置布局的行数 |
| SetHGap() | hgap：int | 设置水平间隔 |
| SetVGap() | vgap：int | 设置垂直间隔 |
| GetCols() | — | 获取布局的列数 |
| GetRows() | — | 获取布局的行数 |
| GetHGap() | — | 获取水平间隔 |
| GetVGap() | — | 获取垂直间隔 |

# 14.3　wxPython 事件

图形界面程序的另一个重要元素是事件,人机交互的过程主要通过事件来实现。wxPython 同其他 GUI 框架一样,其流程控制同样基于事件。例如,单击一个 Button 控件之后,弹出一个 Dialog 对话框,就是通过事件来实现的:首先,wxPython 响应在 Button 按钮上的鼠标事件,然后,通过绑定在 Button 鼠标事件上的事件处理函数打开对话框。

## 1. 事件的要素

wxPython 通过统一的方式来表示和处理事件,使得事件处理非常便捷。wxPython 事件包括以下几个要素。

### 1) 事件类型

事件类型用来识别不同的事件,例如单击按钮、按下键盘按钮等产生不同类型的事件。常见事件类型如表 14-16 所示。

表 14-16　常见事件类型

| 事件分类 | 事件类 | 说　　明 |
|---|---|---|
| 命令事件 | wx. CommandEvent | 按钮事件（EVT_BUTTON）、复选框事件（EVT_CHECKBOX）、文本框事件（EVT_TEXT）等 |
| 鼠标事件 | wx. MouseEvent | 鼠标左键按下（EVT_LEFT_DOWN）、鼠标左键弹起（EVT_LEFT_UP）、鼠标左键双击（EVT_LEFT_DCLICK）、所有鼠标事件（EVT_MOUSE_EVENTS）等 |

第 14 章

| 事件分类 | 事件类 | 说　　明 |
|---|---|---|
| 键盘事件 | wx. KeyEvent | 键按下（EVT_KEY_DOWN）、键弹起（EVT_KEY_UP）等 |
| 焦点事件 | wx. FocusEvent | 包括获取焦点（EVT_SET_FOCUS）、丢失焦点（EVT_KILL_FOCUS） |
| 关闭事件 | wx. CloseEvent | 窗口或对话框被关闭（EVT_CLOSE） |

2）事件类

每个事件都具有指定的事件类描述与事件关联的各类数据。每个事件类都是 wx. Event 类的派生。不同的事件可能对应相同或者不同的事件类，例如按钮单击和选中列表项都使用 wx. CommandEvent 类，按钮事件使用 wx. KeyEvent 类，因为它们的事件信息不同。

3）事件源

事件源用于标记事件产生的对象，即对象的 ID。因为在程序中相同的事件类型的控件可能不止一个，所以需要通过事件源来区分不同的对象产生的事件。

**2．绑定事件和事件处理函数**

事件触发之后，需要进行事件处理。在 wxPython 中，事件和事件处理函数（或称为事件处理器，Event Handler）通过统一的 wx. EvtHandler. Bind 类提供的 Bind()方法建立绑定关系。

Bind()方法的使用方式如下，参数说明如表 14-17 所示。

```
Bind(self, event, handler, source = None, id = wx. ID_ANY, id2 = wx. ID_ANY)
```

表 14-17　Bind()方法参数说明

| 参　　数 | 数据类型 | 说　　明 |
|---|---|---|
| event | int | 需要绑定的事件类型 |
| handler | int | 事件处理程序 |
| source | — | 事件源，当事件来源不是当前窗口时设定 |
| id | int | 通过使用 ID 指明事件源而不是通过对象实例 |
| id2 | int | 绑定一系列对象的第二个 ID，例如 EVT_MENU_RANGE |

**3．事件处理过程和事件传播**

理解 wxPython 的事件处理过程有助于正确地绑定事件、编写事件处理函数。通常来说，wxPython 会先从触发的对象开始查找与事件类型对应的事件处理函数。如果事件对象没有事件处理函数或者事件处理函数执行过程中调用了 Skip()方法，则 wxPython 将检查是否要向上传播事件以进一步搜索事件处理函数。如果允许向上传播，则可以逐级向上寻找事件处理函数，直到找到事件处理函数或者达到顶层窗口（Top-Level Window）。如果不进行传播，则最后再检查应用程序对象（wx. App）是否有事件处理函数。执行了事件处理函数且不调用 Skip()方法或者到传播到顶层后再也没有匹配的事件处理函数时，事件处理过程就结束了。

是否向上传播事件取决于事件的传播属性，默认只有命令事件（wx.CommandEvent 及其子类）才会传播，其他普通事件并不会主动传播。为了防止普通事件在执行了事件处理程序后错过父级其他的事件处理函数，一般都会在事件处理函数中调用 Skip()方法，显式地要求继续传播事件。

下面通过一个示例来演示事件的基本使用。

【例 14-6】 为 Frame、TextCtrl、Button 等类型的控件添加不同类型的事件。

程序 14-6 事件示例

```
1    import wx
2
3    class MyFrame(wx.Frame):
4        def __init__(self, parent, title):
5            wx.Frame.__init__(self, parent, title = title)
6            #创建布局和控件
7            boxSizer1 = wx.BoxSizer(wx.VERTICAL)
8            boxSizer2 = wx.BoxSizer()
9            self.text1 = wx.TextCtrl(self,wx.ID_ANY,"单击然后按键盘",
10                               style = wx.TE_READONLY)
11           self.button1 = wx.Button(self,wx.ID_ANY,"按钮 1")
12           self.button2 = wx.Button(self,wx.ID_ANY,"按钮 2")
13           self.button3 = wx.Button(self,wx.ID_ANY,"按钮 3")
14           self.text2 = wx.TextCtrl(self,wx.ID_ANY,"输入文字")
15           self.text3 = wx.TextCtrl(self,wx.ID_ANY,"", style = wx.TE_MULTILINE)
16           #将控件加入布局
17           boxSizer1.Add(self.text1,0,wx.EXPAND)
18           boxSizer1.Add(boxSizer2,0,wx.EXPAND)
19           boxSizer2.Add(self.button1,0,wx.EXPAND)
20           boxSizer2.Add(self.button2,0,wx.EXPAND)
21           boxSizer2.Add(self.button3,0,wx.EXPAND)
22           boxSizer1.Add(self.text2,0,wx.EXPAND)
23           boxSizer1.Add(self.text3,1,wx.EXPAND)
24           self.SetSizer(boxSizer1)
25
26           #关闭事件绑定
27           self.Bind(wx.EVT_CLOSE,self.OnClose)
28           #命令事件绑定
29           self.Bind(wx.EVT_BUTTON,self.OnButtonClick,
30                     id = self.button1.GetId(),id2 = self.button3.GetId())
31           self.Bind(wx.EVT_TEXT, self.OnTextInput,id = self.text2.GetId())
32
33           #键盘事件绑定
34           self.text1.Bind(wx.EVT_KEY_DOWN,self.OnKeyDown)
35           #鼠标事件绑定
36           self.text2.Bind(wx.EVT_LEFT_DCLICK, self.OnMouseDblClick)
37           #焦点事件绑定
```

```
38          self.text2.Bind(wx.EVT_SET_FOCUS, self.OnFocus)
39          self.text2.Bind(wx.EVT_KILL_FOCUS, self.OnLoseFocus)
40          # 显示窗口
41          self.Show()
42
43      # 窗口关闭处理程序
44      def OnClose(self, event):
45          self.text3.write("窗口将被关闭\n")
46          wx.MessageBox("窗口关闭")
47          event.Skip()
48
49      # 按钮处理程序
50      def OnButtonClick(self, event):
51          self.text3.write(event.GetEventObject().GetLabel() + "被按下\n")
52
53      # 按键处理程序
54      def OnKeyDown(self, event):
55          self.text3.write("键盘有输入\n")
56          event.Skip()
57
58      # 文本输入处理程序
59      def OnTextInput(self, event):
60          self.text3.write("文本框有输入\n")
61
62      # 获取焦点处理程序
63      def OnFocus(self, event):
64          self.text3.write("文本框获取焦点\n")
65          event.Skip()
66
67      # 丢失焦点处理程序
68      def OnLoseFocus(self, event):
69          self.text3.write("文本框丢失焦点\n")
70          event.Skip()
71
72      # 鼠标处理程序
73      def OnMouseDblClick(self, event):
74          self.text3.write("鼠标左键双击文本框\n")
75          event.Skip()
76
77  app = wx.App()
78  frm = MyFrame(None, "Event")
79  app.MainLoop()
```

程序在 Windows 7 下的运行结果如图 14-9 所示。

程序 14-6 中设计了一个窗口,在此窗口内布置了 3 个文本框和 3 个按钮,其中尺寸最大的文本框 text3 用于显示事件触发的日志。程序的第 27～39 行为除 text3 外的控件绑定了事件和事件处理函数,对应的事件处理函数位于程序第 43～75 行。注意,除了 EVT_BUTTON 和 EVT_TEXT 事件绑定的事件处理函数外,其他事件处理函数均调用了 Skip()方法,保证事件能够继续传播。可以尝试去掉这些调用,看看界面会出现什么问题。

图 14-9　事件演示程序运行结果

# 14.4　wxFormBuilder 可视化构建工具

通过直接编码来实现界面的方式效率较低,而且也不容易设计出想要的效果。wxPython 有多款第三方 GUI 构建工具来辅助设计界面,最常用的当属 wxFormBuilder。这是一款开源的 wxWidgets 可视化 GUI 构建工具,该工具通过简单的拖曳和属性设置,实现可视化设计,同时可生成包括 Python、C++、PHP 等各种绑定语言的代码。

wxFormBuilder 的程序主界面如图 14-10 所示,主要分为以下几个区域。

(1) 菜单和工具栏。提供文件保存、编辑、对齐等功能。

(2) 对象树窗格。通过对象树窗格,可以直观了解界面控件的层次关系。可以通过拖动或菜单等方式调整控件间的层级关系。被选中的对象在可视化设计器中会被标出。

(3) 可视化设计器与代码生成器。Designer 标签用于预览设计效果,其他标签用于查看界面对应的代码,语言不同,显示的代码也不同。

(4) 控件面板。控件面板列出了 wxWidgets 提供的各类控件。这些控件按照常用、附加、数据、容器、菜单工具栏、布局、窗口和 Ribbon(一组风格化控件)进行分类展示。选中对应的控件,就能将控件添加到界面中。添加的位置与对象树窗格中选中的层级有关。

(5) 属性和事件面板。通过对象树窗格或设计器选中不同的控件后,在属性面板可以查看或设置控件的属性,还可以为事件类绑定事件处理函数。

(6) 状态栏。显示操作结果、提示说明和选中的对象等各类辅助信息。

wxFormBuilder 设计的界面可以保存为工程,便于管理和后期继续编辑,而代码生成器生成的代码复制到自己的程序中后,通常就能直接运行。在此基础上,只需要再编写事件处理函数和其他业务函数即可,这样就大大提高了开发效率。

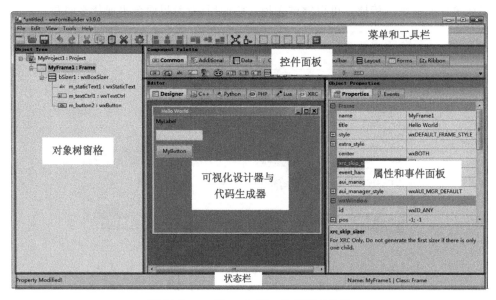

图 14-10   wxFormBuilder 的程序主界面

# 习题

1. 编写一个图形界面窗口,实现用户登录功能。其中,账户信息存储在名称为 uer.txt 的文本文件中,每行一个账户信息,包含用户名和密码。用户名和密码一定是字母,二者之间用空格分隔。如果用户连续 3 次登录失败,则显示登录被禁止,否则提示登录成功。

2. 编写程序,实现一个基本的图形界面计算器,可以执行 10 位以内整数的加、减、乘、除数学运算,并能够处理除数为 0 的情况。

3. 编写程序,实现一个简单的加密记事本,其基本功能参见 Windows 附带的记事本,在文件保存时可以进行简单加密,在读取文件时可以进行解密。

# 参 考 文 献

[1]  刘向永,周以真,王荣良,等.计算思维改变信息技术课程[J].中国信息技术教育,2013(6):5-12.

[2]  战德臣,聂兰顺.计算思维与大学计算机课程改革的基本思路[J].中国大学教学,2013(02):58-62.

[3]  狄长艳,周庆国,李廉.新工科背景下对于计算思维的再认识[J].中国大学教学,2019,000(007):47-53.

[4]  巨亚荣,王伟嘉,宁亚辉,等.面向计算思维培养的计算机系统教学设计[J].计算机教育,2021(04):93-97.

[5]  杨波,刘文彬,龚春红,等.面向计算思维能力培养的 Python 课程[J].计算机教育,2021(02):94-98.

[6]  战德臣,等.大学计算机:计算思维与信息素养[M].3 版.北京:高等教育出版社,2019.

[7]  董付国.Python 程序设计(微课版)[M].3 版.北京:清华大学出版社,2020.

[8]  汉斯,佩特,兰坦根.科学计算基础编程——Python 版[M].5 版.北京:清华大学出版社,2020.

[9]  MATTHES E. Python 编程 从入门到实践[M].2 版.袁国忠,译.北京:人民邮电出版社,2020.

[10]  LUTZ M. Python 学习手册[M].秦鹤,林明,译.北京:机械工业出版社,2018.

[11]  江红,余青.Python 程序设计与算法基础教程[M].北京:清华大学出版社,2019.

# 图 书 资 源 支 持

感谢您一直以来对清华版图书的支持和爱护。为了配合本书的使用,本书提供配套的资源,有需求的读者请扫描下方的"书圈"微信公众号二维码,在图书专区下载,也可以拨打电话或发送电子邮件咨询。

如果您在使用本书的过程中遇到了什么问题,或者有相关图书出版计划,也请您发邮件告诉我们,以便我们更好地为您服务。

**我们的联系方式:**

地　　　址:北京市海淀区双清路学研大厦 A 座 714

邮　　　编:100084

电　　　话:010-83470236　010-83470237

客服邮箱:2301891038@qq.com

QQ:2301891038(请写明您的单位和姓名)

资源下载:关注公众号"书圈"下载配套资源。

资源下载、样书申请

书 圈

获取最新书目

观看课程直播